美在创造中
——蒋孔阳美学文选

蒋孔阳 著

山东文艺出版社

出版说明

"中国现代美学大家文库"共收入王国维、蔡元培、朱光潜、宗白华、蔡仪、李泽厚、汝信、蒋孔阳、刘纲纪、胡经之、周来祥、叶秀山、杨春时、朱立元、曾繁仁等15位美学大家的著作。这些大家分别为中国现代美学开创奠基时期、建设发展时期与当代反思超越时期的代表性学者。所选文章均为他们的代表性作品,且有部分是未发表的新作。作为现代著名美学家主要成果的汇集,本文库旨在对一百多年中国美学辉煌而曲折的发展历程进行梳理与回顾,全面立体地展示现代美学大家的主要学术成果,给美学研究者与普通读者提供经典、全面、权威的美学文本,从而推动新时代中国美学研究向纵深发展。

在编选过程中,对于王国维、蔡元培、朱光潜、宗白华、蔡仪等开创奠基时期美学大家的作品,为了保存历史的真实,依据其原始版本,除对文字明显讹误进行订正外,其余不做较大修改。对于其他美学大家的作品也尽量保持初次发表时的原貌。其中疏漏,尚祈读者指正。

山东文艺出版社
2019年12月

总序

中国百年美学辉煌而曲折的创新之路

尽管审美作为一种艺术的生存方式在中国五千多年悠久文化中有着极为丰富的呈现，中国自有独具特色的东方形态的美学，但现代美学学科却由西方创立并于20世纪初传入中国，迄今已有一百多年的历史。一百多年来，美学领域一代又一代学人在中国传统文化的基础上，历经艰难曲折，辛勤耕耘，不断创新，出现众多著名学者，涌现一批又一批丰硕成果。本丛书作为现代著名美学家主要成果的汇集，旨在回顾这一百多年中国美学辉煌而曲折的发展历程。同时，今年正值新中国成立70周年，中国美学发展的一百多年占据主要时间域的是党所领导的新中国成立后的70年，特别是改革开放40年。因此，本丛书从某种意义上来说，也是新中国成立70年的一份献礼。回顾历史是为了在新时代推动中国美学走向更加辉煌的未来。

众所周知，"美学"一词由德国学者鲍姆加登于1735年首次提出，其原文实为"感性学"之意，日本学人中江肇民用汉语"美学"一词翻译，传入中国后王国维使"美学"成为定译并被中国学人普遍接受。尽管"美学"一词来自外国，美学学科也是近代以来才出现的，但审美作为一种艺术的生存方式却早就存在于中国悠久的历史之中，美学也随着中国五千年的文明史而存在。现代以来伴随着中华民族坎坷曲折的发展历史，美学也在中国不断地发展，而且呈现空前兴盛的状态，这在世界美学史上是罕见的。美学为现代以来中国的人文教育贡献了自己的力量，也在诸多学人的努力与中西古今的冲撞影响中逐步形成现代中国特有的美学精神，值得我们为之书写与发扬。为此，山东文艺出版社特地出版本丛书，共收入15位现代美学家的文选。现代中国美学面临中与西、古与今、革命与学术三种发展境遇。首先是中西之间的关系，这是一种矛盾共存、吸收融合的关系。中西之间一直存在体用之争，长期以来中国美学走的是"以西释中"之路，但历史证明审美既然作为人的一种艺术的生存方式，那么中西之间就不存在先进与落后之别，而只有类型之不同。因此中国美学必须走出一条立足本土、吸收西方有益经验的美学建设之路。本丛书中的美学家的学术之路进一步证明了这一点，充分说明百年中国美学就是一条奋力探索中国美学话语之路，并取得显著成就，给我们以激励与启示，需要我们一代又一代美学工作者承前启后，继续前进，以创新性发展与创造性转化向中国和世界提供愈来愈有价值的美学理论。而马克思主义是放之四海而皆准的真理，马克思主义特别是中国化的马克思主义，对于现代中国美学的指导作用已经被历史事实充分证明。其次是古今关系问题，现代以来中国美学发展面临的主题是中国古代美学资源的现代转化问题。因为中国古代美学资源虽有着与现代美学相异的面貌，但有着巨大的价值，无论从民族立场还是从美学自身建设来说，都需要利用这一宝贵的资源，以便建设具有中国气派与中国面貌的现代美学形态。百年来中国美学界同仁为此付出艰辛努力，本丛书15位美学家的奋斗史也呈现了这种为中国美学民族资源现代转换而奋斗的现实状况。中国现代美学发展还面临着学术与革命的二重变奏，此前被认为是启蒙与救亡的二重变奏，有"救亡压倒启蒙"之说。但笔者倒认为，无论是启蒙与救亡，或者是学术与革命，都是历史的宿命，可以说不是美学工作者自己所能选择的，而且两者之间不仅是一种矛盾，也呈现一种互补。正是在民族救亡的抗日战争硝烟烽火之中，才出现了中国现代"为人民"与"为人生"的美学，才涌现了充满民族情怀的文艺作品，成为中华民族史的辉煌篇章。新中国成立后发生在中国的两次美学大讨论，面临着美学自身学术的发展与批判唯心论革命任务的二重变奏，使得唯物与唯心成为衡量正误的标准，这当然有限制学术发展的局限，但也促使美学界同仁钻研马克思主义，特别是马克思的《1844年经济学哲学手稿》，使得我国现代美学的马克思主义水平有了明显提高，这也是一种重要的学术收获。

本丛书收入的15位美学家其历史跨越幅度较大，基本上可分为中国现代美学开创奠基时期、建设发展时期与当代反思超越时期等三个时期。我们分别按照不同时期对于15位美学家做一个基本介绍。

首先是从20世纪初期开始直至新中国建立前的开创奠基时期，众所周知，包括美学在内的诸多人文学科的现代开创奠基之功首先归于王国维与蔡元培，现代形态的美学与美育就是他们率先引进并加以初步构建的。前已说到"美学"一词就是由王国维认可而从日本引进的。王国维还在1903年《论教育之宗旨》一文中首倡"美育"，并将之界定为"心育"，并提出了美育的"无用之用"的重要作用。当然，王国维还在著名的《人间词话》中提出了"审美的境界"论，继承古代"意境"之说，吸收西方理念之论，成为20世纪中西交融美学之重要成果。

蔡元培也是中国现代美学的重要奠基者之一，他以中西交融的学术修养和崇高的政治学术地位对现代美学，特别是美育的发展与传播做出了杰出的贡献。首先是以其担任教育总长与北大校长的便利，将美育首次纳入教育方针，并力倡"以美育代宗教"之说，强调了美育的科学与民主精神。蔡氏还在美学与美育的学科建设与课程建设上进行了开创性的探索。

朱光潜、宗白华与蔡仪则是继他们之后中国现代美学的开创者与奠基者。朱光潜在20世纪20年代后期即开始在中国倡导美学，并在美学基本知识、文艺心理学、悲剧美学、西方美学与中西比较美学等诸多方面最早进行研究介绍，出版《谈美》《悲剧心理学》《文艺心理学》《诗论》等论著，产生了重大影响，成为现代中国美学史上用力最多最专、影响最广的美学家之一。朱光潜对我国西方美学研究领域有开拓之功，他在新中国成立前的两本心理学论著就是以西方文献为主,并于1948年出版《克罗齐哲学述评》,其中对克罗齐直觉论美学的评述,使其成为我国研究西方美学的领跑者。特别是1963年出版的《西方美学史》,奠定了我国西方美学学科的发展基础,成为该领域的经典。朱光潜倾其毕生精力于西方美学论著的翻译,译介了柏拉图《文艺对话集》、黑格尔《美学》与维科《新科学》等名著,为我们提供了集信、达、雅于一体的西方美学经典译本,惠及一代又一代学人。朱光潜也是我国主客观统一的"创造论美学"的奠基者。在1957年开始的那场美学大讨论之中,朱光潜作为被批判者一方面努力学习马克思主义论著,一方面积极应对论争。他根据马克思主义基本观点明确表示不同意当时占据话语统治地位的"认识论"美学,因为"依照马克思主义把文艺作为生产实践来看,美学就不能只是一种认识论了,就要包括艺术创造过程的研究了"。朱光潜认为艺术创造是以主客观统一为前提的,他的创造论美学是我国美学大讨论的重要理论收获之一。朱光潜还是我国中西美学比较研究的开创者之一,他早期写作的《诗论》,应用文艺心理学原理,采用中西比较方法,对中国传统诗学与美学进行了认真的梳理,是我国现代中西比较美学研究的重要成果。朱光潜晚年潜心钻研马克思主义基本理论,特别是《1844年经济学哲学手稿》,写作了《谈美书简》和《美学拾穗集》,力图以马克思主义为指导研究美与美感、形象思维、现实主义与浪漫主义等基本问题,成为马克思主义美学中国化的可贵探索。朱光潜为我国美学事业奋斗了一生,被称为"美学老人",其作品和思想在国内外具有广泛深远的影响。

宗白华是我国古代美学研究的重要开创者与奠基者。宗白华有深厚的西方学术功底,曾经留学欧洲,翻译了多种西方美学经典,特别是他所翻译的康德《判断力批判》上卷,表现了对于康德美学的深刻理解,成为该论著的翻译经典,至今仍有重要价值。但宗白华却将自己的研究视角聚焦于中国古代美学,在中西结合的广阔视域中提出"气本论生命美学",为立足本土创建具有中国特色的美学理论奠定了基础,做出了示范。宗白华于20世纪80年代出版的《美学散步》与《艺境》,成为现代中国美学研究的经典读本和当代研究古代美学的必备之书,被广泛地引用与研究。宗白华于1928年前后写作《形上学——中西哲学之比较》,又于1979年发表《中国美学史中重要问题的初步探索》等文,为中国古代美学研究奠定了哲学的基础。在前文之中,宗白华明确将西方哲学(包括美学)基础表述为抽象时空之几何哲学,中国乃"四时自成岁之历律哲学",划分了西方美学之科学主义与中国美学之天人合一人文主义之区别。后文乃第一次将《周易》作为我国最重要的古代美学经典之一,指出"《易经》是儒家经典,包含了宝贵的美学思想。如《易经》有六个字:'刚健、笃实、辉光',就代表了我们民族一种很健全的美学思想"。这就为后人的中国美学研究奠定了扎实的理论基础。宗白华首次提出中国古代美学研究应以传统艺术与艺术创作为中心,由此开辟了中国传统美学独特的研究路径。他说,"在西方,美学是大哲学家思想体系的一部分,属于哲学史的内容……在中国,美学思想却更是总结了艺术实践,回过头来又影响艺术的发展";因此,他主张"研究中国美学史的人应当打破过去的一些成见,而从中国极为丰富的艺术成就和艺人的思想里,去考察中国美学思想的特点"。他本人正是这样实践的,总结了绘画、戏剧、建筑、音乐、诗歌之中的美学思想,别开生面,使人耳目一新。宗白华还以中西比较的视野建构了中国传统美学研究的特殊内涵。首先是他对中国传统美学"意境"的理论进行了全新的研究与阐释,将意境阐释为"有节奏的生命"或"生命的节奏";同时,宗白华还深入研究了中国传统美学之中的时间与空间关系,提出中国传统美学化空间于时间的重要艺术论题,对中国传统美学的虚实相生进行了独特的研究。宗白华还阐发了中国传统美学的其他有关范畴,例如国画的"气韵生动"、书法的"筋血骨肉"、建筑的"飞动之美"、戏曲的"以动代静"、舞蹈的"生命玄冥的肉身化之美"、音乐的"声情并茂的胜妙之美"和诗歌的"情景交融的意境之美"等等。可以说,宗白华的成果尽管字数不多,却是浓缩的精华,可谓字字千金。

蔡仪是中国现代唯物主义美学的开创者与积极推动者。他于20世纪40年代白色恐怖的历史语境下,排除重重障碍写作出版了著名的《新艺术论》和《新美学》两本专著,以大无畏的理论勇气力批当时盛行的唯心主义哲学与美学理论,系统而有力地创立了富有理论特色的唯物主义美学与艺术思想体系。他在《新美学》开头第一句话就指出：旧美学已完全暴露了它的矛盾，而他的新美学是以新的方法建立新的体系。他在这两本著作之中明确提出"美在客观事物"与"美在典型"等崭新的美学理论观点，被称为"中国现代第一个依据自己的思考去表述自己的有系统的美学思想的学者"。新中国成立后，蔡仪继续以其对马克思主义的信仰与对真理的追求，带领他的团队为创立中国特色的马克思主义的唯物论美学而奋斗，进行了科研、学生培养与文献译介等一系列富有成效的学术工作。特别是以其坚持真理、矢志不渝的精神投入第一、二次美学大讨论之中，树起了"客观派"的美学大旗，深入阐释了他所坚持的马克思主义唯物主义美学原理，积极参与学术论辩，建构具有鲜明特色的中国式的马克思主义唯物主义美学体系。该体系包括"美在客观存在""美的认识""美是典型"等紧密相关的美学范畴。蔡仪旗帜鲜明地提出："美的本质是什么呢？我们认为美是客观，不是主观。"他又说："美的事物就是典型的事物，就是种类的普遍性、必然性的显现者。"后来蔡仪又引入了马克思《1844年经济学哲学手稿》中有关"美的规律"的论述，认为美的客观性与典型性表现为按照美的规律来造形。蔡仪还提出了"自然美""社会美""具象概念"与"美的观念"等美学范畴，具有创造性的学术价值。他所主编的《文学概论》教材为推动我国高校美学与文艺学教学起到重大作用。

我国美学发展的第二个时期是新中国成立之后，在马克思主义与毛泽东思想的指导下美学有了新的发展,具有显著的中国特色。这一时期最重要的美学学术事件就是两次美学大讨论,使得美学出现了从未有过的兴盛,尤其改革开放后的第二次美学大讨论更是兴起了一股美学热,为世界美学史所罕见。新中国成立后的美学发展交织着革命与学术的二重变奏,所谓"革命"是指第一次美学大讨论起源于对唯心主义美学观之批判,目的是进一步普及马克思主义的唯物论,政治的指向性非常明显,大讨论中的政治色彩也非常浓厚;所谓"学术"是指这次美学大讨论是以"百家争鸣,百花齐放"的方式展开的,也就是说大讨论的过程中对于所谓唯心主义观点一般当作"学术问题"处理,而其结果也的确在一定程度上起到了普及马克思主义唯物论的作用,产生了以李泽厚为代表的"实践论"美学,其具有科学性与理论的自洽性,极大地影响到中国很长一段时期内美学学科的发展及其面貌。本丛书涉及的李泽厚、汝信、蒋孔阳、刘纲纪、胡经之、周来祥与叶秀山就是这一时期的代表人物。

李泽厚是新中国成立后我国美学研究领域的标志性人物,是社会论实践美学的创立者与两次美学大讨论的重要推动者,也是少有的具有重要国际影响的中国现代美学家。他是巴黎国际哲学院院士、美国科罗拉多学院荣誉人文学博士,其《美学四讲》入选著名的《诺顿文学理论与批评选集》。李泽厚在哲学基本理论、中国思想史、美学与伦理学领域均有重要建树。在美学领域,他成为第一次美学大讨论社会学派的领军人物,在这次美学大讨论中起到实际的主导作用。在20世纪80年代的第二次美学大讨论中他力倡的"主体性"理论成为改革开放后思想解放运动的代表性思潮。他更加明确地提出"实践论美学",以马克思关于物质生产实践是人类一切活动之基础的理论为指导,提出"人化自然""实践本体""情本体"与"积淀说"等一系列具有独创性的美学观点。他出版了《批判哲学的批判》《美的历程》《华夏美学》与《美学四讲》等经典美学论著。晚年,李泽厚深入研究中国传统文化,探索"以儒学代宗教"的"天地境界论",提出"中国审美主义的感情以深植历史性为'本体'"的"以美育代宗教"之说。李泽厚强调的"美是合规律性与合目的性的统一""救亡压倒启蒙"与"中国文化的儒道互补"等观念对中国现代美学的发展产生了重要影响。

汝信是这一时期西方美学学科的重要开拓者,他早在20世纪50年代就开始了西方哲学与美学的研究,并于1958年在《哲学研究》上发表《论车尔尼雪夫斯基对黑格尔美学的批判》。1963年又出版了《西方美学史论丛》,是国内第一本以西方美学为主题的综合研究著作,与同年出版的朱光潜的《西方美学史》一起,标志着在我国西方美学已经成为一门独立的学科。1983年汝信又出版了《西方美学史论丛续编》。汝信坚持马克思主义指导西方美学研究,特别坚持马克思主义唯物史观的指导。他从宇宙观、认识论、伦理观与政治思想等方面全面地、认真地研究柏拉图的美学思想,对新柏拉图主义的重要代表普罗提诺进行了深入剖析,填补了这一方面的研究空白。他的《黑格尔的悲剧论》深刻剖析了黑格尔悲剧论广阔的历史感与社会文化视野，成为西方美学研究的范本。汝信还对俄国别林斯基、车尔尼雪夫斯基与普列汉诺夫等人的美学思想进行了深入的研究，均有开拓的价值。汝信用具有说服力的材料批驳了当时苏联哲学界流行的将德国古典哲学说成是德国贵族对于法国大革命的一种反动的错误判断，论证了青年黑格尔是当时德国新兴资产阶级的思想代表，黑格尔的辩证法反映了资产阶级上升时期的愿望和要求。汝信对黑格尔的劳动和异化理论的开拓性研究填补了国内研究的空白。此外，他在现代西方美学研究方面有许多新的拓展。20世纪80年代，汝信到美国哈佛大学访学之时即逐步将美学研究的注意力转向黑格尔以后发展起来的另一条相反的思想线索，即以个人为特征的由克尔凯郭尔和尼采所代表的社会思潮。此时汝信逐步转向现代西方哲学与美学研究，他率先并引领学生发表了有关文章，出版了专著，在国内学术界开风气之先，影响深远。汝信不仅在西方美学理论研究方面辛勤耕耘，还直接从西方艺术作品与古迹中去找寻美，并于1992年出版了《美的找寻》一书，成为西方美学审美意识研究的重要范本。他担任主编，历时九年写作出版了四卷本《西方美学史》，以其资料的原初性与理论创新性为特点，成为进入西方美学研究的"钥匙"。1998年，汝信担任中华美学学会第三任会长，以其谦虚、开放与睿智的人格与扎实学风富有成效地引领中国美学学科由20世纪进入21世纪。

蒋孔阳是我国现代美学建设发展时期最重要的代表人物之一，他的美学贡献是多方面的。首先，他是我国现代西方美学研究的奠基者之一，1980年《德国古典美学》出版，该书是蒋孔阳的代表作，也是我国第一部断代的西方美学专著，在国内外均产生了重大影响。该书以整体研究的方法，坚持唯物史观的指导，对德国古典美学的产生、发展与内涵进行了深入的研究与阐发，具有独到的见解。蒋孔阳还与朱立元一起主编了七卷本《西方美学通史》，是迄今为止我国最全的一部西方美学通史，对西方美学研究起到了重要推动作用。蒋孔阳是中国古代音乐美学研究的奠基者之一，他于1986年出版的《先秦音乐美学思想论稿》一书，引起广泛影响，至今仍然是音乐美学领域的经典论著之一。蒋孔阳首先确定了中国古代音乐美学的重要地位，认为公元前2世纪的《乐记》完全可以与古希腊亚里士多德的《诗学》相媲美。他以唯物史观为指导，从经济社会的广阔背景上研究了先秦音乐产生的社会文化根源。蒋孔阳以扎实稳妥的文献考订为基础，探索了中国先秦时期音乐思想的特殊范畴及丰富内涵。他还采取整体研究方法，将先秦时期诸多学派的音乐思想作为一个整体来审视。蒋孔阳是我国美学大讨论的主将，也是实践派美学的重要参与者与创新者之一。特别是1993年出版的《美学新论》，是他一生美学研究的总结，也是新时期我国美学研究的重要成果与收获。他突破了实践美学"美先于美感"的基本判断，提出美与美感同生同在的观点。美与美感到底谁先谁后呢？他说，"从生活和历史的实践来说，我们很难确定先有那么一个形而上学的、与人的主体无关的美的存在，然后再由人去感受和欣赏它，再由美产生出美感来",事实上,美与美感,像"火与光一样,同时诞生,同时存在"。这实际上是对实践美学的重大突破,并从实践美学的人生本体走向审美关系论美学,因此蒋孔阳的"新美学"可以概括为"审美关系论美学"。他提出了审美关系的四重属性:感性基础、自由属性、整体属性与情感属性。蒋孔阳突破了实践美学将实践局限于物质生产的理论界定,而是将精神生产甚至是审美活动也看作一种实践。蒋孔阳还在《美学新论》中突出了审美的"创造性"特色,提出独树一帜的"多层累的突创说"。总之,蒋孔阳的审美关系论美学是新中国成立以来直至20世纪90年代我国美学研究的一个总结。

刘纲纪是我国美学建设发展时期的重要推动者,他在美学基本理论、中国古代美学与书画美学方面取得一系列具有突破性的重要成就。刘纲纪是我国两次美学大讨论的重要参与者,也是实践美学的重要开创者之一。他在20世纪80年代出版的《艺术哲学》已经成为实践美学的经典论著之一。刘纲纪从研究马克思《1844年经济学哲学手稿》出发,提出"社会实践本体论"的重要观点,认为马克思的本体论在本质上是实践本体论,并认为物质生产实践是艺术、美感与美的本源,认为劳动对美的创造还与人类生活实践创造紧密结合。刘纲纪构建了一个实践美学理论框架,这个框架以实践本体论为哲学基础,以创造为主体性活动,最后以自由为人的根本诉求,可概括为"实践—创造—自由"相统一的美学体系。刘纲纪继承宗白华美学传统并加以发展,成为中国美学领域的重要开拓者之一。20

世纪80年代,刘纲纪与李泽厚共同主编《中国美学史》,特别是由刘纲纪独立执笔撰写的第一、二卷被认为是中国美学史的开山之作。该著作提出了中国美学史的对象、任务、特征与分期等问题,以及儒、道、释、禅四大主干的重要观点和中国美学史的六大特征,为中国美学史的进一步发展奠定了基础。刘纲纪于20世纪90年代初出版的《周易美学》是对宗白华周易美学研究的拓展,成为中国周易美学研究的经典之作。刘纲纪准确地提出将《周易》作为中国古代美学研究的切入点,挖掘其生命论美学内涵,为中国古代美学进一步健康发展找到了一条较佳路线。刘纲纪结合中国美学特别是周易美学特点提出,中国美学常常在没有"美"字的地方包含着美的内涵,从而揭示了中国美学的特殊性所在。他还具体揭示了《周易》之"元亨利贞"与"阳刚阴柔"所包含的美学内涵。刘纲纪还从中西比较视野深入阐释了《周易》之生命论美学相异于西方的特殊价值意义,《周易美学》是中华美学走向世界与走向现代的有益尝试。刘纲纪还是著名书画家,在书画美学领域建树颇多。

胡经之教授是我国文艺美学学科的重要倡导者。1980年在昆明召开的全国首届美学会上,胡经之在发言中指出,高等学校的美学教学不能只停留在讲美学原理的层面,还应开拓和发展文艺美学。这实际上是在改革开放背景下贯彻"解放思想,实事求是"思想路线的结果,试图突破以政治代艺术的错误思潮,加强对文艺内部规律的研究。胡经之又于1982年1月在北京大学出版社出版的《美学向导》一书中发表《文艺美学及其他》一文，第一次从独立学科的角度论述了文艺美学。他还于1989年在北京大学出版社出版的《文艺美学》学术专著中，全面论述了文艺美学的对象、方法与内涵。胡经之教授还主编了与文艺美学有关的《中国古典美学丛编》《中国现代美学丛编》《西方文艺理论名著教程》等书，为中国文艺美学的进一步发展奠定了文献基础。正是在胡经之等学者的不懈努力下，文艺美学正式进入被教育部认可的学科体系，成为中国语言文学学科的二级学科文艺学的重要学科方向之一，进而培养了数量众多的研究人才。

周来祥是我国美学建设发展时期的重要参与者与积极推动者。他从事美学研究60多年，涉及领域广泛，在美学基本理论、文艺美学、中国古典美学、中西比较美学与审美文化史等方面均有特殊贡献，尤其是他倾其毕生精力创立并发展了"和谐美学学派"，影响深远。他于1984年就出版了《论美是和谐》，此后又出版了《再论美是和谐》《三论美是和谐》与《古代的美　近代的美　现代的美》等论著，全面阐释了"美是和谐"的基本命题。周来祥是中国两次美学大讨论的积极参与者和实践派美学的重要推动者。他以社会实践为哲学前提，而其学术指向则是"和谐"，即"人与自然、人与社会、人与自身的和谐"，和谐既是美学追求的最高目标，也是人生最高的审美境界。他以马克思主义为指导论述了古代素朴的和谐美、近代的崇高美以及社会主义的新型的辩证的和谐美，构建了自己的"文艺美学"体系，被称为"和谐论文艺美学"。周来祥还以"和谐美学"为指导对中西美学进行了深入的比较研究,撰写了《中西古典美理论比较研究》等专著,他认为中西美学都以古典和谐美为理想,既有共同规律又有各自特点。周来祥还以"和谐美学"为指导主编了大型的六卷本《中华审美文化通史》,在中国审美文化研究方面多有建树。

在我国美学的建设发展时期,还必须提到叶朗教授对于中国传统美学研究发展所做出的重要贡献,他的《中国小说美学》《中国美学史大纲》与《美在意象》成为我国新时期传统美学研究的代表性成果。

叶秀山是我国著名哲学家与美学家,中国社科院学部委员。他的主要成就在于西方哲学研究上的诸多创新,但叶秀山对于美学也有着浓厚的兴趣,并积极参与,著作甚多,影响深远。他曾经参与了王朝闻主编的《美学概论》的编写,历时四年,做出了自己的贡献。在美学理论上,他于1988年出版著名的《思·史·诗》,成为我国最重要的现象学哲学与美学论著之一。该书深入地论述了现象学领域中哲思、历史与诗歌的关系,以及后现代理论家对此的解构与超越,给我国当代美学建设诸多启发。他于1991年出版《美的哲学》一书,该书并没有局限于美学学科内部研究范式,探讨"美"的本质与现象,而是从哲学的高度进行高屋建瓴式的阐发。叶秀山通过剖析人与世界的关系和人的生存状态,将艺术视为一种基本的生活经验和基本的文化形式、一种历史的"见证",在独特的哲学视角下阐释了自己的美学观与艺术观,呼吁让生活充满美和诗意。叶秀山对京剧与书法有着特殊的兴趣并进行了深入的研究。20世纪60年代开始，他出版了《京剧流派欣赏》与《古中国的歌——京剧演唱艺术赏析》等书，深入阐发了作为世界三大戏剧流派之一的京剧载歌载舞的艺术特征。他酷爱中国书法，曾经在20世纪70年代特殊时期偷偷研究书法艺术并练字。1987年他出版《书法美学引论》，提出"西方文化重语言，重说；而中国文化重文字，重写"的观点，开启了从这一特殊视角进行中西对话的新领域；并在该书中提出，中国书法"是一种活动的线条的舞蹈，那么，很自然地就会以草书作为它的范本"，从美学的角度阐述了书法重节奏和韵律的美学特点，深化了我国书法美学研究。

20世纪90年代以来，中国改革开放进一步深化，工业化的弊端逐步显露。加上西方后现代文化的影响，中国文化领域逐步步入具有后现代色彩的反思与超越阶段。在美学领域，表现为对于两次美学大讨论，特别是对于"实践美学"的反思与超越，反思其固有的认识论理论根基、主客二分的思维模式与"人化自然"的理论局限，于是出现"后实践美学"。

首先是杨春时在1993年北京美学年会上提出了"超越实践美学，建立超越美学"的新见解，成为新时期当代中国美学的新气象。由此，出现"实践美学"与"后实践美学"的争论，这实际上是对实践美学的反思与超越，对于推进和活跃中国美学研究具有重要意义。杨春时也在批判以认识论为基础的实践美学的基础上建立了自己的生存论美学体系，用

"审美是自由的生存方式与超越解释方式"取代"美是人的本质力量的对象化"的定义,树立起自己的后实践美学的大旗。"生存"是其超越美学的逻辑起点,他认为,"生存"既不是"物的存在",也不是"动物的存在",而是"人的存在",是一种"自我的存在""有意义的存在"。"生存"与"实践"的区别在于它有超越性的本质,以理想超越现实,以感性超越理性,以精神超越物质,以个性超越社会性。2002年之后,他从生存论走向存在论,从主体性走向主体间性,逐步建立起自己的以"存在"为本体的"主体间性"超越美学的理论体系。由此说明,中国美学发展终于开始与世界美学的发展相同步。

1900年,胡塞尔即提出"现象学"方法,"悬搁"工具理性时代流行的主客二分对立,后来又发展到"相互主体性",即"主体间性",欧陆现象学以及由之产生的存在论哲学与美学逐步成为哲学与美学的主潮。与之相应,英美分析哲学与美学日渐发展,以"分析"解构了各种理性主义的本质主义。中国新时期的"后实践美学"就是试图以这种现象学与分析哲学的武器,突破传统美学,建设当代新的美学形态,朱立元就是从实践美学阵营中脱颖而出的当代美学家。他是继朱光潜、汝信与蒋孔阳之后我国西方美学研究方面的代表人物。他先是协助蒋孔阳主编了七卷本的《西方美学通史》,本人也著有多本西方美学论著,具有广泛的影响。朱立元长期继承发展蒋孔阳的实践美学思想,并持此观点参加当代学术界有关实践美学的讨论。但从20世纪90年代中期以后,朱立元开始反思实践美学认识本体论的局限。他从哲学范畴"本体"即"存在"的视角思考突破实践美学认识本体论的理论框架,逐步形成自己的"实践存在论美学"理论。2004年,朱立元发表论文正式提出自己的美学思想"以实践论与存在论的结合为哲学基础"。2008年,朱立元主编的《实践存在论美学丛书》五卷本出版,将实践存在论美学以较为完整的理论形态呈现于学术界。朱立元的"实践存在论美学"的基本特点是将马克思的"实践"概念赋予"实践存在论"的崭新含义,实际上是对传统实践美学的突破与发展。他指出,马克思在《1844年经济学哲学手稿》中多次提到"存在论的"(ontologisch)一词,"有力地证明了马克思存在论思想和维度的客观存在"。他以马克思的"实践存在论"为出发点,突破传统的"美的本质"的美学研究逻辑起点,认为"审美活动是美学问题的起点",因为审美活动是人的实践存在方式之一,而审美活动正是审美关系的具体展开。为此,朱立元突破传统的"美、美感与艺术"的三元美学研究逻辑框架,提出"审美活动—审美形态—审美经验—艺术审美—审美教育"的美学研究逻辑框架。朱立元的探索是对传统实践论美学的突破,也是对马克思美学思想的新理解与新阐释,具有重要的学术意义。

承蒙山东文艺出版社的抬爱,将笔者作品也收入本丛书。笔者是从20世纪80年代初期由于教学工作的需要参与美学研究的,主要在西方美学、审美教育与生态美学方面用力较多。西方美学方面出版《西方美学简论》《西方美学论纲》与《西方美学范畴研究》等论著,审美教育方面曾出版《美育十讲》与《美育十五讲》等论著。收入本丛书的是生态美学方面的论文。生态美学是20世纪90年代中期在反思与超越的基础上产生的一种美学形态,笔者第一篇生态美学文章《生态美学:后现代语境下崭新的生态存在论美学观》发表于2002年,此后出版《生态存在论美学论稿》《生态美学导论》《生态美学基本问题研究》与《中西对话中的生态美学》等论著。生态美学产生于反思我国严重的环境污染、人类中心论的蔓延与美学领域实践美学的"人本体""工具本体"与"自然人化"等美学观点,在哲学基础上由传统认识论过渡到实践存在论,并由人类中心论过渡到生态整体论;在美学研究对象上突破"美学是艺术哲学"的观点,而将人与自然的审美关系包含在审美对象之中;在哲学方法上,突破传统美学主客二分的认识论方法,运用生态现象学方法;在自然审美上突破传统的"人化自然"的观点,认为没有实体性的自然美,自然美是审美对象的审美属性与人的审美能力交互产生的人与自然的审美关系;在审美属性上,否定静观美学,倡导"参与美学";在美学范式上突破传统的以如画为主的形式美学,倡导一种生态存在论美学,将诗意的栖居、家园意识与场所意识等引入生态美学;在传统文化上,认为中国传统社会以农为本的特点决定了中国传统美学本身就是一种生态的美学与艺术,是一种生生美学,应当发扬光大。生态美学是一种正在建设发展中的美学形态,需要更好地结合生活与文化的现实,在中西比较对话中加以完善,有望成为与欧陆现象学生态美学、英美分析哲学环境美学鼎足而立的中国特色生态美学。

  回顾历史是为了更好地推动中国美学发展,当前我国进入中国特色社会主义建设的新时代,在"两个一百年"奋斗目标中,国家将"美丽中国"建设写到社会主义宏伟蓝图之上,为我国美学学科的未来发展开辟了更加广阔的天地。相信更多的青年学者会在美学学科中大展宏图,书写更加辉煌的美学篇章。

注:本文写作过程中参阅了科学出版社出版的《20世纪中国知名科学家学术成就概览》(哲学卷)等文献。

曾繁仁2018年9月29日写,2019年3月21日改定

目录

前言 / 001

美学研究的对象、范围和任务 / 001
美学的产生和发展 / 016
人对现实的审美关系 / 028
简论美 / 041
论美是一种社会现象 / 054
对于美的本质问题的一些探讨 / 068
美和美的创造 / 075
美在创造中 / 096
人是"世界的美" / 109
美是人的本质力量的对象化 / 123
美是自由的形象 / 151
浅论自然美 / 161
美感的诞生 / 179

美感的心理功能 / 193

说丑 / 217

美感教育与人的心理气质和精神面貌的转移 / 233

中西艺术与中西美学 / 253

马克思主义美学思想体系的建立 / 265

论美与劳动 / 270

美的规律与文艺创作 / 308

建国以来我国关于美学问题的讨论 / 318

附录　蒋孔阳著述年表 / 341

前言

蒋孔阳先生是当代中国最卓越、最著名的美学家之一，1923年1月23日（壬戌年腊月初七）生于四川万县（今重庆万州市）三正乡的苦葛坝村。1946年毕业于中央政治大学经济系。1948年进入上海海光图书馆从事文学编译工作。1951年开始在复旦大学任教，1980年起任中文系教授。先后担任过国务院学位委员会评议组成员，全国文艺学重点学科学术带头人，中国作协上海分会第四届副主席，上海市社科联副主席，中华全国美学会第一、二届副会长，上海美学学会第一、二届会长，上海市第六、七届政协委员。他从1941年开始发表作品，先后出版过专著《文学的基本知识》《论文学艺术的特征》《德国古典美学》《形象与典型》《先秦音乐美学思想论稿》《美学新论》等，翻译过《从文艺看苏联》《近代美学史述评》等，后辑为《蒋孔阳全集》6卷本出版。此外，他还主编过《20世纪西方美学名著选》《哲学大辞典·美学卷》《辞海·美学分册》《中国学术名著提要·艺术卷》《西方美学通史》等。其中专著《德国古典美学》获得上海哲学社会科学奖优秀著作奖,《美学新论》获得上海市哲学社会科学优秀成果著作一等奖、国家教委社科优秀著作一等奖,《美和美的创造》获上海市社联优秀学术成果特等奖。1991年,他还获得了上海文学艺术杰出贡献奖。

在50多年的学术生涯中,蒋孔阳先生主要研究领域在文艺学和美学两大领域,包括文艺理论和批评、西方美学史、中国美学史和美学理论等方向,特别在德国古典美学、先秦音乐美学思想和实践创造论美学等研究方面,提出了自己独创性的见解,作出了重要贡献。

在文艺理论领域,蒋孔阳先生从20世纪50年代起,就通过多元综合和自主创新的方法,高度重视作家的创作个性,强调作家的心灵感受和体验,并主张作家的主观倾向性不等于他的阶级立场,指出人性具有共同性和复杂性。他强调文学作品的情感本位,推崇文学情感的创造性,并在自己的文论著作中身体力行,讲求其生动性和情感性。他还通过对形象和形象性的分析,论述文学艺术作品独特的内在规定性,并从社会生产实践的角度,考察了形象与社会生活之间的内在关系,论述了形象的丰富性、复杂性和生动性等特点。他把形象思维当作人类的一种重要的思维,强调具体生动的形象,强调形象的个性化、性格化和新颖性,强调它的丰富复杂性。他从文学艺术作品本身出发讨论典型的问题,对典型的内涵、典型化、典型环境以及典型与形象等问题进行了深入的研究,形成了独特、系统的典型理论。

在文艺批评领域,他重视对文学作品审美特征的分析,突出了文学理论的民族性和本土特征。早在1945年,他就写文章评介过《弥盖朗基罗传》,在1949年写过波兰显克微支的历史小说《你往何处去》的读后感,在1950年前后评介过巴尔扎克,1957年又写过《谈谈〈骆驼祥子〉》和《读〈最后一课〉》,1958年又曾写过《像生活一样地丰富多彩——谈艾芜的〈百炼成钢〉》等,他关于《立体交叉桥》的精彩评论,对刘心武先生产生了很大的影响。这些和他在文论著作中的具体作品分析遥相呼应,也反映出他文学研究中坚持理论与实践相结合的作风。

蒋先生在西方美学方面的代表作是《德国古典美学》。他十分重视德国古典美学在西方美学史上的地位,从20世纪60年代开始教美学课程时,就着手德国古典美学研究。《德国古典美学》用明白晓畅的语言,阐释了康德、费希特、谢林、歌德、席勒和黑格尔六位德国古典美学家的观点;运用马克思主义唯物史观,分析了德国古典美学形成的原因和发展的过程,发掘德国古典美学的伟大成就和积极意义,并指出其不足之处,契合了当时文艺学、美学界的需求,有提纲挈领、针砭时弊的作用。该书1980年6月由商务印书馆出版,是我国第一部西方美学断代史研究专著,经过近40年的时间检验,它已经成为这方面研究的经典性著作。

《先秦音乐美学思想论稿》是蒋先生在中国美学史方面的代表作。他从20世纪70年代末开始每天到复旦大学图书馆看书,对中国先秦音乐美学进行系统的研究。到1984年,蒋孔阳基本完成了先秦音乐美学书稿,经过两年的修改后,

《先秦音乐美学思想论稿》一书由人民文学出版社出版。蒋先生在书中注重审美意识与美学思想的结合，把先秦音乐美学思想与中国上古时期的哲学思想和现实生活联系起来进行研究，将先秦音乐美学的源头和发展放到社会生活、宗教活动等大背景中去理解，透过社会、宗教和文化背景，考察审美意识与社会变迁之间的互动关系，剖析特定时代的审美活动和审美思想的形成机制。既考察了先秦音乐美学思想的整体性特征及其在当时社会生活中的重要地位，又分别论述了孔子、老子、庄子、韩非子等人的音乐美学思想，并对先秦音乐美学思想中"和""礼"等核心范畴进行了详细阐释，使整体与个体、历时与共时、史与论等问题结合起来。该书视野开阔，注重中西对比、追源溯流的研究方法，填补了先秦音乐美学思想研究的空白，对中国古典美学的研究起到了推动作用。

蒋孔阳先生最重要的贡献，是体现他实践创造论美学思想体系的《美学新论》。他的美学理论，是以实践论为哲学基础、以创造论为核心的审美关系论美学。他从人与世界的审美关系出发来研究美学的实践特征，确定美学的学科性质，建构美学的理论体系。这一美学理论是以审美关系为出发点，以人为中心，以艺术为主要对象，以人生实践为本源，以"创造——生成"观为核心思想和基本思路的理论整体。在《美学新论》里，蒋先生认为，人类自由的物质生产劳动和精神生产劳动是美的根源，异化劳动也能创造美。它的思想具有很强的辩证性和包容性，并突出了人的审美创造性精神。他提出"美在创造中"，将审美活动视为"恒新恒异的创造"。他的"多层累的突创说",不仅解释了美的形成和创造的缘由,而且揭示了审美意识历史变迁的基本规律。蒋先生依据马克思主义的观点,对实践作了广义的理解,强调艺术创造的核心地位,把精神生产包括审美活动本身也看作一种实践活动方式。蒋孔阳还力图突破主客二元对立的思维方式,超越那种认为美是现成的、凝固的本质,既强调自然本身的属性对于美的生成的重要性,又强调人在自然对象成为审美对象过程中的主体地位,形成了自己美学理论的独特性。蒋孔阳先生的实践创造论美学继承和发展了马克思主义的实践美学观,有着深厚的人文气息和对人的美的本质追求的价值力度,既兼收并蓄、博采众长,又推陈出新、自铸新制。他从人的价值的发现和提升的高度展望未来,体现开放性的特征,不仅拥有自己的历史和未来发展空间,而且更将拥有超越自身的历史和现实的品质。因此,蒋孔阳先生的实践创造论美学是融通中西、贯穿古今和指向未来的富有生命力的美学理论。

  这本论文选集中体现了蒋孔阳先生的实践创造论美学思想体系,代表了蒋先生几十年学术探索的最高成就。这些论文曾经在中国当代美学界产生过广泛而深刻的影响,相信它们一定会持续不断地启迪美学界的后起之秀和广大读者。阅读它们,不仅可以让我们感受到蒋孔阳先生的学术思想,而且可以让我们深切地体会到他严谨的学风和大家风范。

朱志荣

美学研究的对象、范围和任务

什么是美学呢？每门学科都有其独特的研究对象，弄清了美学研究的对象，也就可以回答什么是美学了。然而，困难的是美学研究的对象，并不像其他学科那么明确，因此，对于美学也就不像其他学科那样，有个明确一致的看法。例如动物学，它是以动物作为研究对象，因此，动物学就是研究动物的一门学科；文艺理论是以文学作为研究的对象，因此，文艺理论就是研究文学的一门学科。这些，都是十分清楚的。可是美学呢？什么是美学研究的对象呢？这就不那么清楚了。首先，各种自然现象，如一朵花、一片晚霞、一阵鸟鸣，以至日月光华、名山大川、小桥流水等等，无不可以作为我们审美的对象，无不可以引起我们审美的感情和评价，因此，无不可以作为美学研究的对象。其次，人工制造的各种产品，包括工艺品在内，小至日常生活中用的一只茶杯、一只饭碗、一件衣服，大至汽车、轮船、飞机、巨型的机器等等，也无不可以作为我们审美的对象，无不可以引起我们审美的感情和评价，因此，也无不可以作为美学研究的对象。第三，人类社会中的各种精神现象和道德品质，如劳动人民的高贵品质、科学上的创造发明、为实现四个现代化而忘我献身的精神，以及雷锋、黄继光等先进的英雄事迹等等，不仅能够引起我们道德上的景仰，而且能够打动我们审美的感情，自然我们也应当把它们作为美学研究的对象。最后，古今中外一切优秀的文学艺术作品，如《国际歌》、《黄河大合唱》、敦煌壁画、云冈石窟，人民大会堂那种庄严而宏伟的建筑，《红楼梦》那样著名的小说，以及李白、杜甫的诗歌，鲁迅的杂文等等，它们本身就具有高度的美学意义和审美价值，更不用说应当是美学研究的对象了。

因此，从自然到社会，从物质到精神，差不多都可以作为美学研究的对象。正因为可以作为美学研究的对象的东西是如此广阔而又丰富，如此多样而又复杂，所以美学研究的对象反而不那么明确，从古到今，这都是一个聚讼纷纭的问题。古时，美学还不是一门独立的学科，它有时附属于哲学，有时附属于文艺理论。当从哲学角度出发来探讨美学问题的时候，一般容易把美学看成是一门关于美的学科，如柏拉图的《大希庇阿斯篇》，就是专门探讨美的性质的；当从文艺理论的角度出发来探讨美学问题时，一般又容易把美学与艺术联系在一起，认为美学是一门关于艺术的学科，如亚里士多德的《诗学》，就一方面是人类最早的一部系统的文艺理论著作，另一方面又是最早以艺术作为对象来研究美学的一部著作。德国的鲍姆加登不仅第一次确定了美学的名称，而且第一次把美学当成是一门独立的学科进行研究，并于1750年出版了《美学》一书。他从哲学的认识论出发，认为美学是一门关于感性认识的学科。他从三个方面来探讨美的问题：第一，什么样的感性认识才是美的？第二，这种感性认识要怎样安排才会是美的？第三，美的感性认识以及经过美的安排的感性认识要怎样表现才是美的？很显然，他是把美学当成是关于美的一门学科。在鲍姆加登的基础上康德批判地吸收了英国经验派美学的一些看法，进一步对美、审美判断以及在审美活动中人们的各种心理功能和心意状态等，作了更为深入而又系统的探讨，从而把美学研究的主要对象，放在美和崇高的分析上面。然而，除了鲍姆加登和康德等人之外，美学史上大多数的美学家，却是更多地联系艺术，把艺术当成是美学的主要对象来进行美学的研究的。狄德罗、莱辛等是如此，黑格尔尤其如此。黑格尔公开声言，只有艺术美才是真正的美，因此美学主要应当研究艺术，美学就是关于美的艺术的哲学。至于车尔尼雪夫斯基，一方面，从强调生活美方面来看，他似乎是把美学当成是关于美的科学；但另一方面，当他正式给美学下定义的时候，他又说："美学到底是什么呢，可不就是一般艺术，特别是诗底原则的体系吗？"[①]

因此，从历史上看，关于美学研究的对象问题，一直存在着两种不同的看法：一种把美学看成是关于美的科学，一种则把美学看成是关于艺术的科学。这一情形，到了新中国成立以后，"文化大革命"以前，开展美学问题讨论的时候，依然存在。我国这次的美学讨论，是从美的本质问题开始的。但在讨论的过程中，许多读者和参加讨论的同志，都感到过于抽象，没有联系实际。于是，要求联系实际来讨论美学问题，差不多成了当时普遍的呼声。然而，联系什么实际呢？是生活中的美的实际，还是艺术的实际？这就牵涉到美学研究的对象问题了。如果把美学看成是一门关于美的学科，就应当更多地联系生活中的美的实际；如果把美学看成是关于艺术的一门学科，则应当更多地联系艺术的实际。就这样，关于美学研究对象的问题，又引起了争论。争论的问题，实际上不外是把历史上已经存在过的两种意见，即把美学看成是关于美的一门学科和把美学看成是关于艺术的一门学科，在新的历史条件下，结合一些新的

[①] 车尔尼雪夫斯基：《论亚里士多德的〈诗学〉》，《美学论文选》，人民文学出版社1957年版，第125页。

情况，进一步加以发展罢了。

主张美学是关于美的一门学科的同志，把他们的意见归纳起来，大致有下列一些理由：

（1）这样可以更好地区分美学与各门艺术理论的界限，不致把二者混同起来。

（2）人类审美活动的实践不限于艺术，以美作为美学研究的对象，并不排斥艺术；但以艺术作为美学研究的对象，则会很容易把生活中的各种美学现象，排斥在美学研究的范围之外。

（3）可以扩大美学研究的范围，使美学与广大人民的生活实际联系起来，从而使美学更好地为人民的共产主义教育服务。

（4）从方法论上来看，生活美是艺术美的源泉，因此，研究好了生活中的各种美学问题，可以更好地理解艺术美。

与以上的一些意见相反，主张美学是关于艺术的一门学科的同志，则提出了另外的一些理由：

（1）从美学史上看，只有弄清了艺术的本质之后，才能弄清美的本质。因此，美学史上大多数美学家，都是把艺术当成美学研究的主要对象。

（2）美学确实应当从实际出发，但是应当从艺术的实际出发。这是因为艺术无论在质上、量上或社会作用上，都要远远地超过实际生活中的美。

（3）拿对人民的共产主义教育来说，由于艺术是人们从精神上来掌握现实的更高形式，因此，通过艺术可以更好地对人民进行思想教育。一曲《义勇军进行曲》，曾经发挥过多大的作用！这是任何实际生活中的东西都无法与之媲美的。

（4）从方法论来看，马克思说："人体解剖对于猴体解剖是一把钥匙。低等动物身上表露的高等动物的征兆，反而只有在高等动物本身已被认识之后才能理解。"①因此，理解了高级的艺术美，可以更有助于理解低级的生活美。至于自然美，我们更只有通过艺术的眼光，方才能够见出它的美学意义。

在争论的当中，虽然各执一词，互不相让，但总的来说，除了极个别的人，大家还是本着"百家争鸣"的精神，摆事实，讲道理。他们的意见虽然是对立的，但也不是绝对地相互排斥的。他们之间，也有共同的一面。主张"美学是研究美"的同志，从来没有排斥艺术也应当成为美学研究的对象。他们只是说，美学研究的对象不应当只限于艺术，而应当从广泛的生活中的美出发，从人类广阔的审美实践和审美意识出发。主张美学是研究艺术的同志，也从来没有排斥美学应当研究生活中其他方面的美，而只是说，美学应当主要地研究艺术，并通过艺术来更好地理解生活美，更好地掌握现实的美学特征。正因为这样，所以我们不能说哪一种意见是绝对地正确的，哪一种意见是绝对地错误的。我们应当根据美学本身的实际情况，具体地加以分析，首先弄清楚美学研究的根本问题是什么，然后从这一根本问题出发，再来探讨美学研究的对象究竟是什么。

那么，美学研究的根本问题是什么呢？我们说，这就是人对现实的审美关系。我们人类的全部活动，都可以说是和现实发生关系的活动。我们与现实发生各种各样的关系，从而产生出对现实的各种各样的看法，形成各种各样的观点、各种各样的意识形态。然后，把这些观点和意识形态，加以系统的分门别类的研究，于是就形成了各种各样的学科。就拿我们上课用的粉笔来说，它就和我们发生各种各样的关系，首先，它和我们发生实用的关系，我们用粉

---

① 马克思：《〈政治经济学批判〉导言》，《马克思恩格斯选集》第2卷，人民出版社1972年版，第108页。

笔来写字,这是粉笔的使用价值。粉笔的使用价值,以及根据这一使用价值,判断它的交换价值,它值多少钱,这就是经济学所要研究的问题。其次,粉笔不是天生的,它是人类劳动的产物。人类怎样把粉笔制造出来,在制造的过程中人与粉笔的关系,又是工艺学所需要研究的问题。第三,我们用粉笔,还有个为谁服务的问题,去宣传什么的问题,这样,粉笔又和我们发生了政治的关系,这又是政治学所要研究的问题。第四,粉笔是公家的,是为公家教育事业服务的,我们不应当私自带回家去。私自带回家去,是一个道德的问题。因此,粉笔又和我们发生了道德的关系。这种道德关系,应当是伦理学研究的问题。最后,粉笔的造型和外观,不仅要便于使用,而且要好看,要能引起我们审美的感受,这样,粉笔就和我们发生了审美的关系。这一审美的关系,就是美学所要研究的问题。天下任何事物,除了和我们发生实用的、工艺的、政治的、道德的等关系之外,差不多都要和我们发生审美的关系。一只饭碗,照理说,能够盛饭,吃下去饱肚子,就算达到了它的实用目的。但是,我们在有饭吃的条件下,却不仅要求饭碗能盛饭,而且要求它美观。土饭碗不行,我们要用瓷饭碗。粗瓷的还不行,我们要用细瓷的。单是瓷的还不够,我们还要讲究造型、上釉、色彩、图案花纹,使它看起来能够赏心悦目,能够产生审美的享受。饭碗如此,其他衣服、家具等等,又何尝不是如此呢?因此,天下任何事物,只要和人发生关系,其中都会包含审美的关系。今天文明的人类,固然和现实发生审美的关系;就是早期的原始人类,也曾和现实发生过审美的关系。原始人留下来的各种用具,如石器、陶器之类,早已留下了人类审美意识的痕迹。他们用的石斧,除了锋利能砍东西之外,还尽量地加以磨光,并钻上一个孔,系上一条好看的带子。他们在各种陶器上面涂上色彩,画上各种花纹。因此,从人类意识的开始，便和现实发生审美的关系了。只是由于在人类的早期，掌握现实的各种形式还没有明确地各自分开来，所以审美的关系也就还没有明确地从其他的各种关系中分开来，正因为这样，所以原始人类虽然已经有了审美的观点，但还不是独立的，而是附属于或者融合在其他各种观点，如宗教观点、哲学观点等当中。随着生产力的发展，随着人类社会历史的发展，人们愈来愈多方面地、深入地观察和研究现实，这样，人们对于现实的审美的这一特殊的关系也就愈来愈突出，愈来愈和其他的关系明显地区别开来，从而人类的审美意识也就愈来愈和其他的意识相互区分，终至要求撇开其他的关系，专门研究人对现实的审美关系。就是在这样的历史条件下，美学思想诞生了出来。因此，人对现实的审美关系，以及从这一关系中所产生和形成起来的审美意识和审美观点，从一开始就是美学研究的根本问题。

在研究人对现实的审美关系和审美观点当中，无论是自然现象、社会现象或是艺术作品，都必须具备一个基本的特点。没有这个基本的特点，就不能和我们发生审美的关系，产生和形成审美的观点。这个基本特点是什么呢？那就是美。也就是说，自然现象必须是美的，社会现象必须是美的，艺术作品更必须是美的，才能够引起我们审美的感情和审美的评价，才能和我们发生审美的关系。因此，美不美，是说明人对现实的审美关系的一个基本标志。也正因为这样，所以我们说，美是美学研究的一个基本范畴。当然，人对现实的审美关系，并不限于美。丑，也是人们对现实的审美关系之一；丑，也是美学研究的一个范畴。但是，我们之所以研究丑，是把丑作为美的对立面来研究的。我们研究丑正是为了更好地说明美。同样，悲剧性、喜剧性等，也是因为它们和美的不同关系，而成为不同的美学范畴。鲁迅说："悲剧将人生的有价值的东西毁灭给人看,喜剧将那无价值的撕破给人看。"①这就很好地说明了上面的问题。因此,我们无论如何不应当离开美这个基本范畴来研究美学。

人对现实的审美关系是美学研究的根本问题,美是美学研究的基本范畴。但是,人对现实的审美关系是极其丰富而又复杂的,人类的审美意识也是极其广阔的,我们不能够漫无限制、漫无边际地进行研究,我们应当找出其中最典型、最本质、最能说明这一关系、最能反映出现实的美学特征和人类审美意识的特点的东西,拿来当作美学研究的对象。这是什么呢?这就是艺术!艺术集中地反映了人对现实的审美关系,反映了人类的审美观点,因此,艺术应当是美学研究的中心对象或者主要对象。通过对艺术的美学特征的研究,不仅可以掌握人对艺术的审美关系,而且可以掌握人对自然、对社会的全部审美关系。为什么呢?我们有下列一些理由。

(1)自然现象和社会现象,可以和人发生审美的关系,但它们对人的关系,主要的却不在审美关系上。例如饭碗,主要的是用来盛饭。饭碗而不能盛饭,再美,也不成其为饭碗。同样,汽车也是如此。汽车的造型可以非常美,但无论怎样美,汽车的主要性质和功能都是运输。汽车而不能运输,就不成其为汽车了。反过来,艺术就不同。艺术主要的特点就是美,它对人的关系也主要地表现在审美关系上。它的思想认识和教育意义等,也应当通过审美的感受来进行。我们欣赏一个大理石的雕像,绝不是欣赏大理石的坚固,更不是欣赏这个雕像能值多少钱等,而是欣赏雕刻家所雕出的形象的美。伟大的雕刻家也会通过他的雕像表现出深刻的思想来,但这一思想并不能够以纯粹的思想的形式出现,而必须通过形象的美学

---

① 鲁迅:《再论雷峰塔的倒掉》,《坟》。

特征来表现，否则就将成为空洞的没有艺术感染力的思想。因此，艺术必须是美的。艺术而缺乏艺术性，也就是说不美，它就不成其为艺术。正因为这样，所以艺术的基本特点是美，艺术和人的关系主要是审美关系。我们的美学，自然应当以艺术作为主要的研究对象了。

（2）现实生活中的美就其生动性和丰富性来说，并不差于艺术的美，有时甚至高过艺术的美。再高明的画家也画不出满天的彩霞来。但是，现实生活中的美却是分散的、相对的，它在一定的条件下是美的，在另外的条件下就不一定美。例如一朵花，当它盛开的时候，婀娜多姿，鲜艳照人，这时是美的；可是当它一旦凋谢，萎落尘泥之后，就谈不上什么美了。而且实际生活中的花，总存在着这样或那样的缺点，不能充分地把花的美学特征表现出来。相反，艺术作品却不同。它把现实生活中分散的美集中起来，加以典型化，通过艺术家创造性的加工，从而充分地反映出现实生活中的美来。王冕所画的梅花，那像龙一样夭矫遒劲的枝干，那像繁星一样灿烂的花朵，以及郑板桥所画的兰花，那迎风挺立的姿态，那皎洁而又淡雅的神韵，都不是普通的实际生活中的梅花或兰花所能够表现得出来的。因此，我们应当通过艺术，而且只有通过艺术，才能够更深刻地、更本质地了解人对现实的审美关系，反映出人的审美的观点。

（3）现实生活中的美没有"物化"，也就是说，没有经过物质手段的加工和表现，正因为这样，所以一方面，它没有继承的关系，不能形成一个历史的过程。例如一片晚霞，无论它多美，但一过去就过去了，再也不会复回。另一方面，它又不是固定的，常常因人因时因地而异。例如月亮，古人诗歌中歌颂得那么多，认为美得不得了；可是你走在夜上海的南京路上，在辉煌的灯火照耀下，谁还去注意当空的一轮明月呢？即使注意，看起来黄黄的，简直有点像烧饼，又有多大的审美价值呢？因此，如果以现实生活中这样的美作为美学研究的主要对象，那就很容易造成美学上的相对主义、经验主义以至虚无主义，不能使美学成为真正的科学。姚文元信口开河的什么绿色植物是美的等等，不就是突出的例子吗？和这相反，艺术中的美却是现实生活中的美的"物化"，它经过艺术家辛勤的劳动，把现实生活中的美"去粗取精，去伪存真"，塑造成为客观存在的、人人都可以欣赏的艺术形象。这种艺术形象，一方面，具有历史的继承性，标志着人类审美能力与审美意识发展的一定的历史阶段，从而保留了人类在这一阶段审美活动的积极的成果。例如庐山香炉峰的瀑布，现在已经看不到了，但李白的著名的诗句"日照香炉生紫烟，遥望瀑布挂前川。飞流直下三千尺，疑是银河落九天"，至今仍然脍炙人口，令人赞叹。另一方面，它又具有客观的普遍的意义，成为一个时代、一个阶级共同的审美标准。《红楼梦》的美，并不是对某一个人或对某一些人才美。凡是具有同样的立场和观点的人，都会把同一的艺术形象看成是美的，或是不美的。艺术形象本身是一个客观存在的社会形象，它的美或不美，并不以个别人的意志为转移。正因为这样，所以只有以艺术作为美学研究的主要对象，美学才能够成为一个有客观标准的科学体系。

　　根据以上的理由，我们认为美学研究的主要对象，应当是艺术。我们的这一讲法，和把美学当成是关于美的一门学科的讲法，很明确地是不同的。那么，它和把美学看成是关于艺术的一门学科的讲法，是不是就完全一样了呢？我们说，也不完全一样。这就因为我们虽然把艺术当成是美学研究的主要对象，但是，却有两个前提：一是美学研究的根本问题，是人对现实的审美关系；二是美学研究的基本范畴，是美。明确了这两个前提，美学虽然以艺术作为主要的研究对象,但它所研究的,却不是艺术本身的一般问题,而是通过艺术来研究人对现实的审美关系,通过艺术来研究现实的美学特征,通过艺术来研究人的审美意识和审美观点。一句话,通过艺术来研究美。正因为这样,所以美学和一般的艺术理论,就有了明显的区别。当然,区别是建立在联系之上的。毫无联系的东西,我们也用不着研究它们之间的区别。我们要了解美学与一般艺术理论的区别,应当先了解它们之间的联系。这一联系,表现在下列几个方面:

(1)都以艺术作为对象。各门艺术理论以各门艺术作为研究的对象,如文艺理论以文学作为对象,音乐理论以音乐作为对象,绘画理论以绘画作为对象等,美学则以各门艺术的共同特点作为对象。

(2)一些艺术理论的著作与美学著作,常常相互联系在一起。例如,我国古代的《乐记》、刘勰的《文心雕龙》等,西方亚里士多德的《诗学》、莱辛的《拉奥孔》、丹纳的《艺术哲学》等,既都是艺术理论的著作,又都是美学的著作。

(3)探讨的问题,有很多不仅相互沟通,相互联系,而且相互糅杂在一起。例如典型问题、形象问题、艺术的审美教育作用的问题等等,艺术理论固然要研究,美学也要研究。

正因为美学与艺术理论有这样一些密切的联系,所以要把它们绝对地区分开来,甚至割裂开来,不仅不应当,而且也不可能。研究美学的人,应当懂得艺术理论;研究艺术理论的人,也应当懂得美学。但是,虽然这样,美学与艺术理论毕竟是各自独立的学科,它们之间的畛域和界限是十分清楚的,它们之间的区别仍然是主要的,我们不能够把它们混同起来。它们之间的主要区别,有下列几个方面:

(1)从历史上来看,艺术理论是一门古老的学科,而美学则是从18世纪中叶以后，方才独立起来的。在此以前，美学中的各种问题，或者附属于哲学，或者附属于艺术理论。在此以后，美学方才有了自己独立的研究对象和范围。

（2）从研究的对象与范围来看，美学是以艺术为中心，来研究人对现实的审美关系。以艺术为中心，说明它并不限于艺术，它也研究自然与生活中的美，研究人对现实的审美关系，说明它所研究的，只是审美关系，而不是其他关系。因为是审美关系，所以它以美作为基本范畴，美是它研究的中心课题。与美无关的东西，都不在它研究的范围之内。至于艺术理论，则是以各门艺术作为研究的对象，它的范围完全以各门艺术为限。它研究艺术，也不是主要地研究艺术与现实的审美关系，而是研究艺术与现实的关系。其中心的问题，也不是美的问题，而是艺术反映现实的问题。

（3）从性质上来看，美学是哲学的一个组成部分，而艺术理论则是社会科学的一个组成部分。这是因为美学通过艺术来研究人对现实的审美关系，它必须研究人对现实的审美评价，研究人的审美观。审美观是世界观的一个组成部分，哲学是研究世界观的，因此美学是哲学的一个组成部分。美学中所研究的美、美感、审美经验、审美判断等，都是从存在与思维的关系这一哲学的基本命题出发的，因此都与哲学分不开。至于艺术理论，虽然也与哲学有关，但它所研究的却不是艺术中的哲学问题，而是各门艺术本身的特征和规律，如艺术的性质、艺术创作、艺术的发展、艺术作品的构成等等。这些问题，都直接和人类的社会生活发生联系，都是社会生活在艺术中的反映，因此艺术理论应当属于社会科学。

总结以上所说，美学和艺术理论的区别，可以简单地表述如下：

美学——研究人对现实的审美关系——研究人的审美意识和审美观点——研究美以及与美有关的各种问题——属于哲学的一

个部门。

艺术理论——研究艺术与现实的关系——研究艺术是如何反映现实的——研究艺术本身的各种问题——属于社会科学的一个部门。

说明了美学与各门艺术的关系和区别之后，我们可以给美学初步下一个定义：美学是以艺术作为中心，并主要通过艺术来研究人对现实的审美关系以及在这一关系中所产生和形成的审美意识的一门学科。它虽然以艺术作为主要的研究对象，但它所研究的，却不是艺术本身的一般问题，而是艺术中的哲学问题，也就是审美观的问题。因此，美学是哲学的一个组成部分。

根据以上我们对于美学的理解，以及从古到今美学研究的实际情况，我们认为美学研究的范围，大致包括以下的一些方面：

第一，美学的一般理论：

（1）美的本质；

（2）美感的产生及其发展的历史过程；

（3）美学范畴：① 基本范畴——美，② 美的对立面——丑，③ 从美的性质的差异所产生的不同美学范畴——乖巧、秀丽、美、壮丽、崇高，④ 从美的效果的差异所产生的不同美学范畴：a. 悲（哭）——悲剧性、感伤、哀婉，b. 喜（笑）——喜剧性、滑稽、幽默；

（4）自然美与艺术美的关系；

（5）艺术的审美教育作用。

第二，美学史：

（1）中国美学史；

（2）外国美学史；

（3）断代美学史；

（4）美学流派和专家、专著的研究。

第三，各门艺术的哲学基础和理论体系：

（1）文学美学思想研究；

（2）音乐美学思想研究；

（3）绘画美学思想研究；

（4）建筑美学思想研究；

（5）金石书法美学思想研究；

（6）工艺美学思想研究。

第四，关于艺术创作和欣赏的美学理论：

（1）创作心理学或艺术心理学；

（2）艺术构思和形象典型化；

（3）逻辑思维与形象思维；

（4）审美欣赏与艺术鉴赏；

……

当然，这只是举例性的大致的说法。美学研究的范围，应当由审美的实践和艺术的实践来决定，谁也没有权利划定固定的框框。随着社会历史的发展，人类和现实的审美关系愈来愈丰富，人类的审美意识也愈来愈广阔和细致，这样，美学研究的范围也必将不断地开辟新的领域，创造新的境界。电影美学，就是一个新的课题，已经迫不及待地展现在我们的面前了。谁能够说，因为过去没有电影美学，所以今后也不应当有电影美学呢？与此同时，那些过时了的东西，自然也会受到历史的淘汰。

明确了美学研究的对象和范围，美学研究的任务也就随之而清楚了。首先，我们研究美学，目的是更好地发扬艺术的美学特征。艺术为了达到培养社会主义新人和提高人们精神境界的目的，必须按照美学的特殊规律，来反映现实生活，来表现思想和感情。过去，我们注意到了艺术必须反映生活、必须具有崇高的思想这一个方面，但却相对地忽视了艺术的美学特征，因而所塑造的形象缺乏美，缺乏艺术的感染力。我们研究美学，就是要帮助艺术家提高审美的鉴赏力，从而创造出美的艺术形象来。其次，人对现实的审美关系是非常广阔的，我们研究美学，就是要以艺术作为审美教育的工具，对广大人民进行审美教育，使他们能够在生活的各个方面，树立正确的审美观点，养成健康的审美趣味，从而使他们懂得，什么样的生活才是真正美的生活，什么样的人生才是真正有价值有意义的人生。马克思说，人类也是依照美的规律来造形的。那也就是说，人类和动物不同，在于动物只是本能地过生活，只知道吃吃喝喝。而人却是有意识有目的的，他不能满足于本能的生活，他应当有理想，有创造，在按照客观的规律来改造客观世界的过程中，不断地改造自己的主观世界。依照美的规律来造形，就是要充分地发挥人的主观能动性、创造性，在一个由他来创造的世界中，观赏着他自己创造的成果。这一观赏，就是一种美的享受。因此，照马克思看来，美学其实是关于人的科学。我们研究美学的任务，就在于充分地发挥人之所以不同于动物、人之所以为人的本质力量。这样，美学研究的任务，目的是艺术，但又不限于艺术。它在提高艺术美学质量的过程中，丰富和提高了整个的人生。美学的根本任务，是在为整个的人生服务！

美学的产生和发展

美学作为一门独立的学科,是在18世纪中叶以后,方才产生和形成起来的。但美学思想,则我国早在先秦时代、西方早在古希腊时代,即已大量存在。至于人类的审美意识,那就更早了。恩格斯说:"有了人,我们就开始有了历史。"① 那就是说,当人从自然的人发展到有历史的人,人就从动物的阶段,进入到早期的原始社会。这时,人才成为社会的人,人才有自己的历史。这一阶段的标志,是人类开始制造工具,人类对自然形态的骨头和石头进行加工,经过砍、削、磨、凿等工序,使它们变得尖利和光滑,不仅便于使用,而且好看,从而得到某种心理上的满足和喜悦,就在这时,诞生了人类最早的审美意识。当时还没有文字,但人类已经开始画画;当时还没有语言,但人类已经在唱歌和跳舞。这些,都应当说是人类审美意识最早的表现。随着语言文字的产生,人们对他们的劳动和生活,对他们所使用的工具和用具,对他们的文艺创作,进行一些解释,提出一些意见,初步形成了一些审美的观点和概念,于是,人类的审美意识就发展成为明确的、具有一定理论形式的美学思想。这些美学思想,或则以哲学的形式出现,或则以文

---

① 《马克思恩格斯全集》第20卷,人民出版社1971年版,第374页。

艺评论的形式出现。因此，它们或则附属于哲学，或则附属于文艺理论。无论中外，差不多都是如此。文艺复兴以后，随着近代科学的发展，各门学科的分工愈来愈细，对于人类审美心理功能和客观现实美学特征的研究愈来愈深入，而人类的审美意识和美学思想也愈来愈丰富，愈来愈复杂，因此，美学终于从哲学与文艺理论当中独立出来，成为一门独立的学科。

这样，美学的产生和发展，经历了一个漫长的历史过程。先有审美意识，后有美学思想，最后才有美学这一门学科的产生和建立。当然，这三者不是绝对划分的，它们相互渗透和积累，形成一个历史过程。

一、人类审美意识的产生

1983年9月，我到西安半坡博物馆参观。那是公元前6000年的一个原始氏族公社的村落遗址。文字还没有形成起来，各方面都还很落后。但奇怪的是，人类的审美意识却从各个方面无处不在地表现了出来。首先，他们有各种精美的石制工具和骨制工具，其中的骨鱼钩和骨针，可以说相当美。其次，他们已经有了各种各样的装饰品，他们显然都不是为了实用的需要，而是为了审美的需要。第三，他们已经发展到彩陶文化。陶器的颜色和形状，如尖底瓶和葫芦瓶等，都已经相当美观。第四，陶器上不仅出现了许多装饰纹，如几何纹、网状纹等，而且出现了动物、植物的形象，如张着大口的鱼、奔跑的鹿等。其中特别引人注目的，是鱼纹盆和人面鱼纹盆等。它们不仅说明当时人类的审美意识，已经达到了相当高的水平；而且说明他们在制造生产工具和生活用具的同时，已经在制造艺术品。

比半坡人更早，丁村人、河套人、山顶洞人等，从他们所遗留下来的化石和石器中，我们也发现了他们审美意识的萌芽。例如他们把鸵鸟的蛋皮单面穿孔制成装饰品，把小砾石、石珠和兽牙，制成装饰品。这些，都非常原始，也非常简陋，然而它们却表现了人类不满足于自然而要有所创造和提高的要求。正是这一要求，产生了动物所没有而为人类所独有的审美意识。这种审美意识的产生，我们在谈人对现实的审美关系时，已经略有涉及，现再补充几点。

第一，人类从森林猿人过渡到直立猿人，他们的双手解放出来了，从利用木棍、石块等自然工具发展到有意识地制造初步符合自己需要的工具，这时，在人与动物之间就发生了一场巨大的革命，那就是人不再把自己和自然混而为一，而是把自己从自然当中分离出来，把自然当成自己劳动的对象。这样，自然成了劳动的客体，人则成为劳动的主体。在主体与客体的关系建立之后，人就开始形成了认识外部世界的意识。例如，人要用石头来制造工具，他必须对石头的性质和规律有某些认识；他要用自己的双手来制造工具，他也必须对自己的力量和身体的结构有某些认识。因此，人类是在制造工具和劳动实践的过程中，区分了人与自然、主体与客体，并开始产生和形成认识客观世界和主观世界的意识。

第二，当人类有意识地把自然当成对象，来进行劳动生产的时候，像马克思所说的，他不仅像动物那样，"只是按照它所属的那个物种的尺度和需要来进行塑造"，他还"懂得按照任何物种的尺度来进行生产，并且随时随地都能用内在固有的尺度来衡量对象；所以，人也按照美的规律来塑造物体"。[1]那就是说，当人类有意识地

---

[1] 马克思：《1844年经济学—哲学手稿》，人民出版社1979年版，第50～51页。

来进行生产的时候,一方面,他要符合客观事物也就是自然本身的规律;另一方面,他要实现主观的目的,按照他"内在固有的尺度来衡量对象"。正因为这样,所以"自然界才表现为他的创造物和他的现实性",劳动的对象成了"人的类的生活的对象化:人不仅像在意识中所发生的那样在精神上把自己划分为二,而且在实践中、在现实中把自己划分为二,并且在他所创造的世界中直观自身"。①这段话的意思是说:人的劳动生产,是主观的目的性与客观的规律性的结合。人按照客观事物的规律性,根据自己主观的目的要求,从而把客观世界改造成为自己的"创造物"。这个"创造物",是人"按照美的规律"来塑造的;在这个"创造物"中,人能够"直观自身"。正因为这样,所以人类的劳动生产不仅是有意识的,而且是符合"美的规律"的。人类的审美意识,就是在这种符合"美的规律"并能"直观自身"的劳动生产当中,产生出来的。

第三,人类的审美意识之所以产生得那样早,是和人类意识发展的历史过程分不开的。根据一些心理学家的研究,人类的思维都是从具体的形象思维向着抽象的逻辑思维发展的。例如皮亚杰在《儿童心理学》一书中,就论证了儿童心理的发展,怎样从"感知—运动"的阶段,发展到"知觉"的阶段,再发展到"信号性或象征性功能"的阶段,最后达到"具体运算"的阶段。这几个阶段,都在于说明儿童的心理,怎样从表象和造型的形象思维向着抽象和概念的逻辑思维发展。布鲁纳在《认识发展的研究》一书中,也有类似的讲法。他认为儿童心理发展的过程,是从动作和知觉开始,经过意象或图形的阶段,再达到能够表达抽象概念的符号和语言的阶段。恩格斯说:"孩童的精神发展也不过是我们的动物祖先,

---

① 马克思:《1844年经济学—哲学手稿》,人民出版社1979年版,第51页。

至少是比较近的动物祖先的智力发展的一个缩影而已。"[1]因此，从儿童心理发展的历史过程，可以说明人类意识的早期，是和表象、图形以及造型的思维方式分不开的。而这种思维的方式，正是审美意识的特点。因此，审美意识是和人类早期的意识一同诞生的。远在原始社会，人类的文化知识水平还很低，但他们的绘画、音乐、舞蹈等艺术，却已经发展起来，其原因就在这里。

最后，马克思和恩格斯，一再强调人类劳动的目的性。例如恩格斯就说："人离开动物愈远，他们对自然界的作用就愈带有经过思考的、有计划的、向着一定的和事先知道的目标前进的特征。"[2]正是这种有目的性的生产，使人不满足于自然，而要不断地超过自然，包括超过人的本身。那就是说，人因为有目的，所以他不满足于已有的世界，而要加以改造，创造一个符合自己目的的新的世界。正因为这样，所以他不仅猎取动物的皮，而且要制造各种具有装饰性的衣服；他不仅要满足自己有机体的实用需要，而且要满足自己心理上和精神上的需要。这种心理上和精神上的满足，会产生一种愉快，这就是美感。原始人把工具制造得光滑、美观，把兽牙戴在自己的颈上，一方面表现了他们的力量和胜利，另一方面则表现了他们实现了自己的目的之后所感到的一种喜悦。所以，是人类有目的的生产和生活实践，培养了他们要把世界加以美化的审美意识。正因为人类具有审美的意识，有目的地要生活得更美，所以，他们能够不断地提高自己，愈来愈远离动物和自然世界。

---

[1] 恩格斯：《自然辩证法》，人民出版社1956年版，第145页。
[2] 同上书，第144页。

二、美学思想的发展

比较起审美意识来，美学思想具有两个明显的特点：第一，它经过语言文字的传播，不仅取得了语言文字的表现形式，而且通过文献的形式一代一代地传下来。第二，它不再仅仅是一些直观的感性的东西，而是变成了某些明确的观点和概念，取得了理论的形式，成为名副其实的意识形态。正因为这样，所以美学思想有了固定的名词、术语和概念，成为人类正式的美学遗产。

每一个民族都有自己丰富的美学思想的遗产。我国早在《诗经》中，已经有了大量的关于美的事物的描写，如"桃之夭夭""杨柳依依""硕人其颀"等。《左传》和先秦诸子百家的著作中，已经有了大量的关于客观事物的审美特性和人类审美心理活动的言论。像荀况的《乐论》，《礼记》中的《乐记》等，更可以说是专门的美学著作。以后历代大批的哲学著作和文艺理论的著作，如诗论、画论、书法论等等之中，无不蕴藏着极其丰富的美学思想。对于这一份珍贵的遗产，目前我们正在发掘和整理。我们相信，我国古代的美学思想，经过现代科学的方式加以研究和整理后，必将在世界上放射出灿烂的光辉。

比较起来，西方美学思想源远流长，流派多，体系多，目前是世界上最有影响的美学思想。早在荷马的史诗中，就已经流传下来一些零星的美学观点，如对于阿喀琉斯盾牌的赞美，对于海伦的美的惊叹等。但美学观点最早形成比较系统的美学思想的，还是公元前6世纪希腊的毕达哥拉斯派。这派把数当成是构成宇宙的基本因素，数的和谐构成了宇宙的和谐，美就是从这一和谐中产生出来的。例如音乐就是对立因素的和谐的统一，整个宇宙就是一曲和谐的音乐。一切按照数的秩序所构成的形式，如节奏、对称、多样的统一等，都是美的。因此，他们最早奠定了西方美学思想中重视形式的观点。同时，他们还注意到了外物的形式与人的内心具有某种数学上的同构关系，因而初步涉及了审美经验的问题。

但是，真正对美和艺术进行系统的哲学思考，建立了完整的美学思想的体系的，还是柏拉图和亚里士多德二人。他们都写了大量的著作，发表了大量的有关美学的观点。一些美学上的基本概念，很多都是他们提出来的。他们从哲学的认识论出发，探讨了艺术对于现实的模仿能不能反映客观真理的问题。柏拉图从理念出发，认为世界的根本是理念，只有理念是真实的；现实世界是理念的模仿，而文学艺术又不过是现实世界的模仿。因此，以模仿为其基本特点的文学艺术是不真实的，不能反映真理。亚里士多德则相反，他从"四因论"出发，认为资料因与形式因是统一的，一般就存在于个别之中，离开了现实世界不可能另外有一个理念世界。文学艺术模仿客观的现实，不仅能给我们带来快感，具有审美的特点；而且模仿本身就是求知，具有认识的特点。文学艺术模仿的虽然是个别事物，但却能反映一般的规律，具有普遍性，"富于哲学意味"。

柏拉图与亚里士多德的这一争论，贯彻到了西方整个美学思想的历史中。它的基本问题就是：通过感性形式来反映客观现实的文学艺术，能不能够达到人类智慧的最高水平？要回答这个问题，就得对文学艺术进行哲学的思考。就是在这个意义上，西方美学思想一直属于哲学的范围。

柏拉图和亚里士多德，不仅奠定了西方美学思想的哲学基础，而且对以后美学思想中的一些最根本的问题，如美的本质、艺术的本质和特征、人类创作的才能、审美经验和审美教育等，都进行了探讨。西方的美学思想，基本上是沿着他们的足迹前进的。罗马时代的美学思想，就把他们当作范例来遵循。古罗马时代，比起古希腊时代来，更趋向于把文学艺术当成知识来研究。他们的美学思想，知识性多于创造性。从普罗提诺到中世纪，则把基督教的教义引进美学思想中。他们从禁欲主义的观点出发，反对世俗的文学艺术。但他们为了宣传教义，又不能不借重文学艺术。为了达到目的，他们把本来是世俗的文学艺术蒙上一层圣光，因而他们的美学思想也就笼罩上一层神学的色彩。

文艺复兴是资产阶级的人文主义对中世纪神学的一次大的冲击和解放。但这一冲击和解放的道路是极其曲折的。首先，它并不是从公开地反对中世纪的神学开始，而是大力地介绍、引进和注释古希腊、罗马的文学艺术和美学言论，从而把淹没了将近一千年的古代美学思想复兴过来。其次，适应新兴资产阶级市民生活的需要，当时出现了大量反映市民的审美意识和审美趣味的文学艺术，从而把文学艺术带向了一个空前繁荣的时期。正是这一繁荣，促进了人们对于艺术创作才能和审美判断才能的研究，从而把古代美学思想重视外在客观世界的倾向，转移到开始重视主观的内心世界。英国经验派沿着这一倾向，对人类的审美经验作了深入而又有益的探讨。第三，当时自然科学的发达，对艺术家产生了两方面的影响：一是借助解剖学、透视学、数学等方面的成就，以提高艺术创作的技巧；二是用自然科学的理性态度，来对待艺术与自然的关系，要求艺术家既要像镜子一样反映自然，又要像上帝一样创造出"第二自然"。这既导致了新古典主义者把艺术看成是理性的表现，也导致了德国理性派要求对艺术和人的感情作出理性主义的解释。

因此，从文艺复兴开始，一直到18世纪英国的经验派和德国的理性派，美学思想在复兴希腊罗马的基础上，根据新的时代和要求，有了空前而又巨大的发展。如果说，在此以前，美学思想或则附属于哲学，或则附属于文艺理论；那么，在此以后，它所探讨的问题愈来愈丰富和复杂，愈来愈具有独立性，因而它也就很自然地要求成为一门独立的学科，也就是美学了。

三、美学学科的建立

美学思想是审美意识向着理论形式的方向发展，而美学则是美学思想独立成为一门学科的表现。首先，它需要有专门的美学著作，而不是散见于哲学、文艺理论或其他著作中的某些美学言论或观点；其次，需要有不同于其他学科的独立的研究对象和范围。

美学作为一门学科的建立，克罗齐在《美学史》中，归之于意大利18世纪的维柯，认为维柯于1725年出版的《新科学》，事实上讲述的就是美学。他在《美学原理　美学纲要》一书中，又说："审美认识则到维柯的思想中才出现。"[①]我们说，任何一门学科的建立，都不是一朝一夕之事，也非一人两人之功。文艺复兴以来，文学艺术的高度繁荣以及大量关于人类创作能力和审美欣赏能力的研究，已为美学学科的建立开辟了道路。维柯的《新科学》在这个过程中，的确起了很重要的作用。首先，它对人类思维的起源和发展作了很好的历史的探讨，认为形象思维早于逻辑思维，并明确地区分了形象思维与逻辑思维。其次，它论证了诗的特点是想象力和形象思维，并对"诗的逻辑"作了专门的研究，区分了诗与哲学的界限。就这样，他把想象、形象思维和"诗的逻辑"，作为"新科学"研究的重要对象和范围之一。这对于美学作为一门独立学科的建立，确实起了很好的推动作用。

[①] 克罗齐：《美学原理　美学纲要》，外国文学出版社1983年版，第297页。

但是，维柯的《新科学》，主要是探讨人类文化和思维的历史，他的目的并不在于建立美学。其中有关美学的思想，对他说来，也并不是主要的。因此，一般认为美学的建立者，不是维柯，而是德国理性派的鲍姆加登。鲍姆加登在1735年发表的《关于诗的哲学沉思录》这篇博士论文中，即已提出要建立一门新的学科，作为哲学的一个新的分支，并命名为Aesthetica，意为关于感性认识的学科。1750年，他正式出版了Aesthetica一书，一般都称为《美学》。他在这本书中，进一步阐述了建立美学学科的必要性，并从十个方面驳斥了反对者的意见。他对美学这门学科研究的对象，作了下列的规定：

> 美学研究的对象是感性认识的完善（单就它本身来看），这就是美；与此相反的就是感性认识的不完善，这就是丑。正确，指教导怎样以正确的方式去思维，是作为高级认识方式的科学，即作为高级认识论的逻辑学的任务；美，指教导怎样以美的方式去思维，是作为研究低级认识方式的科学，即作为低级认识论的美学的任务。美学是以美的方式去思维的艺术，是美的艺术的理论。①

这里，鲍姆加登说明了美学研究的对象是"感性认识的完善"，美学研究的任务是"研究低级认识方式"。因此，和作为高级认识论的逻辑学比较起来，美学是一种低级认识论。这是什么意思呢？原来以莱布尼兹为首的德国理性派，反对英国经验派把感觉经验当成人类认识的根据，而认为人类的认识来自先天的理性。但这种理

---

① 引自朱光潜《西方美学史》上册，人民文学出版社1979年版，第297页。

性认识，并不是一下子就达到的，而是由"潜在"变成"现实"，就好像大理石的纹路要经过琢磨才显现出来一样。人的认识，也是从"朦胧的认识"到达"明晰的认识"。而"明晰的认识"又分成"混乱的认识"和"明确的认识"两个阶段。"混乱的认识"即是感性认识，它只见笼统的形式，而分辨不清其中的关系。审美欣赏即是一种"混乱的认识"，我们说一件东西美，只是感觉到它美，而并说不出一个所以然来。"明确的认识"才是理性认识的高级阶段，能够清楚地说明事物各部分间的关系，说出个所以然来。鲍姆加登接受了这一讲法，认为人的认识有感性认识与理性认识之分，有低级认识与高级认识之分。但是，他认为过去的逻辑学只研究高级的理性认识，而不研究低级的感性认识，这是不对的。因此，他建议成立一门新的"感性学"，即美学，来研究人的低级的感性认识。同时，他又接受了沃尔夫关于感性认识虽然是"混乱的"但却是"完善的"的讲法。那就是说，美和艺术虽然只涉及感性认识，不能明确地讲出道理来，但它们本身却自成一个多样统一而又有秩序的和谐的世界，因此，它们本身是"完善的"。感性认识一旦达到"完善的时候"，它就是美的。因此，他认为美学所研究的，就应当是这种感性认识的完善。

对于鲍姆加登第一次提出来的"美学"这样一个名称，以及他给美学所规定的对象和任务，虽然一直有人持有不同的意见，并对他的历史功绩有各种不同的评价，但是，有一点是肯定的，那就是从他以后，"美学"这门学科独立了起来，"美学"这个名称也普遍地为人们所接受。因此，我们认为"美学"作为一门独立的学科的建立，是和鲍姆加登分不开的。

鲍姆加登以后，经过以康德、黑格尔等人为代表的德国古典美学，美学研究的范围不仅愈来愈大，研究的内容愈来愈深入，体系愈来愈完整，因而愈来愈成为一门独立的学科；而且到了19世纪中叶以后，随着社会科学和自然科学的发展，它们渗透和影响到美学，使美学愈来愈脱离过去传统美学那种思辨性的、"由上而下"的形而上学的方向，走向讲究科学实验的、实证主义的"由下而上"的方向。费希纳所倡导的实验美学、丹纳所倡导的艺术社会学等等，就是例子。与此同时，叔本华和尼采的唯意志论，又把美学研究引向了主观的方面，出现了直觉主义、表现主义、印象主义等流派。到了20世纪，科学的分支愈来愈多，日趋分化和专门化，以至美学的研究也愈分愈细，流派众多，思潮林立，真可说是五花八门，琳琅满目。什么心理学美学、人类学美学、发生学美学、语义学美学、分析学美学、现象学美学、解释学美学、接受学美学、解构主义美学，以至科学美学、技术美学、信息论美学、控制论美学等等，应有尽有，蔚然大观。但是，另外一个方面，宇宙毕竟是统一的，物质毕竟是统一的，人毕竟是统一的，因而分化的结果，固然证明了世界的多样性，但也证明了世界的统一性。科学研究不仅要有分，还要有合。正因为这样，所以现代美学经过大分化以后，又在相互交叉，相互融合，又在走向一体化和综合化的研究。怎样把各门分支美学和各种流派研究的成果综合起来，把它们各自的长处和优点吸收进来，以建立一个比过去的美学体系更为完整、更为高一个层次的体系，实为我们今天美学研究的任务。

黑格尔说："哲学的工作实在是一种连续不断的觉醒。"[①]美学也不例外。美学也在不断地"觉醒"，不断地有新的开拓和新的发展。

---

① 黑格尔：《哲学史讲演录》第1卷，商务印书馆1983年版，第41页。

人对现实的审美关系

大千世界,到处都是美的东西。这些美的东西为什么会成为美的东西?它们是怎样产生和创造出来的呢?人又为什么能够欣赏它们,创造它们,并认为它们是美的呢?这就涉及了人对现实的审美关系。"审美"一词,是一个动宾结构。首先,谁去审?这是作为审美主体的人。其次,审什么?这是客观现实中具有审美特征的东西,也就是审美的客体。审美主体与审美客体发生了美学上的关系,这就是审美关系。人间之所以有美,以及人们之所以能够欣赏美,就因为人与现实之间存在着审美关系。正因为这样,所以我们认为人对现实的审美关系,是美学研究的出发点。美学当中的一切问题,都应当放在人对现实的审美关系当中,来加以考察。也正因为这样,所以我们谈美学,先从人对现实的审美关系谈起。

歌德说:"万汇本一如,彼此相联带。相依为命,哪可分开?"[1]那就是说,宇宙中的万事万物,都是"彼此相联带"、相互发生关系的。例如太阳、地球、月亮,这三个看似各自独立的星球,它们之间就具有不可分离的关系。离开了太阳,地球和月亮根本不可能存在。离开了地球和月亮,太阳也将不是它现在的样子。

---

[1] 歌德:《浮士德》第1部,人民文学出版社1959年版,第24页。

宇宙之间不可能有任何孤立的事物。一切事物的价值和意义，就看它与周围的世界发生什么样的关系，处于什么样的地位。人这个圆头颅、两足直立的动物，他之所以成为宇宙的骄傲、万物的灵长，也是由他在宇宙中所处的关系和地位来决定的。从古到今，人类的一切学问，都是探讨人对周围现实世界的关系。瑞士著名的古希腊、罗马文化研究者安·邦纳说："全部希腊文明的出发点和对象是人。它从人的需要出发，它注意的是人的利益和进步。为了求得人的利益和进步，它同时既探索世界也探索人，通过一方探索另一方。在希腊文明的观念中，人和世界都是一方对另一方的反映，即都是摆在彼此对面的、相互映照的镜子。"[1]这就是说，从古希腊人开始，人都是通过人与世界的关系来探讨人自己的。人与世界或者人与自然的关系，成了人类一切学问的出发点。旧的唯物主义者，把人与自然等同起来，认为人就是自然；唯心主义者则力图使人摆脱自然，从超自然的神灵、精神或心灵中去探求人的本质。德国古典唯心主义者开始把人与自然统一起来研究，但因为他们是唯心主义者，所以他们只是把自然当成自我意识自我实现的一个条件，他们所重视的仍然是精神，是意识。

马克思划时代的意义，就在于他不仅把人与自然统一起来研究，而且从人与自然的关系中全面地来研究人。首先，他明确地指出来，虽然关系无处不在，但只有对人来说，才谈得上"关系"。他说："凡有某种关系存在的地方，这种关系都是为我而存在的；动物不对什么东西发生'关系'，而且根本没有'关系'；对于动物说

---

[1] 安·邦纳：《希腊文明》，转引自鲍·季·格里戈里扬的《关于人的本质的哲学》，三联书店1984年版，第28～29页。

来，它对他物的关系不是作为关系存在的。"①这就是说，动物虽然也有关系，但它意识不到这一关系，它与自然混为一体。可是人却不同了。人自觉地有意识地把自己与自然区分开来，并把自然作为对象，从而与自然发生关系，在这一关系中，一方面是作为关系的主体的人，另一方面则是作为关系的客体的自然。有了主体与客体的区别，然后通过实践，主体的人作用于客体的自然，客体的自然又反作用于主体的人，于是就建立了人与自然的关系。但是，人除了与自然发生关系之外，人与人之间还同时发生相互的关系，这是社会关系。正是人与自然以及人与人的关系，构成了人与现实的关系。现实包括自然，也包括社会。

其次，无论作为关系主体的人，或是作为关系客体的现实，以及他们所构成的关系，都既不是简单的，也不是固定不变的。它们都各自具有多层次的结构，多方面的变化。拿人来说，他至少包括下列几个方面：（1）人本身不仅是自然的产物，从自然中生成起来，而且他本身就是一种自然。马克思说："人的第一个对象，即人，是自然界、感性。"②又说，人"是有生命的自然存在物"③。因此，在人的本质属性当中，含有自然的属性，也就是物质性和动物性。人有各种本能的情欲，并直接通过感性的形式与现实发生关系，就是这方面的例证。（2）但人之所以为人，主要的还不在于他有自然的物质性和动物性，而在于他是一种有意识的"类的存在物"。由于他是有意识的"类的存在物"，所以他能够按照自己的目的和愿望，"摆脱肉体的需要"④，来进行生产，来改造世界和创造世

---

① 马克思，恩格斯：《德意志意识形态》，人民出版社1961年版，第24页。
② 马克思：《1844年经济学—哲学手稿》，人民出版社1979年版，第82页。
③ 同上，第120页。
④ 同上，第50页。

界。这就是说,他不仅是物质的,还是精神的;不仅是动物的,还是社会的。精神性和社会性,成了真正的"属人"的本质。正因为这样,所以人的自然性和动物性,如果是属于人的,也就具有了精神性和社会性的品质。赤裸裸的自然性和动物性,不应当是人的本质。(3)无论自然性或社会性,无论物质性或精神性,都不是抽象的,而是具体地存在于一定的历史条件中的。人不像猴子,吃一口桃子扔一个桃子,而是有意识地加以积累和积淀。这样,人就不仅生活在现实世界中,而且生活在文化的传统中。他从生理上的感觉器官到精神上的意识形态,无不是历史的产物,无不随着历史的发展而发展。猴子永远是猴子,永远停留在一个阶段;人却从猿人发展到原始人,从原始人发展到今天的人。因此,历史性和历史感,是形成人之所以为人的一个重要的方面。马克思说:"五官感觉的形成是以往全部世界史的产物。"[1]恩格斯说:"有了人,我们就开始有了历史。"[2]都是指这方面而言的。

因此,作为关系的主体的人,包括自然性与物质性、社会性与精神性,以及历史性等方面。在它们相互的影响下,产生和形成了人的生理结构与心理结构,感觉器官与思维器官,然后统一起来,成为具体的处于一定的关系之中的人。人是作为一个具有丰富复杂的内容的个性化的主体,来与客观现实发生关系的。

作为关系的客体的客观现实,也是极不简单的,极其丰富和复杂的。它至少包括下列几个方面:(1)自然界。上自日月星辰,下至草木花鸟,以及作为物质存在的人本身,凡是自然而生、自然而长的东西,都在内。(2)由于人与自然的关系所制造出来的各种产

---

[1] 马克思:《1844年经济学—哲学手稿》,人民出版社1979年版,第79页。
[2] 《马克思恩格斯全集》第20卷,人民出版社1971年版,第374页。

品，如桌子、衣服、汽车、轮船等。（3）由于人与人的关系所产生和形成起来的各种社会现象，如语言、生活方式、社会制度、风俗习惯、道德行为等。（4）由于人类的精神活动或意识形态所创造出来的各种产品，如科学发明、艺术作品等。总的来说，从自然以至社会，从物质以至精神，凡是天地之间客观存在的现象，无论是过去的或是现在的，都构成了人与现实的关系的客体。

主体丰富复杂，客体也丰富复杂，它们之间所构成的关系，当然更丰富和复杂。这正好像地球上的坐标一样，经纬两条线，构成了千千万万的空间关系。何况人与现实的关系，不止空间的关系，还有时间的关系。这一切关系，都以人的需要为轴心，以人的实践为动力，以物的性质和特性为对象，相互交错和影响，形成了整个人类社会的历史和现实生活。而审美关系，就是这各种各样的关系之中的一种关系。美学研究的出发点，就是人对现实的审美关系。

那么，什么是人对现实的审美关系呢？人为什么要和现实发生审美关系呢？比较起其他的关系来，审美关系又有一些什么特点呢？下面，我们将分别对这些问题，谈一些看法。

关于人对现实的审美关系，早在新中国成立前，朱光潜先生在《谈美》一书中，就曾谈到人对一切事物具有三种不同的态度：实用的、科学的和美感的。例如同样一棵古松，木商看到的是值多少钱的木料，植物学家看到的是一棵常青的显花植物，而画家所看到的则只是一种形象，"只是一棵苍翠劲拔的古树"[①]。朱先生当时的观点还是唯心主义的，他的解释不一定正确；但他所提到的这三种态度，却事实上说明了我们和客观现实之间，具有各种不同的关系。实用的态度

[①]《朱光潜美学文集》第1卷，上海文艺出版社1982年版，第449页。

是一种实用的关系，科学的态度是一种认识的关系，而美感的态度则就是一种审美的关系。所谓审美的关系，就是作为主体的人，通过欣赏或创作的活动，在客体的对象中，去发现、感知和鉴赏它的美以及它的其他的美学特性。我们对待任何事物，除了实用的、认识的等等关系之外，差不多都存在着审美关系。例如一只茶杯，我们用它来喝茶，这是和我们发生了实用的关系；我们认识到它是一只茶杯，知道它可以用来喝茶，这是和我们发生了认识的关系；我们研究茶杯的原料、制作工序，这又和我们发生了工艺的关系；如果茶杯是公家的，我们不应当私自带回家中，这又和我们发生了道德的关系；我们希望茶杯结构完整、造型美观，能够满足我们鉴赏力的需要，这时，茶杯就和我们发生了审美的关系。天下任何事物，都和我们同时发生多种多样的关系。在这多种关系中，除了实用的、认识的、工艺的、道德的等等关系之外，差不多都和我们发生审美的关系。之所以这样，就因为天地之间，到处都有美。因此，在人和现实发生关系的过程当中，就无处没有审美关系。

但是，在人对现实的一切关系中，最根本的不是审美关系，而是实用关系。马克思和恩格斯说："人们为了能够'创造历史'，必须能够生活。但是为了生活，首先就需要衣、食、住以及其他东西。因此第一个历史活动就是生产满足这些需要的生活资料，即生产物质生活本身。"[①]那就是说，人要活下去，首先必须生产生活资料。这样，人对现实的关系，首先是实用关系。对于原始人来说，实用关系也可以说是他们对现实的全部关系。当然，他们那时也可能对现实发生政治的、道德的、宗教的以及审美的等关系，但这一切都服从于生活的实际需要，都服从于实用关系。例如克罗马努人所留

[①] 马克思，恩格斯：《德意志意识形态》，人民出版社1961年版，第21页。

下的岩洞艺术，就说明了这个问题。他们在洞壁上刻画下了生动的动物形象。奇怪的是，这些壁画都刻画在人们最难观赏的地方。对于创作者来说，这些地方不仅是困难的，而且是危险的。他们为什么要这样做呢？据研究者说，首先是因为他们是猎人，动物是他们生活的资料；其次，他们刻画这些动物的形象，目的并不是观赏，而是当成"一种狩猎的感应性的魔法"[①]。正因为这样，他们选择一些他们认为有利于捕捉动物的、具有神秘意义的地方，把动物画出来，这样，他们就可以成为动物的主人，控制动物。法国"三兄弟"岩洞中刻画的是一只垂死的熊，口和鼻喷着血，身上充满了石矛等的创伤。方哥默洞上刻画的，则是一只猛犸掉在陷阱中。这都说明了这些壁画都是实用的，直接构成原始人劳动生活中的一个部分。画的形象很生动，具有审美性。但它们的审美性不仅是隶属于实用性的，而且与原始人的宗教观点、道德观点等融合在一道。这样，虽然原始人已经有了审美活动，和现实发生了审美关系，但这一关系还不是独立的。

随着人类生产力的提高，作为审美主体的人类的感觉能力（包括马克思所说的"精神感觉"和"实践感觉"），越来越丰富，越来越提高；作为审美对象的客观现实，也越来越多样，越来越扩大；这样，人对现实的关系也就必然越来越复杂，越来越细致。于是，人对现实的关系开始越来越明确地发生分化，逐步地形成了虽然仍具有某种联系但却各自独立的关系。人对现实的审美关系，也就是这样从其他的关系中独立出来的。例如一只饭碗，开始我们只是要求它能用来盛饭。后来进一步要求它制作精工，形体美观，再加上图案花纹。这图案花纹，已经是一种独立的审美关系了，虽然它还

[①] 参见《原始人》，科学出版社1976年版，第148页。

和饭碗的实用关系联系在一起。再进一步,我们把饭碗塑造成荷叶形或其他形状,并通过这些精工制作的饭碗的形象,来实现我们作为人的本质力量,来满足我们审美的要求。这时,饭碗就完全从实用的关系中独立出来,主要地和我们发生审美的关系。饭碗再不是用来盛饭,而是摆在玻璃橱里,或者挂在墙壁上,当作艺术品来观赏了。

那么,人为什么要和现实发生审美的关系呢?我认为,这是因为人的本质具有审美的需要。人的本质,既不是自然的禀赋,也不是上天的恩赐,而是人在劳动实践的过程中,社会地历史地形成的。人脱离动物界,是在他开始有意识地使用工具,并用工具来改造自然的时候。"当他愈来愈依靠工具时,他对那些粗糙、比较缺乏效率的工具便愈来愈不满意;另一方面,他又渐渐懂得工具的刃必须锋利,把手必须坚固,石质必须良好。也许通过偶然发现,也许从实验中了解——大概两样都有——他又知道了某种形状和某种刃更适合于某种用途。"[①]这也就是说,人类在劳动实践的过程中,为了制造简单的工具,他一方面发现了自然界的某些秘密,懂得客观材料的强度、力学规律等特征;另一方面也学会了按照实用的需要,调节自己生理上的物质力量。就这样,他产生了认识自然和认识自我的最早的意识。正是这种意识,使人的劳动不再是本能的、盲目的,而是具有明确的目的的。第一,他要在劳动中实现自己的目的。他按照一定的目的来改造世界,使之更符合自己的心意。当客观的世界符合了主观的心意,于是就产生出一种满足感和愉快感。这种满足感和愉快感,就是人类最早的审美意识。例如一把石斧,经过磨制,用起来锋利,看起来光滑,符合原始人劳动生产的

[①] 参见《原始人》,科学出版社1976年版,第102页。

目的,他就不禁有一种珍惜和爱护的感情。这种感情虽然从实用当中产生,但它在实用的性质之外,另外具有审美的性质。原始人爱美的本质和天性,就是这样产生出来的。人与现实的审美关系,最初也就是这样在劳动实践的过程中形成起来的。第二,人类劳动的结果,不是像动物一样,只是消灭对象,而是要改造对象,创造一个新的对象。这个新的对象,固然是一种新的物质实体,如一把石斧、一串贝壳等,但也是人的精神力量如聪明智慧等的体现。于是,他在这个对象上面,观看到了自己作为人的本质力量,感到了骄傲和喜悦。原始人把野兽的皮披到身上,把野兽的牙齿和骨头磨制成装饰品,他们取得了胜利,因而也感到了美。因此,美是在劳动生活中产生的,并且是劳动生活的一种装饰。人的本质需要美的装饰,因而人类有了劳动生活,就和现实发生了审美关系。正好像我们今天有了节日喜庆,需要放鞭炮、演奏音乐一样。

最后,比较起其他的关系来,人对现实的审美关系具有一些什么特点呢?对于这个问题,我们想从下列几个方面来谈:

(1)通过感觉器官来和现实建立关系。感觉器官是人类认识现实的窗子,也是人类和现实发生关系的途径。人类的一切活动都要通过感觉器官,并以感觉器官作为基础。但审美关系不同于其他关系的地方,是它不仅通过感觉器官,而且就在感觉器官的上面来与现实建立关系。我们看画,听音乐,欣赏任何美的东西,都离不开感觉器官。马克思说:"只是由于属人的本质的客观地展开的丰富性,主体的、属人的感性的丰富性,即感受音乐的耳朵、感受形式美的眼睛,简言之,那些能感受人的快乐和确证自己是属人的本质力量的感觉,才或者发展起来,或者产生出来。"[①]这就是说,感

---

① 马克思:《1844年经济学—哲学手稿》,人民出版社1979年版,第79页。

觉器官形成和发展的过程，也就是人类审美能力发展的过程。没有"感受音乐的耳朵"和"感受形式美的眼睛"，音乐和形式美，对人来说，就不成其为对象，不复存在。但是，人的感觉器官，不同于动物的，是它的"形成是以往全部世界史的产物"①。恩格斯谈到人类的手，怎样在劳动中变得自由，怎样从能制造工具到能画出拉斐尔的画，雕刻出托尔瓦德森的雕塑，演奏出帕格尼尼的音乐，②就十分有力地说明了：人对现实的审美关系是通过感觉器官来建立、形成和发展的。正因为人对现实的审美关系是建立在感觉器官之上的，所以感性的形象性和直觉性，就成了审美关系的第一个特点。我们看画、听音乐、读小说，面前所呈现的，都是直接感受到的生动的形象。离开这些感性的形象，也就失去了审美的对象，因而再也谈不上什么审美的关系了。

（2）审美关系是自由的。所谓自由，包括两层意思：第一，不受限制，从他物的束缚中解放出来；第二，能够自己做主，从对他物的依赖中解放出来。因此，自由与解放，具有同样的意义。但关系则一方面表示相互依赖，另一方面又表示相互限制。有关系的地方，就有依赖和限制，因此常常并不都是自由的。审美关系之所以为审美关系，它的特点则在于它虽然也要受到主体与客体各自条件的限制，但它却常常能够从这些限制中解放出来，取得自由。例如在实用关系中，我们看到一匹马，这匹马不是属于我的，我就不能随便地骑它。想把它买回来，要受到钞票的限制；想把它强迫地拉回来，又要受到法律的限制。因此，在实用关系中，马和我的关系是不自由的。可是在审美关系中，由于我们对马没有任何实际的

---

① 马克思：《1844年经济学—哲学手稿》，人民出版社1979年版，第79页。
② 《马克思恩格斯选集》第3卷，人民出版社1972年版，第509~510页。

功利的需要，因此，我们完全可以以自由的态度来对待马。我们可以尽量欣赏马的颜色、形状、姿态等，没有人会加以禁止和干涉。因此，审美关系是自由的。但这还只是一种外在的自由。审美关系更深一层的自由的含义，是内在的。这可以从内容与形式两个方面来看。首先，从内容上看，我们欣赏美的对象，不是要满足物质的需要，而是要自由地展示人的本质，取得精神上的自由和满足。例如我们欣赏竹子和梅花的美，就不是想用竹子和梅花来做什么，而是要通过它们，反映我们心灵的愿望。我们的心灵是自由的，因此竹子和梅花所表现的内容和意义，也是自由的。不同的诗人，就根据他们各自的心灵，歌颂了竹子和梅花不同的美。其次，再从形式上看，美的形式要受对象的物质属性的限制，竹子的形式不可能等同于梅花的形式。但是，美的形式并不在于物质形式本身，而在于通过某种物质形式自由地表现出或者制造出心灵的形式。姜夔《疏影》一词，把梅花比作翠禽，比作美人，比作昭君，它既有梅花物质形式的特点，而又加以自由的点化，自由地创造出了新的形式。因此，美的形式也是自由的。由于美的内容和形式都是自由的，所以人对现实的审美关系也是自由的。

（3）审美关系是人作为一个整体来和现实发生关系，人的本质力量能够得到全面的展开。人的本质力量是多方面的，包括马克思所说的"视觉、听觉、嗅觉、味觉、触觉、思维、直观、感觉、愿望、活动、爱"[①]等等在内。人和现实的关系应当是完整的，但在我们的实际生活和工作中，我们并不是以完整的人来和现实发生完整的关系。我们经常出于某种功利性的目的和打算，以我们某一方面的本质力量来和现实的某一方面发生关系。例如肚子饿了，我

---

① 马克思：《1844年经济学—哲学手稿》，人民出版社1979年版，第77页。

们要吃饭;看到一个小孩掉在水里,我们把他救起来。这都只是我们某一部分的人和现实的某一部分发生关系。可是,审美关系不同了。我们来到西湖的边上,我们整个的身心都沉浸在西湖的美景当中。这时,我们生理的机能和心理的机能,我们的感觉器官和思维器官,我们的理智、意志和感情,全部都调动了起来。我们在理智上认识到西湖的美,我们在意志上希望看到西湖的美,我们在感情上热爱西湖的美。因此,在审美鉴赏中,感性的人和理性的人统一了起来,意识形态的人和实践活动的人统一了起来,人以一个完整的整体来和现实发生关系。正是在这个意义上,席勒认为只有在审美的游戏活动中,人才是真正的人。但席勒是从人性的分析达到这个结论的,唯心主义的色彩极其浓厚。马克思则从劳动实践的历史唯物主义的观点出发,认为在私有制社会中,由于劳动异化,造成人性分裂,因此人的本质得不到全面的实现。只有到了共产主义社会,克服了劳动的异化,"把劳动当成它自己体力和智力的活动来享受"[①]。那就是说,在共产主义社会里,每个人都可以把自己的劳动当成艺术的创造,因此,每个人在自己的范围内,都可以成为艺术家。所谓艺术家的意思,就是人作为人的本质,可以得到全面的发展,从而与现实建立起完整的也就是审美的关系。正因为这样,所以在审美关系中,人之所以为人以及人是什么样的人,方才可以得到充分的发展和显示。

(4)审美关系还特别是人对现实的一种感情关系。在审美关系中,人虽然是以一个整体来和现实发生关系,他的全部心理功能——理智、意志和感情,都在起作用;但是,由于作为审美主体的人是通过感觉器官来对现实进行审美活动的,而作为客体的审美

[①]《资本论》,《马克思恩格斯全集》第23卷,人民出版社1972年版,第202页。

对象,又都是具体的感性对象,感觉器官面对感性形象,其所发生的关系,主要的就不可能是理智上的认识、意志上的行为,而只能是感情上的喜爱与否和满足与否。那就是说,这些具体的形象,通过感觉器官的感受,把我们的理智、意志和其他一切,都化成了感情。因而其所产生的效果,主要的只能是喜怒哀乐的感情活动。我们读《红楼梦》,读得涕泪纵横;曹雪芹写《红楼梦》,也写得涕泪纵横。这说明了无论欣赏与创作,都是充满了感情的审美活动。因此,人对现实的审美关系,离不开感情。中国古代诗词,讲究情景交融。情与景的关系,正是人对现实的审美关系。请看李华的《春日寄兴》:

宜阳城下草萋萋,涧水东流复向西。
芳树无人花自落,春山一路鸟空啼。

这里所写的全是景,但因为作者把景写成全是对人而言的景,景中处处渗透着情,因而景语全都变成了情语。这样,充满了感情色彩,应当是人对现实的审美关系的一个重要的特点。

以上,我们从四个方面谈了审美关系的特点。但是,人对现实的关系,是不断发展和变化的,因而人对现实的审美关系的特点也不是固定的、形而上学的。随着人对现实的审美关系不断地变化和发展,大千世界的美的东西,也不断地变化和发展。美学的研究不应当限于人对现实的审美关系,但应当以人对现实的审美关系作为出发点,来探讨人类全部的审美活动和审美现象。

简论美

我们读文艺作品，大概都有这样的经验，即每读一部好的作品，也就是思想性和艺术性达到了高度统一的作品，我们的心里面，都会产生一种美的感觉，得到一种美的享受。因此，文艺作品是能够给我们带来美感的，是能够给予我们以美的享受的。那么，什么是美呢？

关于美这一个概念，唯心主义的美学家，一向把它加以歪曲的解释。他们认为：美并不是客观现实所固有的特性，而是人的心灵的主观创造。例如朱光潜在《文艺心理学》中，就说："它（指美）是心借物的形相来表现情趣。世间并没有天生自在、俯拾即是的美，凡是美都要经过心灵的创造。"[1]我们的心灵又怎么能够创造出美来呢？朱光潜说，这靠移情作用。在移情作用中，我们把"自己的情感移到外物身上去，仿佛觉得外物也有同样的情感"[2]。例如花本来没有泪，但因我们自己伤心，所以觉得花也有泪。正是在移情的当中，我们达到了聚精会神、物我两忘的境界，忘记了现实的功利打算，感到了活动的自由，从而创造了美。朱光潜说："美就是这

---

[1] 朱光潜：《文艺心理学》，开明书店1936年版，第154页。
[2] 朱光潜：《谈美》。

种活动的产品,不是天生现成的。"①

唯心主义的这种讲法,它的错误是很明显的。因为生活的事实证明:我们的心灵并不能随意创造美。花可以是美的,但一条臭水沟,我们的心灵无论怎样创造,也无法把它创造成是美的。因此,美是以一定的客观条件作为前提的。至于所谓移情作用,这是在审美的过程中所产生的一种特殊的心理状态。它是审美的结果,不是产生美的原因。同时,我们更无法把移情作用,说成完全是超现实、超功利的。要知道,每个人所移的"情",都具有一定的社会内容。中国封建士大夫,可以在梅花里面移进潇洒出尘的"情";但一个普通的农民,就不会移进这样的"情"了。因此,移情的本身是具有社会性的,是和每个人的现实生活密切联系的。我们要把美说成"带有若干神秘主义的色彩"②,而不带任何人间烟火气,这是不可能的。

反对唯心主义这种错误的说法,马克思列宁主义以前的唯物主义,遂从心转到物,在物的本身当中去找美。这种做法,在肯定美的客观性这一点上面,不能说没有任何进步意义。但是,旧的唯物主义却常常犯了简单化和机械化的毛病:他们不从社会实践的观点去探求美,而从物质的自然属性当中去探求美。他们认为美,就是物质的某一些自然属性。例如英国的画家霍格斯就说:"物的形状,由种种线造成。线有直线与曲线。曲线比直线更美。"③这是简单地把曲线当成美。又如德国美学家斐西洛,把宽与长成1与1.618之比的长方形,也就是"黄金段"④,说成是美。其他类似的例子很多,此

---

① 朱光潜:《谈美》。
② 同上。
③ 引自丰子恺《艺术趣味》,开明书店,第12页。
④ 参考朱光潜《文艺心理学》,开明书店1936年版,第148页。

地不一一列举了。总之，旧的唯物主义，是离开了人的社会生活，单纯把物质的某些自然属性当成美。

旧的唯物主义的讲法，当然也是错误的。因为美的客观性，并不在于它的自然性质。物质的自然性质本身，如曲线或者黄金段等，是无所谓美或不美的。曲线的幽径是美的，但曲线的蛇，却是丑的了。一个面孔长得很漂亮的人，从他的自然属性方面来说，应当是美的；但是，如果这个人的品质很恶劣，我们却不仅不会觉得他美，反而会觉得他丑。因此，自然属性可以成为美的一定的条件，但是，我们却绝对不能把物质的自然属性，与美等同起来。

马克思列宁主义的美学，既不是从人的主观心灵来探求美，也不是从物质的自然属性来探求美，而是从人类社会的生活实践来探求美。从社会生活实践的观点来探求美，我们就可以看出来：美既不是人的心灵或意识可以随意创造的；但也不是可以离开人类社会的生活，当成一种物质的自然属性而存在。它是人类在自己的物质与精神的劳动过程中，逐渐客观地形成和发展起来的。一方面，就美感的源泉与审美的对象来说，就不是与人无关的一般的自然界，而是人在劳动的过程中，按照自然的规律所改造了的自然界。这种自然界是"人化"了的，它"实践地形成人类生活和人类活动底一部分"[①]，从而"客观地揭开了人的本质的丰富性"[②]，变成了人的现实。由于它是人的现实，人在当中揭示了自己丰富的本质，所以我们人也才能够发现和欣赏它的美。没有人化的现实，也就是还没有开发的原始的自然界，它对人只是威胁，或者至少是漠不相关的，人自然也就无从发现和欣赏它的美。原始人对于狂风暴雨、高

[①] 马克思：《经济学—哲学手稿》，人民出版社1956年版，第57页。
[②] 马克思语，此地引自《哲学研究》，1956年第5期，第57页。

山大河，就只觉得它们的可怕，而不觉得它们的美。因此，像马克思所指出来的，人"周围的可以感觉得到的世界，完全不是什么从来就是如此并且永不改变的东西，而是工业与社会状态的产物，同时是在这样一个意义上，它是历史的产物，是许多世代活动的结果"①。

另一方面，作为审美主体的人的主观感受世界，他的各种感觉器官，也不是什么天生的、一成不变的，也是历史社会的产物，逐渐地丰富和发展起来的。那就是说，人在改造客观世界的时候，同时也改变了他的主观世界。"当他（人）用这种运动（劳动），加作用于他以外的自然，并且变化它时，他也改变了他自己的自然。"②正是在这样的改造过程中，遂使人的感觉器官，逐渐丰富起来，复杂起来，不同于动物的感觉器官。马克思说："社会人底诸感觉不同于非社会人底感觉，只有经过人的本质底对象地展开了的丰富性才成为主观的人的感性底丰富性，才成为一个音乐的耳朵，对形式底美的一只眼睛，一句话，才成为人的享受可能的诸感觉。"③因此，人有能够欣赏美的感觉器官，不是先天地形成的，而是历史地、社会地形成的。如果人没有形成这样的感觉器官，那么，"如同最优美的音乐对于非音乐的耳朵没有意义、不是对象一样"④，纵然客观上存在着美，我们也是没有办法去发现它和欣赏它的。

这样，可见无论是作为审美对象的现实，或者作为主体的人的审美能力，都是社会历史的产物，都是人们在劳动实践的过程中，客观地形成起来的。正因为它们都是人类社会的产物，所以它们都

---

① 引自《电影艺术资料丛刊》，1952年第1期，第53页。
② 马克思：《资本论》第1卷，人民出版社，第192页。
③ 马克思：《经济学—哲学手稿》，第89页。
④ 同上，第89页。

不属于自然的范畴，而属于社会的范畴。美不是自然的现象，而是社会的现象。

但是，人在改造客观现实和发展自己主观感受能力的过程中，为什么会产生美这种现象呢？要回答这个问题，我们必须说明：人的生产劳动，在性质上是不同于动物的。人在生产劳动中，"他不仅引起自然物的一种形态变化，同时还在自然物中实现他的目的"①。因为能够实现他的目的，所以他能把劳动"当作他自己的肉体力或精神的活动来享受"②。就在这种享受中，人就不仅是像动物一样，按照直接的需要来生产，而且是能够"自由地对待他的生产品……也依照美底规律来造形"③。那就是说，人除了实用的需要之外，还有审美的需要。他在每一种生产活动中，除了创造使用的价值之外，还同时实现了自己的目的，得到了精神上的满足。由于这种精神上的满足所带来的快感，就构成了美感的客观基础。

因此，美感并不是什么神秘的东西。作为社会的人，每个人都有美感，都有一定的审美的要求和审美的能力。例如我们穿衣服，不仅要求保暖，还同时要求美观。我们对于任何事物，都是在它满足了实用的需要之后，同时要它满足审美的需要。就在这个意义上，高尔基说："人按其本性就是艺术家。他随时随地都竭力想使自己的生活美丽。他想要不再作那种只是吃吃、喝喝，然后就极无意识地、半机械式地生产子女的动物。"④

像人类这种带有目的性的、创造性的、能够引起美感和满足审美需要的活动，我们称为美的活动，或者"依照美底规律来造形"

---

① 马克思：《资本论》第1卷，人民出版社，第192～193页。
② 同上，第192～193页。
③ 马克思：《经济学—哲学手稿》，第59页。
④ 引自《电影艺术资料丛刊》，1952年第1期，第64页。

的活动。正是这种美的活动，构成了美的客观社会内容。不同社会和阶级的人，由于他们生活的目的和内容不同，所以他们美的活动的内容也就不同。他们对于美，也形成了不同的观点和看法。例如，原始人把纹身认为是美的，我们今天就不认为是美的了。又例如，对于封建贵族统治阶级来说，因为他们失去了生活的创造性和远大的目的性，过着一种病态的生活，所以他们的美学观点，也常常是病态的。他们把病态当成了他们的美学理想，如他们喜欢欣赏病美人、病梅等，即是。但是，对于健康的人民来说，他们的生活永远是健康的，所以他们的美学观点也是健康的。对于他们，美就是生活的充实，生活的肯定，以及人的才能和创造力的充分发挥。因为这样，所以对于健康的人民来说，美永远是带有积极意义的，对人生有益的，对生活的发展有帮助的。历史的主人是人民，因此，真正美的东西，都应当是健康的，能够帮助生活的前进和人民的发展的。

但是，美这种社会现象，并不只是一些抽象的社会生活内容，更不只是一些关于美的抽象观念，更重要的，它是从生活的本身当中产生出来的。生活，像车尔尼雪夫斯基所说的，只能从现实的、活生生的事物中看到，而抽象的、一般的思想并不是生活领域的一部分。[①]因此，和生活联系在一起的美，就必须像生活本身一样，是具体的、感性的，我们必须通过感觉才能把握它。例如，我们看到一朵花，觉得它美；这美的，就是我们从感觉上所把握到的花。又例如，我们心情愉快的时候，觉得心情很美；这美就正是我们从感觉上所体会到的心情。因此，美不仅以人们客观的社会生活作为它的内容，而且也以生活本身那种具体的感性形式，作为它的形式。

---

① 车尔尼雪夫斯基：《生活与美学》，海洋书屋，第23页。

生活本身的这种具体的感性形式,我们称为形象的形式。这样,可见美是通过具体的感性形象的形式,来表现的。凡是没有通过具体的感性形象表现出来的东西,不管它在性质上是不是美的,我们都感觉不到它,因此,我们也就无从觉得它美。

因为美是通过感觉来把握的,所以它和感觉分不开。人的美感,可说是建立在感觉的基础之上的,他是通过感觉来感受美的。因为人是通过感觉来感受美的,所以,作为感觉对象的感性生活材料,它们本身的性质就常常影响到美的性质。例如,高山大河与小桥流水,劲直的古松与袅娜的弱柳,就会在我们的内心里面,唤起不同的美感。黄昏细雨时等待亲人归来的心情,或者炼钢工人等待钢铁出炉的心情,也会在我们的内心里面,唤起不同的美感。因此,对于各种审美的对象,特别是自然界来说,它们本身的自然属性固然无所谓美或不美,然而,这种自然属性却常常影响到我们的美感,构成美的客观条件。对于这些客观条件,我们是不能够忽视的。文学家和艺术家,为了能够真实地、具体地表现出不同对象的美,他们更需要深刻地研究不同对象的特殊性质,从而把这一对象富有个性特点的美表现出来。

正因为美感和感觉具有这样密切的关系,所以资产阶级唯心主义的美学家,就常常片面地夸大美感的感性方面,认为人的美感经验完全是感性的经验,与人的思想活动、实用活动等,没有任何关系。人只有当他摒除了思想、概念以及现实中的各种实用关系,然后才可以感受和欣赏美。这种说法,它的错误在于没有认识到,作为社会的人的感觉并不单纯是一种感性的东西,或者感情的东西。人的感觉是和他的理解力,互相交织着而又融为一体的。人的感觉能力像人的思维能力一样,都是人在劳动的实践过程中,长期地发展起来的。关于这点,法国美学家列费弗尔,曾有很好的说明。他说:"社会的人的感觉与非社会的东西的感觉相比,已是另一种感觉了。……它饱含着、充满着什么更锐利的东西,它作为器官,渐渐地成了理性的人的器官。正如马克思在一个卓越的定义中指出的,这样,感觉在自己的实践中就直接成了理论家。"①

由于社会的人的感觉具有这样的特殊性质,所以,通过感觉在现实生活本身的形式中来感受美的人的美感,就不仅仅是感性的东西,或者感情的东西了。它以整个人的丰富而复杂的生活作为感受的内容。我们在美的形象中,不仅感受到了感情,也感受到了思想和意志。或者更正确地说,我们是在思想、意志和感情的统一中,来感受美的。因为这样,所以美和真和善,就发生了密切的关系了。那就是说,美虽然不同于真不同于善,然而,不真不善的东西,却不可能美。一个谎话连篇的人,不管他的言辞多么流利,我们也不会觉得他的语言是美的;一个品质恶劣的人,不管他的长相多么漂亮,我们也同样地不会觉得他是美的。因为美是这样和真和善发生关系,所以,通过美的形象所表现出来的思想、意志和感情,就能够积极地肯定生活中的美好事物,促进人的生活的健康发展。我们要求美,那就是说,我们要求生活得更美丽,要求我们作为一个人的能力,能够得到更充分更自由的发展。

根据上面的分析,我们可以初步回答什么是美这一问题了。我们说:美是具有一定的社会内容的感性形象,它具体地表现了人们肯定生活中美好事物的思想、意志、感情和愿望!人和现实的美学关系,并不限于美;现实的美学特性,除了美之外,还有悲剧、喜剧、崇高、滑稽、丑恶等。但是,其他的美学特性,却都必须直

---

① 阿·列费弗尔:《马克思恩格斯论美学》,《学习译丛》1955年第11期,第28页。

接或间接地为美服务，直接或间接地肯定美。否则，它们就不属于美学的范围了。例如悲剧，它之所以属于美学的范围，是现实的美学特性之一种，那就因为它在描写美好事物被毁灭的过程中，直接地肯定了这种美好事物。反过来，喜剧在把一些丑恶的事物撕破开来，加以讽刺和嘲笑的时候，它也间接地肯定了美好的事物。

美是普遍地、客观地存在于人类社会生活之中的。有生活的地方，就有美；有人的地方，也就有美感。但是，虽然这样，文学艺术却集中地反映了生活中的美，表现了人们对于美的理想。一方面，在文学艺术的形象中，人们再现了自己的生活，特别能够"在一个由他来创造的世界中直观着自己本身"①。因此，文学艺术的创作，比较起人类其他的生产活动，是最富有目的性和创造性的，是最自由的美的活动。人们是在这儿，最充分地表现了自己对于美的思想、意志、感情和愿望。另一方面，人的美学趣味和美学观点，也是在文学艺术当中得到最大的培养的。马克思说，艺术对象"创造着有艺术情感和审美能力的群众"。②因为这样，所以文学艺术的范围，虽然并不限于美；然而，我们研究美的问题，却必须以文学艺术作为主要的对象。

那么，集中地反映在文学艺术中的美，和客观地存在在人类社会生活中的美，二者之间，究竟有何关系，有何区别呢？这是关于自然美与艺术美的问题，我们想简单地作如下几点说明：

（1）自然美是客观地存在在人类社会生活之中的，如一片晚霞，一种愉快的感情等，每个人都可以发现，都可以欣赏。但是，艺术美却是经过了艺术家的表现的。这样，艺术美就不仅仅是一个

---

① 马克思：《经济学—哲学手稿》，第59页。
② 马克思：《政治经济学批判》，人民出版社1955年版，第155页。

什么是美的事物、美的思想和感情等的问题，它还同时是一个表现的问题。艺术家通过表现，方才能够把客观现实中的自然美，塑造成为艺术形象，使它转化为艺术美。因此，表现得好不好，对于自然美，是无关重要的；但对于艺术美，却非常重要了。本来具有自然美的东西，如果表现得不好，在艺术中，却可能变成丑的形象。反过来，在客观现实中本来是丑的东西，在艺术中，作者如果能够从正确的观点，加以艺术的表现，它也可能变成美的形象。这样，艺术家绝对不可以忽视艺术的表现。但是，如何才能表现得美呢？这除了艺术家要有正确的美学观点，把现实生活加以典型化之外，他还同时需要熟练地掌握他这一门艺术的表现手段。如作家，就必须熟练地掌握语言。只有当他熟练地掌握了表现手段，艺术家才能以最优美的艺术形式，生动而又充分地把他所要反映的现实，艺术地表现出来，使它具有艺术的美。因此，艺术家要达到艺术的美，并不是像自然美一样，可以俯拾即是，而是要经过艰苦的劳动和创造的。

（2）客观现实中的自然美，是分散的、零碎的、不明显的，因此，不容易引起人的注意。文学艺术则把自然美集中起来，加以典型化，使它变得非常鲜明和突出，因此容易引起人的普遍注意。例如，在封建社会中，多少青年男女，为了自由恋爱而痛苦，甚至受到牺牲；但是，它分散在生活当中，并不那么激动人心。及至《红楼梦》把它加以典型化，塑造为贾宝玉和林黛玉这两个典型的艺术形象，它就震撼着人心，成为反封建的一面旗帜。同时，自然美也是比较模糊的，我们感觉得到它，而又不能十分明确地把握它。例如我们看到瀑布由空而降，我们觉得它美，可又说不出所以然来，及至读了李白"飞流直下三千尺，疑是银河落九天"两句诗，我们对于瀑布的美的感觉，才具体而微地体会到了。因此，文学艺术中的美，是对于自然美的进一步发掘，对于它的价值的进一步肯定。这就好像经过琢磨的玉，比起原来的玉来，要更为晶莹、光泽和美丽！

（3）客观现实中的自然美，是要受时间和空间的限制的。此地人觉得美的东西，彼地的人便无从感觉到它的美；当时觉得美的，过后印象冲淡，也就不能再感受它的美了。然而，文学艺术却不同，它把我们现实生活中真正美的东西，塑造成为艺术形象，表现为具有普遍意义的美的典型。于是，我们在生活中受到时间和空间限制的、像闪电一样消逝的美的事物、思想和感情等，就可以保存下来了。例如杜甫《闻官军收河南河北》一诗，这样写道：

> 剑外忽传收蓟北，初闻涕泪满衣裳；
> 却看妻子愁何在，漫卷诗书喜欲狂。
> 白日放歌须纵酒，青春作伴好还乡，
> 即从巴峡穿巫峡，便下襄阳向洛阳。

杜甫死去已经1000多年了，但是，每个人读这首诗，都和杜甫一样地心花怒放、眉飞色舞，产生一种对于战后和平生活的向往。这是为什么呢？这就因为诗人在现实生活中所产生的思想和感情，借着文学的帮助，变成了客观存在的艺术形象，从而使得每个人都可以从这里面汲取到同样的思想和感情了。因为这样，所以杜勃罗留波夫说，没有诗人，人类"许许多多美妙的感情与高尚的愿望，都会被我们遗忘"[①]。

[①] 杜勃罗留波夫：《杜勃罗留波夫选集》第1卷，新文艺出版社1954年版，第428页。

（4）客观现实中的自然美，特别是人类社会生活中的美，因为有种种现实条件的限制，所以不见得都能够完全实现出来。因此，我们可能有许多关于美的理想，但不一定都是美的事实，然而，文学艺术却通过对艺术形象的塑造，把我们对于美的理想，实现在我们的面前。例如，在封建社会中，人民受官僚、地主、恶霸的压迫，都是敢怒而不敢言。人民的愿望，就是有那么一个英雄人物出来帮他们打抱不平，除恶扶善。但是，现实生活中虽然也可能有这样的英雄人物，但却不容易为一般人所普遍地认识到。《水浒》的作者，就把现实中这样的英雄人物典型化，创造成为鲁智深等一系列的美好的英雄人物的形象。他们体现了人民的理想，举起了反抗的大旗，领导人民直接向封建恶势力冲击。因此，当我们读着的时候，就看到了美好事物的具体形象，从而把他们作为我们前进的榜样。

（5）客观现实中的自然美，只以美好的事物、思想和感情等为限，至于丑恶的事物、思想和感情等，则不可能是美的。但是艺术美却不同了。美好的事物、思想和感情等，反映在艺术形象中，固然可以是美的；就是丑恶的事物、思想和感情等，反映在艺术形象中，也同样可以是美的。例如：反映在《水浒》中的英雄人物形象，如鲁智深、武松、李逵等，固然是美的；就是反映在《儒林外史》中的严贡生、胡屠户等人物形象，又何尝不是美的呢？美好的事物反映在艺术形象中，它们是美的，我们可以理解。但是，一些丑恶的事物，它们反映在艺术形象中，为什么也是美的呢？对于这个问题，我们认为应当这样理解：首先，艺术家通过艺术形象来反映丑恶的事物的时候，他的目的并不在于描绘这些丑恶的事物，而在于从对它们的否定的描写中，来揭示另外一些更崇高、更伟大的东西。因此，艺术家所反映的，虽然是丑恶的事物，但他所要肯定的，却仍然是美好的事物。他是在伟大的理想的光辉照耀下，再来深刻地揭示这些丑恶事物的本质，从而加以彻底的否定的。例如《儒林外史》，我们称它为讽刺小说，这就说明了作者对于他所描写的反面的丑恶的事物，目的只是要把它们拿来加以无情的讽刺，借以烧毁它们。其次，对读者来说，作者那样淋漓尽致、有声有色地揭示了丑恶事物的本质，以及描绘了它们全部丑恶的面貌，这时的感觉，自然也会是愉快的，称心如意的。这就因为作者狠狠地谴责了我们平素所憎恶的东西，我们如何不会得到精神上的满足呢？这种满足，自然会给我们带来美的享受。因此，我们阅读描写丑恶事物的文艺作品，我们所得到的，也仍然是美的教育和美的享受。

总结以上五点，可见艺术美是自然美的反映，它以自然美作为基础，而又远远地超过了自然美，它比自然美更集中，更有典型性，更能强烈地引起人们对于美好事物的向往。因为这样，所以具有高度美学意义的文学艺术作品，才能够在美与丑的斗争之间，起着巨大的作用。

论美是一种社会现象

我们说，美是一种社会现象。这就是说，美是人类社会才有的现象，离开了人类社会，美就不存在。要说明这个问题，一方面，我们要说明，美不是自然现象；另一方面，我们要说明，美不是个人私有的现象。

首先，美是不是自然现象呢？也就是说，除了人类社会之外，其他的生物，是不是也有美感呢？在它们的世界中，是不是也有美这样一种现象呢？我们的答复，当然是否定的。我们把一束花放在狗的面前，它不仅不会欣赏花的美，弃而不顾，有时甚至还会把花加以践踏。《庄子·至乐》中，记载有这样一件故事："昔者海鸟止于鲁郊，鲁侯御而觞之于庙，奏九韶以为乐，具太牢以为膳，鸟乃眩视忧悲，不敢食一脔，不敢饮一杯，三日而死。此以己养养鸟也。"因此，在人所认为美的东西，其他动物并不认为美。所谓"咸池九韶之乐，张之洞庭之野，鸟闻之而飞，兽闻之而走，鱼闻之而下入"[①]，正是这个意思。至于我们用"沉鱼落雁"来比喻美人，那不过是人的想象罢了。《红楼梦》里写林黛玉哭的时候"那附近柳

---

① 《庄子·至乐》。

枝花朵上的宿鸟栖鸦……俱哦楞楞飞起远避,不忍再听"①。更不外是作者的夸大形容,事实上不会如此。

有人或许会说,人所创造的音乐艺术等等的美,动物固然不能欣赏,但动物却有它们自己的美感。例如,达尔文在《物种起源》一书中,就曾经谈到,在未有人类以前,已经有美丽的贝壳,美丽的植物,在动物界,更是"一大部分的动物,对于美妙的声音与色彩,都有同样的嗜好"。对于这种情形,我们应当怎样来说明呢?我们说,其他生物的美感,不是我们人类所说的美感。其他生物的美感,都是一种本能的、单纯为了性的选择而存在的现象。例如,花的美丽,就只是为了招引昆虫,帮它传种。达尔文说:"凡风媒花通常都没有鲜艳的花冠","地球上若没有昆虫,植物便不会有美丽的花朵……全赖风媒而受精"。植物如此,动物亦然。它们长得色彩鲜明,形体美丽,与其说是由于我们人所说的美感,不如说只是一种由于本能的传种的要求罢了。达尔文即说,这些都是由于"性择的结果……因为较美丽的雄体,往往为雌体所选择"。②正因为这样,所以我们人类能够欣赏各种各样美丽的事物,而动物,则除了它们本能所规定的对象之外,什么都不能欣赏了。

事实上,我们谈美,都不是指生物学意义上的美而言,而是指具有社会意义的美而言。这种美,不仅为人类社会所独有,而且也为人类社会所创造。为什么人类社会能够创造美,而动物则不能呢?这就因为人类的生活与动物的生活,有着本质上的差别。马克思说:"动物和它的生活活动直接是一个东西。它和它的生活活动没有区别。它就是它的生活活动。人类则把他的生活活动本身弄成他

---

① 俞平伯校订:《红楼梦八十回校本》,第237页。
② 以上均见达尔文《物种起源》,科学出版社1955年版,第134~135页。

的意欲和意识的对象。他有着有意识的生活活动。"①因为人类的生活是有意识的活动，而动物只是无意识的本能的活动，所以，"动物只在直接的物质的需要底统治下生产，而人类本身则自由地解脱着物质的需要来生产，而且在解脱着这种需要的自由中才真正地生产着；动物只生产自己本身，但人类再生产着整个自然；动物底产品直接属于它的肉体，但人类则自由地对待他的生产品。动物只依照它所属的物种底尺度和需要来造形，但人类能够依照任何物种底尺度来生产并且能够到处适用内在的尺度到对象上去；所以人类也依照美底规律来造形"。马克思的这段话，非常重要。它说明了动物的生产，完全受物质需要的束缚，是不自由的。而人类，则相反地，他是在掌握客观现实的规律的基础上，再按照不同事物不同的规律，来自由地对待它们。因为他能够自由地对待生产的对象，所以在生产的过程中，他就不仅"引起自然物的一种形态变化，同时还在自然物中实现他的目的"。②这一目的的实现，一方面，给他带来的，不仅是物质上的满足，同时也是精神上的享受——对自己思想、智慧和劳动的胜利，所意识到的一种精神上的享受。像这种在生产过程中对待生产品的形象所引起的一种精神上的享受，应当说，就是美感的根源。这一美感，随着社会生产的向前发展而不断发展。另一方面呢，则因为人能够自由地对待他的生产，在生产中实现他的目的，所以生产的结果，他就能够使生产对象"表现成他的作品和他的现实界"③。那就是说，经过生产，他创造了一个新的世界，他在这个由"他来创造的世界中直观着自己本身"④。就是这

---

① 马克思：《经济学—哲学手稿》，第58页。
② 马克思：《资本论》第1卷，第192页。
③ 同①，第59页。
④ 同①，第59页。

个世界,成了美感的对象,也就是美的现实。这一美的现实,也是随着社会生产的向前发展而不断地发展的。

反过来,如果人也像动物一样生产,不能从直接的物质需要中解放出来,那么,他也会像动物一样,既不能创造美的现实,也不能够产生美感。马克思说:"饮食和生育等等也是真正人类的机能,然而如果使这些机能脱离了人类活动的其他范围,并且把这些机能弄成最后的和唯一的终极目的,那么,在这样的抽象中,这些机能是动物的。"[1]那就是说,如果人只是像动物一样地吃吃喝喝,那么,人就仍然是动物。当他还是动物的时候,就谈不上什么美。在私有制社会中,"劳动替富者生产了惊人作品(奇迹),然而,劳动替劳动者生产了赤贫。劳动生产了宫殿,但是替劳动者生产了洞窟。劳动生产了美,但是给劳动者生产了畸形"[2]。正因为这样,所以在私有制社会中,劳动者在劳动生产的过程中,虽然创造了美,却很少有美感。

因此,只有当人类超过动物的阶段,"把自己当作一个普遍的、因而自由的本质来对待"[3]的时候,也就是说,只有当他的生产劳动在本质上不同于动物的时候,他才能够创造美。就是在这个意义上,所以我们说,美只能够是人类社会的现象,而不可能是人类社会以外的自然现象。

但是,各种自然现象的美,如大海、高山、花、云、星星、月亮等等,也能说是社会现象吗?它们并不是人类生产的结果,而是亘古以来,就长存在那里的。我们说,作为自然现象来看,大

---

[1] 马克思:《经济学—哲学手稿》,第56页。
[2] 同上,第54页。
[3] 同[1],第57页。

海、高山等等，的确在人类社会以前，早就存在在那里了。但是，它们的美，却是有待于人类社会的。那就是说，它们作为人类美感的对象，是要受历史社会条件的限制的。法国的文艺理论家和科学家布封，谈到未经人类开发的自然时说："在这些荒野的地方，没有道路，没有交通，没有任何人类智慧的痕迹；人要想走进这些荒野，就只有循着野兽闯开的窄径；并且要随时提心吊胆免得变成野兽的食粮；荒野的吼声既使他震惊，那一片冷落凄凉的沉寂又使他心悸，他只好往回跑了。他说'生野的自然是丑恶的，死沉沉的。'"①这段话，非常真实地说明了原始的自然，对于人来说，是不美的。与其说原始人是把各种自然现象当成美感的对象，来加以欣赏；不如说，他们是把它们当成神秘的精灵或者神魔，来加以崇拜。原始的物活论、图腾、拜物教等，就是这一事实的具体说明。因此，当自然现象还纯粹是自然现象，而没有人化，没有变成人的现实的时候，是谈不上美的。

许多考古学家的工作，也证明了这一点。例如花，在我们今天看来，是非常美的；可是考古学家却告诉我们，原始民族很少认为花是美的。普列汉诺夫就说："如大家所知道，原始的种族，——例如，薄墟曼和澳洲土人，——虽然住在花卉极其丰富的地上，也决不用于装饰。"②我国的裴文中，也说原始人的艺术，极少以植物作为对象，并说："纯以大自然中的风景为对象，好像绝对未发现。"③因此，我们今天普遍认为美丽的花、美丽的风景，当它们还纯粹是自然现象的时候，是谈不上美的。只有当它们像马克思所说的"实

---

① 布封：《布封文钞》，人民文学出版社1958年版，第89页。
② 普列汉诺夫：《艺术论》，人民文学出版社1957年版，第34页。
③ 裴文中：《旧石器时代之艺术》，商务印书馆1935年版，第22页。

践地形成人类生活和人类活动的一部分"，变成了"人类的非有机的身体"①，只有这时，自然现象方才成为人类美感活动的对象。例如植物，在狩猎时代，因为还没有成为人类活动的一部分，所以不是美感的对象；可是到了农业时代，植物开始成为人类活动的一个部分，它也就成为人类美感的对象了。格罗塞在研究原始民族的装潢时，即这样说："从动物装潢变迁到植物装潢，实在是文化史上一种重要进步的象征——就是从狩猎变迁到农耕的象征。"②

这样，可见自然现象的本身，固然不是社会现象，但它们的美，却仍然是一种社会现象。当我们说某一种自然现象美的时候，这一自然现象已经不再孤立于人的生活之外，而是当作人的活动的对象，参加到了人的生活当中来。人的一系列的改造自然的活动，目的都不是要消灭自然，而是要把自然引导到人的生活中来，使它们成为"人化的自然"。正是这种"人化的自然"，构成了人的活动的现实背景，成为人类美感的对象。随着人类的活动愈来愈加宽广和复杂，作为人类美感对象的自然，也愈来愈为宽广和复杂。主张自然美是物的自然属性的人，就因为他们没有看到这样一个事实，即只有人化了的自然，对于人来说，方才可能是美的。但是，这是不是说，自然现象本身的属性和形象，在人类的美感活动中就没有意义了呢？我们说，不是的。自然现象本身的属性和形象，不仅不在我们的美感活动中消失，而且正是它们构成了自然美的具体内容和形式。例如，一朵花离开了它的颜色、形状等自然的属性和形象，是谈不上美的。正因为这样，所以自然美要受自然现象本身条件的限制，并不是任何自然现象都是美的，也不是人可以任意地把任何

---

① 马克思：《经济学—哲学手稿》，第57页。
② 格罗塞：《艺术的起源》，商务印书馆1937年版，第162页。

自然现象都说成是美的。但是,当自然现象本身的属性和形象构成美的内容和形式的时候,它们却不是从物理学的意义上或者生物学的意义上,来构成这一美的内容和形式,而是从它们对人的生活的意义上来构成这一内容和形式。例如花,我们欣赏它的美,就不是欣赏它有多少花瓣、它的颜色的化学成分等,而是把它当成一个完整的具体的形象,来欣赏它的欣欣向荣,它的颜色娇艳,它的姿态妍媸等等。因此,归根到底,自然现象的美虽然离不开它的自然属性,但自然属性本身却不是美,美始终是一种社会现象。

这样,无论怎样说,美都不是自然现象,而是社会现象。

其次,我们说美是一种社会现象,还同时说明了美不是个人私有的现象,而是社会共同的现象。谈到这一点,唯心主义的美学家,经常都不同意。他们说,美是一种趣味。谈到趣味,就只能是主观的,各人不同。王羲之爱兰花、陶渊明爱菊花、林和靖爱梅花等等,这都是各人自己的事,与旁人无关。我们说,各人的确有各人的美学趣味和爱好,我们并不能勉强。但是,一个人为什么会有这样的趣味和爱好呢?这就不是某一个人所能够主观地决定的了,它受一定的社会历史条件的限制。普列汉诺夫说:"人类的本性,使美的趣味和概念之存在,于人成为可能。环绕着他的诸条件,则规定从这可能向现实的推移。所与的社会的人类(即所与的社会,所与的民族,所与的阶级),有着正是一种特定的这,而非这以外的东西的美的趣味和概念的事,就由此得到说明。"[①]这段话,非常深刻地说明了人的美学趣味和爱好,是受社会历史条件的限制的。人的美学趣味和爱好,要从可能变成现实,是由"环绕着他的诸条件"决定的,而不是他个人可以任意地决定的。例如陶渊明,他如

---

① 普列汉诺夫:《艺术论》,人民文学出版社1957年版,第16页。

果生长在原始社会，他就不可能爱菊。他如果生长在今天的社会，他可能还会爱菊，但他爱菊的内容，则绝不能再是"采菊东篱下，悠然见南山"那种飘飘然遗世而独立的感觉了。因此，一个人的美学趣味和爱好，虽然有它一定的独立性，但归根到底，是受社会条件的制约的，它不能超越于社会之外。

同时，美这个东西，有一个特点，我们不仅不要求独占，而且极其乐意与旁人分享。康德就曾经说过这样的话："一个人要是住在荒岛上，他既不会装饰他的小屋，也不会打扮自己。"① 这一事实，说明了美的本身，是具有社会性的。我们爱美，其中原因之一，就是要与同社会的人，发生思想和感情上的共鸣。这一情形，我们在小孩子身上，可以明显地看出来。小孩子穿衣服，如果受到了旁人的嘲笑，他会坚决地不肯再穿这一件衣服，不管这件衣服的本身究竟是好看的，还是不好看的。原始人的装饰，尤其具有明确的社会意义。格罗塞说，原始人的人体装饰，不外具有两个目的："第一，是作吸引的工具，第二，是作叫人惧怕的工具。"② 但不管是吸引人或叫人惧怕，它都是作为社会的工具而存在的。至于原始的艺术，那更没有例外的，"总是把艺术看作公共事业的"③。原始艺术如此，现代艺术又何独不然呢？哪一个诗人写诗，只是为了读给自己听？哪一个画家画画，只是为了画给自己看？更有哪一位演员演戏，只是为了娱乐自己？艺术家从事创作，是永远离不开当时社会广大群众的美学爱好和欣赏水平的。梅兰芳总结了他四十年演戏的经验，

---

① 参考《哲学译丛》1958年第1期，第50页。
② 格罗塞：《艺术的起源》，商务印书馆1937年版，第110页。
③ 同上，第54页。

就这样说："总而言之，演员是永远离不开观众的。"①正因为这样，所以托尔斯泰花了十五年工夫，把所有的关于美和艺术的定义都找遍了，最后，他得出了一个结论：美和艺术是传达人与人间的感情的。②尽管托尔斯泰的这个定义，并不完全正确，但就他看到了艺术和美的社会性质和作用这一点来说，却无疑是正确的。

可是，有一些特殊的、怪诞的美学趣味和爱好，我们又应当怎样来解释呢？例如柳宗元《永某氏之鼠》一文中，即记载了这样一个故事："永有某氏者，畏日，拘忌异甚。以为己生岁值子。鼠，子神也，因爱鼠，不畜猫犬，禁僮勿击鼠。仓廪庖厨，悉以恣鼠，不问。"③像这种对于老鼠的特殊爱好，我们能说它是社会的吗？我们说，这种爱好，的确是与众不同的。然而，即使是这样的爱好，也有它的社会根源。首先，相信子神，这就不是永某氏自己发明的，而是当时的社会意识，在他身上的反映。其次，他的这种爱好，与其说是一种美学上的爱好，不如说是一种迷信。因此，严格说来，我们是不能够把它当成例子，用来说明美不是社会性的，而是个人私有的。其他一些生理上的怪癖，如"嗜痂成癖"等，我们也应当这样来理解。

孟子说："口之于味，有同耆也……惟耳亦然。至于声，天下期于师旷，是天下之耳相似也。惟目亦然。至于子都，天下莫不知其姣也。不知子都之姣者，无目者也。"④这几句话，虽然还没有说明美的具体的社会内容和社会条件，但从人类的本性上，却基本上说明了美是具有社会性的。的确，真正美的东西，除了具有特殊

---

① 梅兰芳述，许姬传记：《舞台生活四十年》第1集，中国戏剧出版社1961年版，第148页。
② 托尔斯泰：《艺术论》，人民文学出版社1958年版。
③《柳河东集》。
④《孟子正义》下集。

偏见（如反动统治阶级的故意歪曲）的人之外，在同一个社会中，谁都会认为是美的。不是真正的美的东西，尽管有人觉得它美，但这一"觉得"，由于缺乏现实的社会基础，所以也就站不住脚。例如"情人眼里出西施"，情人眼中的西施，如果不与客观的社会标准相一致，她也就不可能是真正的西施，因而她的"美"，也就不是真正的美。反过来，如果对全社会来说真正是美的东西，也不是某些人的诬蔑和打击，所能够把它永远掩埋得住的。传说中的昭君的美，就不是毛延寿的画所能够歪曲的。难道这还不够说明美是全社会所公认的事实，而不是个别人的偏见和爱好吗？个人的美学趣味和爱好，只有当它在具体的历史社会条件下，符合了当时社会先进的审美客观标准，方才是经得起考验的。

总结以上所说，可见美既不是自然的现象，也不是个人的现象，而是社会的现象。那么，像美这样一种社会现象，是客观的呢，还是主观的呢？我们在此提出这个问题来，是因为目前美学界对这个问题正在进行争论。在争论中，很多人都认为美是客观的。然而，在承认美是客观的时候，却碰到了两个难题：第一，美既然不是自然现象，不是物的自然属性，那么，它怎么能够是客观的呢？它究竟客观存在在什么地方呢？例如，朱光潜先生，他就这样问："许多批评蔡仪的人反对他把美看作梅花的属性，但是仍肯定梅花美是客观存在于梅花本身，这个批评是自相矛盾的。"[①]为了解决这个矛盾，于是朱先生提出了主客观统一的说法，即：美的条件——物，是客观的；把物意识形态化，使它变成物的形象，则是主观的。而美，正是这主客观统一之后的物的形象。

对于这一说法，我们的批评有两点：（1）所谓客观的，并不一

---

① 《美学问题讨论集》第3集，作家出版社1959年版，第30页。

定是指要存在于物的当中,作为一种物的自然属性而存在。列宁说:"客观的=在我们身外的。"①那就是说,所谓客观的,就是独立地存在在我们的身外,不以我们人的主观意识为转移的。美,就是存在在我们身外,而不以我们的主观意识为转移的。美的就是美的,我们无法把它丑化;丑的也就是丑的,我们也无法把它美化。一朵美丽的花,一件美丽的艺术品,都是客观存在于我们身外的事实,我们只能从不同的角度来欣赏它,而不能任意地抹杀它,或者改变它。因此,美虽然不是作为一种自然属性,存在于物的当中,但是,因为它是存在于我们身外的,所以我们说它是客观的。(2)朱先生把社会的与主观的等同起来,我们则刚好相反,把社会的与客观的看成一致。我们和朱先生之间,为什么会有这样大的差别呢?这就因为朱先生所看到的社会,是社会意识;而我们所看到的社会,则是社会生活。社会意识,是人们主观的产物;但社会生活,则是人们客观的实践。我们说美是社会的,那意思就是说,美是人们在社会生活实践过程中所创造出来的。因为美是在社会生活实践的过程中创造出来的,所以美是社会生活的属性,美与社会生活一道,客观地存在于人们之外。的确,在我们人类的社会生活中,有许多事物,都是人在创造性的劳动中创造出来的,但是,它们却没有一样是主观的。例如人造卫星,这可说是人的创造了吧,但我们谁能说人造卫星是主观的呢?那么,为什么人类社会在生活实践的过程中所产生的美,就非说是主观的不可呢?如果我们把美看成是人类社会生活中的一种现象,是人类社会生活的一种属性,而不把它看成是意识的产物,是"心灵的创造",那么,我们就会很容易理解为什么美是社会的,却又是客观的。同时,我们也会很容易理解美虽然是客观的,但却不是物的自然属性,而是我们

---

① 列宁:《哲学笔记》。

人的生活本身的属性。

第二，美既然是客观的，它就应当有一个客观的标准。然而，事实上，人的美感的差异是非常之大的。一朵花是红的，不会有什么争论；但一朵花是美的，却会有很多的争论了。有人喜欢玫瑰，有人喜欢牡丹。在喜欢牡丹的人当中，又有人喜欢红色的，有人喜欢绿色的。这是为什么呢？贝多芬的交响曲，该是美的了吧，但在我们目前的中国，却很少人能欣赏贝多芬。这又是为什么呢？如果美是客观的，它就不应当有这样多的差异。差异来自主观的方面，所以美就应当是主观的，或者主观至少应当是构成美的一个方面，高尔太在他的《论美》一文中，就坚决地这样主张。他说："夏天的太阳，对于诗人来说，是美的，但是对于路上的摊贩来说，却是讨厌的。"[1]因此，"'美'是人对事物自发的评价。离开了人，离开了人的主观，就没有美"[2]。

美感是有差异性的，这是客观的事实，我们不能否认。但是，问题不在于美感有没有差异性，而在于这一差异性是从何而来的。高尔太说，来自人的主观评价和主观意识；而我们则说，美感的差异性来自人们生活方式上的差异性，也就是说来自美本身的差异性。生活不同，作为生活的属性的美也不同，因而反映在人们主观意识中的美感，自然也就不同。摊贩如果处在诗人的地位，过的是诗人的生活，他也会赞美太阳的。反过来，诗人如果不再作诗，而去摆摊，他也会像所有的摊贩一样，讨厌火热的太阳。因此，是生活方式的差异，决定了美感的差异。封建社会中，封建统治阶级的生活方式是颓废的、萎靡的，所以他们的美学趣味和爱好，有很多

---

[1]《美学问题讨论集》第2集，作家出版社1957年版，第138页。
[2] 同上，第138页。

都是颓废的、萎靡的了。李渔《闲情偶寄》中，记载了这样一件事："昔有人谓予曰：宜兴周相国，以千金购一丽人，名为'抱小姐'。因其脚小之至，寸步难移，每行必须人抱，是以得名。"①像这样的美学趣味和爱好，在劳动人民看来，简直是不可思议的。因此，生活方式有了阶级的分别，美学趣味和爱好也就有了阶级性了。

美感的差异，源于生活方式的差异；美感的一致，也源于生活方式的一致。这一点，在原始民族艺术中，也可以找到充分的证据。格罗塞研究了古代各个民族的艺术，加以比较后，即得出这样一个结论说："原始艺术的一致性明白地指出了由于有一个一致的原因：而这个一致的原因，我们已经从那在各种和各处的狩猎民族间都有完全一致的性质，而且同时在一切民族间都有最强烈的影响及到文化生活的一切其他部分的文明因子——就是求食的方法——上找到。"②此地所说的求食的方法，事实上，也就是生活方式。由于生活方式的一致，所以原始民族虽然并不一定相互往来，但他们的艺术却取得了一定的一致性。

但是，生活中常常有这样一种情形：即便是同一时代、同一阶级、有着同样生活方式的人，他们的美感也常常有很大的差异，这又是什么原因呢？我们说，这是因为生活的极端复杂性。除了阶级这一根本的差别之外，人与人之间，由于教养、性格、具体的生活遭遇等等，仍然存在着很多差别。由于教养不同，所以有的人能够欣赏贝多芬，有的人不能够欣赏贝多芬；由于性格不同，所以有的人喜欢贝多芬，有的人喜欢莫扎特；更由于具体生活遭遇的不同，所以有些事物对于有些人，就具有了特殊的意义。如《红楼

---

① 李渔：《闲情偶寄·声容部》，上海杂志公司，第120页。
② 格罗塞：《艺术的起源》，商务印书馆1937年版，第336页。

梦》中，贾宝玉送给林黛玉的手绢，对于林黛玉即具有特殊的意义；《家》里面的觉新，梅花对于他也具有特殊的意义。但不管怎样，生活具有最后的决定意义。教养和性格等，都是以生活为转移的。生活改变了，一个人的美学趣味和爱好，也是会跟着改变的。

生活既然是这样千差万别的，那么，美是不是有客观标准呢？我们说，有的，这就因为生活固然一方面因具体的阶级、时代和人，而相互区别；但另一方面，社会却常常将人们统一起来，使人们的生活发生千丝万缕的不可分割的联系。由于生活一方面相互区别，一方面又相互联系，所以作为生活属性的美，也就一方面具有充分的个性，在不同的具体条件下有不同的具体表现；而另一方面，却又有共同的客观标准：美的就是美的，丑的就是丑的。对于整个社会来说，人民的生活是最高的标准。对人民的生活的健康发展有帮助的，对人民的精神培养有补益的，都应该是真正的美的。对待我们今天生活中的美的事物，应当这样来评价；对待过去的文学艺术遗产，以及人类所创造的一切美的遗产，也应当这样来评价。就是根据人民生活的标准，我们否定了小脚这样的东西是美的；也是根据人民生活的标准，我们肯定了人民劳动所创造的一切事物是美的。

总结以上所说，我们可以看出来，如果我们不纠缠于名词概念，而从具体的美学事实出发，我们会很容易地发现：美是一种客观存在的社会现象。这一种现象，它既不是物本身的自然属性，也不是个人意识的产物，而是人类社会生活的属性，它和人类社会生活一道产生。由于人类社会生活是客观的，所以美也是客观的。当然，我们应当说明，美虽然是社会生活的属性，但美并不等于社会生活。社会生活的范围要远远地大过美的范围。关于这个问题，以及美的产生和形成、美的自然性与社会性的关系、美的具体特征等问题，以后有机会再谈，本文就谈到此地为止了。

对于美的本质问题的一些探讨

生活中有许多现象,我们大家都习以为常,不以为意。可是追问一下,却又瞠目不知所答。例如"光",灯光、星光、太阳光等等,谁不知道呢?可是我们问一下:"什么是光?"这就很少人能够回答了。美也是这样。我们在生活中,到处看到美、感觉到美,但是,究竟什么是美呢?却又有些茫然了。有的人用"漂亮""好看"等来回答,但什么是"漂亮""好看"呢?最后绕了一个圈子,还是回到美上面,结果等于没有回答。至于有的人用"美的东西"或"美的事物"来回答什么是美这一问题,那也是南辕而北辙,答非所问。因为:(1)任何美的东西只能说明它本身的美,而不能说明美的本质、美的普遍规律。例如梅花是美的,但梅花只能说明梅花的美,而不能说明松树的美,更不能说明一座高山或者一匹骏马的美。(2)美的东西都是相对的,随着条件而变化的,此时此地以为美的,彼时彼地却又并不以为美。例如,苦旱之后,忽逢大雨,我们称之为喜雨,美;但江南的黄梅天,阴雨绵绵,除了某些诗人喜好之外,谁又会以为美呢?(3)美的东西不仅漫无边际,而且常常相互矛盾。红色是美的,但绿色也可以是美的。"黑旗"在我们今天看来,是一个丑的概念,但当宋景诗拉起黑旗军,扯下身上的黑袍树起一面黑旗的时候,又怎么能会是丑的呢?正因为以上的一些原因，所以我们探讨什么是美的问题时，不能把美和美的东西混为一谈，不能用一些美的东西来回答什么是美。事实上，对于这个问题，早在古希腊时的柏拉图，就已经专门写了《大希庇阿斯篇》的对话，来把美和美的东西加以严格的区分了。

我们探讨什么是美，是要探讨美的本质。所谓本质，是对现象而言的。现象是不稳定的，而本质则是指一种事物稳定的质的规定性。有了这种质的规定性，它就成其为这种事物；没有这种质的规定性，它也就不成其为这种事物。美的本质，是说凡是美的事物都必须具有这种质的规定性。因此，美的本质是使美的事物之所以美的根本原因和根据，有了它，不仅美的事物成其为美的事物，而且它能说明一切事物的美。

那么，什么是美的本质呢？从古到今，不少艺术家、哲学家和美学家，都在探讨这个问题。真是言人人殊，莫衷一是。我们甚至可以这样说，有多少美学家，就有多少种不同的看法。但从西方美学史来看，归纳起来，主要的有下列六种看法：

（1）美在形式：美的东西，首先都是在形式上吸引我们，因此，美之所以为美，就在于它具有某种美的形式。古希腊的毕达哥拉斯派，就认为美在均衡、对称、和谐、多样统一以及黄金分割段等形式上面。英国的大画家荷迦兹，更认为最美的东西是具有蛇线形的东西。近代的罗吉·弗莱等，则认为"美是一种有意味的形式"。这种讲法，有没有道理呢？我们认为有一定的道理，因为美的确离不开形式。形式不美的东西，是不可能美的。但是，形式离不开内容，离开内容来谈形式，这形式本身就是没有"意味"的。而且同样的形式，有的可能美，有的则不仅不美，而且丑。例如蛇线形，枝干像虬龙一样的梅花可能是美的，但蛇不是最具有蛇线形吗？可是你能说蛇美吗？

（2）美在愉快：英国的经验派，认为美的东西，都是在生理上和心理上引起我们愉快的东西。近代的快乐派，更认为美的大小与愉快的多少成正比例。这一讲法，也不能说完全没有道理。谁能反对美与愉快的联系呢？难道说使你痛苦的东西会是美的吗？但是，美是令人愉快的，却不等于令人愉快的都是美的；正好像人是动物，动物却不一定是人一样。饱餐一顿是愉快的，但能说这就是美的吗？不仅这样，什么东西是令人愉快的呢？这一派的回答，是说那些在形式上小巧玲珑、外表光滑之类的东西是令人愉快的。这样，他们又陷入了形式派当中去了。形式派的缺点，也就成了他们的缺点。

（3）美在完满：这是德国理性派的主张。他们认为美的东西就是完满的东西。怎样才算完满呢？那就是一件事物符合了该事物的概念。例如骏马就要符合骏马的概念，不仅是马，而且骏，这时才能是完满的，因而才能是美的。这一讲法，也不能说全无道理。一个不符合人的概念的人，五官不正，四肢不全，不完满，你能说美吗？当然不能。但是，反过来，完满的东西都能说是美的吗？一个完满的癞蛤蟆，一个完满的丑八怪，你能说是美的吗？当然也不能。因此这一讲法的片面性，是很明显的。不仅这样，这一派把概念放在第一位，还具有明显的唯心主义的性质。

（4）美在关系：法国启蒙运动者狄德罗，把对于美的本质的探讨，从孤立的个别因素转到事物与事物的关系上，这应当说是一个进步。他认为不应当把美孤立起来看，而应当从关系上来看。同样是"让他死吧"一句话，在拉辛的悲剧《贺拉士》中是美的，而在莫里哀的喜剧《史加本的诡计》中却是丑的。因为前者表现了老贺拉士宁可让自己的儿子在反抗外来侵略者的斗争中死去，也不愿他当逃兵的爱国主义精神；而后者则表现了史加本幸灾乐祸的心情。

关系不同,同一句话的美学意义也就不同。这一点,应当说是正确的。但可惜狄德罗的论述未免太简单,而且没有从社会历史发展的观点来说,所以具有一些形而上学的性质。

(5)美在理念的显现:黑格尔说:"美是理念的感性显现。"在这里,理念指的是精神性的概念,显现指的是物质性的表现形式。例如:勇敢这一概念,就其为概念来说,不美;但当它通过黄继光这一具体的人物形象表现出来时,就变成了美。因此,美是理性和感性、内容和形式的统一。黑格尔看到了这两方面的统一,是他的辩证的地方。但是,他把理念放在第一位,认为美就是理念的显现,这就完全是唯心主义的了。

(6)美在生活:车尔尼雪夫斯基反对黑格尔美是理念的显现的说法,他认为美不在精神性的理念,而在具体的生活。凡是有益于人们生活的东西,符合人们生活要求的东西,就是美的;反之,则是丑的。新鲜的空气有益于生活,美;污浊的空气不益于生活,丑。车尔尼雪夫斯基看到了美与生活的联系,这是他的重大贡献。但是,他没有看到生活与艺术的辩证关系,也没有看到生活本身的复杂性,从而用生活来贬低艺术,并用一些生物学的观点来解释生活,则是他的不是了。

综上所说,可见关于美的本质问题,存在过多种不同的看法。新中国成立后,我国美学界也在不断地进行探讨,出现过多种不同的意见。我们很难说哪一种意见是绝对正确的,哪一种意见是绝对错误的,我们应当本着"百家争鸣"的精神,实事求是地进行探讨。

首先,我们认为美是和人联系在一起的,美只是对人而存在的,离开了人,无所谓美不美。因此,要探讨美的本质,首先应当探讨人的本质。人的本质不同于动物的本质,他不满足于本能的吃吃喝喝的生活,他要在改造客观世界的当中实现自己的目的和愿望,他要在一个由他来创造的世界中欣赏自己的本质力量。一个木匠做桌子,他就不是像蜜蜂造窝一样凭着自己的本能来做,而是在学习了木匠的技术之后,按照木头的性质和他对桌子规律的掌握,然后根据自己预先设想的目的来创造某种桌子。这样,桌子一方面要符合客观的规律,并取决于做桌子的材料;另一方面,又是木匠本质力量的表现,是他的技术、本领和愿望的具体实现。正因为这样,所以木匠不仅尽量把桌子做好,而且尽量把桌子做美。美不美,是木匠本质力量的具体表现。当他欣赏着自己劳动的成果,欣赏着自己的本质力量在对象中实现出来的时候,他感到愉快,感到他创造了美。因此,美是劳动的创造,是人的本质力量的对象化。这在艺术创作中,尤其如此。每一个艺术家,都是全力地把他的思想感情,把他的艺术理想和才能,倾注在他的创作中,使他的作品成为他自己的本质力量的对象化。

其次,所谓"对象化",是说人的本质力量通过劳动的实践,在外在世界中取得了物质感性形式的存在,变成了具体的形象。美都是形象,形象性是美的一个基本的特点。抽象的概念,只是我们理解的对象,无所谓美不美。例如月亮是地球的卫星这一概念,有什么美不美的问题呢?可是,"明月出天山,苍茫云海间",诗人把月亮的具体形象描绘了出来,我们马上就感到美了。我们读《杭州山水的由来》一书,懂得了许多关于西湖风景构成的概念,可是一点不感到美。但是,当我们往西湖边上一站,那湖光山影的形象扑面而来,我们就不禁心醉神驰,感到美了。因此,人的本质力量必须转化为具体的形象,"对象化",这时才谈得上美。诗人艺术家谈了一大堆他准备写什么,表现什么,有谁会觉得美呢?他必须把他的这一切转化为具体的生活,塑造出光辉灿烂的形象,方才可以说是创造了美。

可是，西湖的形象是谁创造出来的，又是谁的本质力量的对象化呢？我们说，作为自然现象，西湖天生自在，谁也不曾去创造，谁的本质力量也没有在它的身上对象化。可是，作为观赏的形象，西湖的美却是人类社会物质生产与精神文化长期积累的结果。那么多诗人曾经歌颂过西湖，又有哪两个是完全相同的呢？诗人的个性不同、本质力量不同，他们所歌颂的西湖就不同。去游玩两湖的人那么多，他们所观赏到的西湖能够说都是一样的吗？马二先生和那些烧香的老太婆，胡三公子和景兰江之流，难道都能像白居易、苏东坡等一样欣赏到西湖的美吗？因此，西湖的美虽然必须以西湖的自然物质条件作为基础，以西湖的自然现象作为欣赏的对象，但西湖的美却是欣赏者各人的本质力量在西湖的形象中的反映。

第三，美是人的本质力量的对象化，是一种形象，这种形象还必须是充满了生命的、生气灌注的。生命的特点是活动，是矛盾，是各种因素的有机的统一，因此，美的形象也必然要反映出生动性、矛盾的多样性以及多样中的统一性等特点来。缺乏了这些特点，形象就会变成死的，而不可能是美的了。苏堤春晓，着一"晓"字，它就动了起来，变成了生意盎然的、美的了。列宾的油画《伊凡雷帝》，描写的是死亡的景象，然而那一双恐怖的发光的眼睛，却把生命的火光点得熊熊的。印象派画的静物，一点不静。那鲜艳的色彩和明朗的光线，处处跳动着生命。优秀的艺术作品，不管它是画，是诗，是小说，描绘的是自然或是人类社会，它们之所以美，都在于它们尽情地歌颂了生命，充分地反映了生命当中的欢乐和痛苦。中国古代文人的山水画，着意表现恬淡和静穆，然而这一恬淡和静穆，是以极其浓厚的抒情的笔法来表现的，当中充满了"情"。试问这"情"，难道不是生命的最高境界的表现？因此，无论怎么说，美的形象必须是充满了生命的、灌注了生气的。

最后，作为人的本质力量的对象化的美，必然要随着人的本质力量的变化而变化，发展而发展。人的本质力量，并不是个人主观的意志所能任意决定的，它是社会关系的总和，是一定社会历史条件在一个人身上的必然的沉淀和结合。因此，原始时代的人不可能有20世纪的人的本质力量，20世纪的人所创造和所欣赏的美，也就远远超过了原始时代的人，虽然20世纪的人可以像回顾童年时代的天真一样，能够以比原始人更高的水平来欣赏原始时代的人所创造的艺术。翻开人类的历史，我们将会发现美丑的变化是多么令人惊奇！在青铜器时代，鸮形纹样在青铜器中反复出现。《诗经》还在歌颂："翩彼飞鸮，集于泮林。食我桑葚，惠我好音。"（《泮林》）可是到了汉代，贾谊在《吊屈原赋》和《鹏鸟赋》中，却已经在大骂鸱鸮了。像这样的例子很多，我们就不一一列举了。我们的目的只是说明：人的本质力量是随着社会历史的发展而发展的，美也是随着社会历史的发展而发展的。

根据以上的分析，我们认为美的本质就是人的本质力量的对象化，就是一种充满了生命的形象，就是一种随着社会历史的发展而发展的客观的社会现象。三方面有机地统一起来，就成为美。

美和美的创造

最近看到一个电视节目,名叫"美的心愿"。说人都是爱美的,都希望自己长得美,生活过得美。拿穿衣服来说,旧石器时代山顶洞人还在用骨针缝制衣服的时候,已经初步表现了"人类的本能的美的心愿"了。随着社会的发展,生产力的提高,人类爱美的心愿更是愈来愈丰富和复杂,甚至盲人也希望别人看到他穿的衣服和长相是美的。因此,对于人来说,美并不是可有可无的,而是人区别于动物的标志之一。对于文明的人类来说,它更应该是精神世界的丰满和充实、文化生活的高度发展的标志之一。然而,"四人帮"却不顾这一客观的事实,违背人们的心愿,把美视为洪水猛兽。他们强迫人们不分男女老少,穿同一样式的衣服,说同一腔调的话,过同样单调的生活,看同样虚伪空洞、没有真情实感的"样板戏"。就这样,美在"四人帮"的时候,成了无人敢去问津的"禁区"。现在,"四人帮"粉碎了,美也应该得到解放了。在第四次文代会上邓小平同志代表党中央作的《祝词》(《在中国文学艺术工作者第四次代表大会上的祝词》),号召我们的文学艺术作品,应该"能够使人们得到教育和启发,得到娱乐和美的享受"。因此,怎样按照生活的客观规律和人们的心愿,创造出更多更绚烂的美,用以丰富人们的生活,提高人们的精神境界,从而更快地把我国建设成为一个现代化的、既富强又美丽的社会主义强国,应该是当前文学艺术的一个重要任务。那么,什么是美呢?人类是怎样创造美的呢?文学艺术又应该怎样创造美呢?这就是本文所要探讨的三个问题。

一

什么是美呢?这个问题,看起来很简单,我们在生活中到处都看到美,感觉到美;但是,要回答它,却很不容易。古今中外的美学家,争论了数千年,也并没有得出最后的结论。我们不是说,他们的争论完全没有意义,对于我们理解美的问题完全没有帮助,而是说他们的争论涉及的面太多了,理论性太强了,所以我们不想从他们的争论出发,而想从现实生活出发,来探讨美的问题。那么,从现实生活出发,什么是美呢?

首先,在现实生活中,美不是抽象的概念,而是具体的形象。任何事物,既可以从概念上来认识,又可以从形象上来认识。概念是本质属性,是抽象的;形象则是形体相貌,是具体的。例如杜鹃花,我们说杜鹃花是一种常绿的或半常绿的灌木,它是一种观赏植物,这就是从概念上来认识。对于杜鹃花的概念,无论我们怎样反复研究,都引不起审美的情趣来。可是面对杜鹃花的形象,它那鲜艳的色彩,动人的姿态,真是光彩照人,动人心魄,我们就不能不说美了。因此,美是从形象上来认识外物,美和形象始终结合在一道。离开了形象,就没有美。艺术家之所以能够创造美,就因为他创造了形象。例如字典中"杜鹃花"三个字,是一个抽象的概念,无论怎么说,都谈不上美不美的问题。可是书法家用游龙惊凤或飘逸清雅的笔触把这三个字写出来,我们所看到的,就不再是抽象的概念,而是由笔墨线条所构成的字的形象,于是马上感到了美。至于画家把杜鹃花的形象画出来，诗人把杜鹃花的形象歌咏出来，那更将分别地形成不同的艺术的美。因此，无论在生活或艺术中，美都是具体的形象。要谈美，必须首先抓住形象性这一特点。

其次，对待抽象的概念，我们只能从理智上来理解，谈不上什么感情；可是对待具体的形象，立刻就有爱憎好恶的感情在里面。例如对待"人"这个概念，我们就谈不上什么感情不感情，但当我们在生活中和某一个具体的人打交道，或者在文学作品中和某一个具体的人物形象打交道，我们的感情就油然而生，是喜是恶，态度十分明显。美既是具体的形象，我们面对美的时候，就不能不充满了感情的色彩。一般说，美的东西，都是它的客观属性中有某种能够引起我们爱慕和喜悦的感情的东西。面对一株盛开的杜鹃花，谛听一首著名的歌曲，观看郑板桥所画的兰竹，或者读李白的诗、曹雪芹的《红楼梦》、鲁迅的《阿Q正传》等，谁不是全身心地沉浸了进去，有一种说不出的低回与向往的感情呢？因此，美都是具有感染性的特点的，令人爱慕和喜悦的。过去一些美学家，如古希腊的柏拉图和英国18世纪的柏克，他们一个是唯心主义者，一个是机械唯物主义者，不管他们的观点各有多少的错误，但他们把美和爱联系起来研究，却不能不说有一定的道理。不能令人爱慕和喜悦的东西，甚至令人厌恶和反感的东西，是不能成为审美的对象的。

第三，很明显，能够引起人们审美感情的美的形象，只能存在于人类社会之中，因为只有人类社会才能产生美的感情。就在这个意义上，我们说美是一种客观存在的社会现象。太阳和月亮，作为自然现象来说，早在人类社会以前就已经存在了。但作为自然现象的太阳和月亮，除了一堆炎热的物质和一堆冷冻的矿物之外，又有什么美或不美呢？美是对人而存在，对人而说的。上古的时候，人是把酷热的太阳当作敌对的自然力量来对待的，后羿射日的传说，就是一个例子。"时日曷丧"的怨叹,也是根据夏桀这个暴君把自己比作太阳而发的。古代青铜器上的动物纹、植物纹等等,所反映的都不是单纯的动物或植物,而是和具有一定社会意义的神话联系在一起的。《诗经》中"杲杲出日"等句子,主要的也还是把自然现象当作比兴的手法,用来描写人类社会的思想和感情。屈原、宋玉的辞赋,由于他们开始以独立的个性面对自然的景物,因此他们也能开始描绘出自然景物本身的某些独特的性格特征,如"袅袅兮秋风,洞庭波兮木叶下"等。然而,到了汉代,又由于谶纬神学和经学的影响,自然景物又被掩盖在神学的烟雾之中了。直到魏晋南北朝,山水诗和风景画兴起,自然的美方才大量地得到了艺术的反映。但是,即使这样,山水诗和风景画的中心,也仍然是人,而不是山水和风景的本身。因此,无论怎样说,美都离不开人,美都是一种社会现象。美的创造和欣赏,都是在一定的社会历史条件下产生和形成起来的。离开了特定的社会历史条件,特定的美也就没有了。原始人的穿鼻和文身,难道我们今天还有吗?封建时代的小脚和细腰,难道我们今天还有吗?正因为美和特定的社会历史条件分不开,所以它具有社会性的特点,它能够在同一社会集团之内,作为交流思想和感情的手段。黄山的松树,西湖的夜月,不就在具有同样地位和修养的人们的心间,引起的共鸣吗?剧场或影院里面,人们互不相识,但在观看同一出戏的时候,他们却会心心相印。演到感动人心的时候,我们会听到一致的低低抽泣;演到慷慨激昂的时候,我们会感到整个池座都在为之振奋。因此,美不仅是能够引起感情的客观形象,而且是能够交流这一感情、具有广阔的社会意义的形象。有些感情,虽然也很强烈,但因为它缺乏广阔的社会意义,不符合整个社会的利益,所以不能引起共鸣,不能成为美的形象。普列汉诺夫所说的守财奴,就是一个例子:"为什么守财奴不能歌唱他所失去的钱财呢？这很简单，因为如果他歌唱自己的损失，他的歌唱就不会感动任何人，也就是说，他的歌唱不能作为他和其他人们之间的交流手段。"①这样，作为社会现象的美的形象，都应当超越个人狭小的自私的范围，而成为一定社会范围内人们共同向往和喜悦的对象。历史上的反动派以及"四人帮"之流，他们有钱有势，但费尽心机，甚至十年都磨不出一出好戏来，原因就在这里；而历史上那些遭于厄难、困于颠沛的诗人和艺术家，他们不名一文，但却能够创造出震烁古今、光焰万丈的美的形象，原因也应当在这里。

第四，在自然界、社会生活和艺术作品中，存在着各种各样的形象，能不能说都是美的呢？当然不能。而且比较起来，不美的形象要比美的形象多得多。这是为什么呢？这就因为美除了上面所说的形象性、感染性和社会性这些特点之外，还必须具备一个最为根本的特点，那就是马克思所说的"人的本质力量的对象化"。也就是说，美的形象应当反映出人作为人的本质力量。这一本质力量，一方面把人和动物区别开来，人的本质力量不同于动物的本质力量；另一方面它是在一定的历史条件和社会关系中所形成起来的，人类最先进的一些品质、性格、思想、感情、智慧和才能等。因此，一个人的本质力量，应当是这一个人身上最能反映他这一个人的那些品质、性格、思想、感情、智慧和才能等。每一个人都希望把自己身上最好的本质力量显示给人看。美的形象就是形象地反映了人的最好的本质力量的形象。就是在这个意义上，美和真、善联系在一起。那就是说，人的真的、善的本质力量，当它们充分地在对象中

---

① 普列汉诺夫：《没有地址的信　艺术与社会生活》，人民文学出版社1962年版，第226页。

实现出来，焕发为光辉的形象的时候，就成为美的了。

那么，人是怎样把自己真与善的本质力量在对象中实现出来，焕发为美的形象的呢？这就是马克思所说的"对象化"。马克思引了黑格尔的一个例子来说明这个问题。黑格尔说："一个小男孩把石头抛在河水里，以惊奇的神色去看水中所现的圆圈，觉得这是一个作品，在这作品中他看出他自己活动的结果。"[1]小孩如此，整个人类的劳动实践，何尝又不如此呢？原始社会的猎人，把野兽的皮、鸟的羽毛装饰在自己身上，是因为"这些部分可以作为他的力量、勇气或灵巧的证明和标记"[2]。那就是说，这些东西显示了他的本质力量，因此他把它们当成美的装饰物。木匠做桌子，不仅希望做得实用，而且希望做得美，因为它反映了他自己的本领和力量。他欣赏桌子的美，就是欣赏自己的本质力量。人通过劳动实践来改造客观世界的过程，事实上就是人的本质力量对象化的过程。人就在由他来创造的世界中观赏着自己，因此，世界对于他来说，不仅是有用的，是真的和善的，而且也是美的。艺术家的劳动，尤其是有意识地以实现自己的本质力量作为创作的全部目的，力图把自己对于现实生活的观察、认识和体会尽自己的力量在对象中实现出来，从而创造出最为完美的艺术形象。但是，人的本质力量是不同的。它不仅受历史社会条件的限制，而且受各人的气质和禀赋、修养和努力的限制。这样，虽然各人都在为实现自己的本质力量而奋斗，但结果却是千差万别的。同样是做桌子，高明的木匠与普通的木匠，差别就很大。高明的艺术家与拙劣的艺术家，他们间的差别就更大

---

[1] 黑格尔：《美学》第1卷，人民文学出版社1958年版，第37页。
[2] 普列汉诺夫：《没有地址的信　艺术与社会生活》，人民文学出版社1962年版，第226页。

了。我们甚至可以说,高明的艺术家创造的形象是美的,而拙劣的艺术家所创造的形象却很可能是丑的。创造如此,欣赏亦然。对于珠宝商人来说,由于他的本质力量只表现在对于珠宝的利润上,所以看不到珠宝的美。对于非音乐的耳朵来说,再美的音乐也将不成其为音乐。马二先生满脑子的酸腐和迂阔,所以他到了西湖,看不到湖光山色的美,而只是胡乱地大嚼了一通。至于那些庸俗的市侩,他们一门心思只在钩心斗角,所以到了西湖的边上,更会对它的美视而不见。这样,客观现实生活中的美,不仅因人因时而异,而且各人都在根据自己的本质力量,创造和欣赏自己的本质力量所能达到的美。就在这个意义上,马克思说,美是"人的本质力量的对象化"。

总结以上所说,对于什么是美这一问题,我们可以初步得出一个结论:美是一种客观存在的社会现象,它是人类通过创造性的劳动实践,把具有真和善的品质的本质力量,在对象中实现出来,从而使对象成为一种能够引起爱慕和喜悦的感情的观赏形象。这一形象,就是美。一方面,它是具体的感性形象,能够打动我们,感染我们,令我们爱慕和喜悦;另一方面,它又体现了人类社会真与善的本质力量,让它们充分地在对象中实现出来,焕发为光辉的形象,提高人类的精神境界。

二

这种通过感性的形象来体现人类本质力量的美,人类是怎样创造出来的呢?马克思曾说:"人类也依照美底规律来造形。"那就是说,从广义的范围来看,人类整个的劳动实践活动,都是依照美的规律来造形的,就在依照美的规律来造形的过程中,人类创造了美。因此,理解了人类是怎样依照美的规律来造形的,也就理解了人类是怎样创造美的。

　　人类是怎样依照美的规律来造形的呢？要说明这个问题，我们应当首先说明人类劳动的特点。马克思批判资产阶级的国民经济学，说它忽视了劳动者作为人的本质，"把劳动者只当作劳动的动物，当作一个还原到仅仅有肉体需要的家畜来认识"①。马克思严格区别人的劳动和动物的劳动。他认为动物的劳动是没有目的、没有意识的，而人类的劳动则是有目的、有意识的。"自由的意识活动是人类的族类的特征"，"有意识的生活活动直接把人类和动物的生活活动区别着"。②所谓"族类的特征"，指的是人类具有社会性的特点，"族类"就是"社会"。作为社会的人，他是具有"自由的意识活动"的。正因为这样，所以他的劳动完全是自觉的，有目的有意图的。他在劳动之前，已经意识到了他为什么要劳动，以及预料他的劳动所要产生的结果。恩格斯说："人离开动物愈远，他们对自然界的作用就愈带有经过思考的、有计划的、向着一定的和事先知道的目标前进的特征。"③正因为人类的劳动按照预期的目标前进，按照自己的理想和愿望来劳动，所以它"不仅引起自然物的一种形态变化，同时还在自然物中实现他的目的"④。那就是说，人类通过劳动，在改造客观世界的过程中，能够达到自己的主观目的，能够把自己的本质力量对象化，能够在一个"由他来创造的世界中直观着自己的本身"⑤。这样，人通过劳动所得到的，不仅是物质上的满足，同时也是精神上的享受。劳动所创造的，不仅是物质的产品，

---

　　① 马克思：《经济学—哲学手稿》，第14页。
　　② 同上，第58页。
　　③ 恩格斯：《自然辩证法》，人民出版社1956年版，第144页。
　　④ 马克思：《资本论》第1卷，第192页。
　　⑤ 同①，第59页。

而且也是劳动者的思想和感情、聪明和智慧等这样一些人的本质力量的实现。就在这些本质力量实现的过程中，人感到了愉悦和庆幸，因而也感到了美。马克思说"劳动生产了美"①，就是这个意思。

其次，人类的劳动不仅是有意识有目的的，而且是自由的，富有创造性的。马克思说："动物只依照它所属的物种的尺度和需要来造形，但人类能够依照任何物种的尺度来生产并且能够到处适用内在的尺度到对象上去。"②这里所说的"尺度"，指的是标准或规律；这里所说的"造形"，指的是制造出来的客观事物的形象。这两句话的意思是，由于动物的劳动是本能的，只是直接满足它肉体的或种族的需要，所以，它的劳动只有一种"尺度"，那就是它那种族的本能所规定了的唯一的标准，以及为了达到这一标准所必须遵循的唯一的规律。例如蜜蜂造窝或蚂蚁做穴，什么样的蜂窝和什么样的蚁穴，它们的种族已经给它们规定了万世不变的标准，它们只是本能地世世代代地照着这一标准和规律去做就是了。这样，它们既感觉不到自己有什么本质力量要实现，更感觉不到自己的劳动有什么创造性的喜悦。它们所制造的蜂窝或蚁穴，对于人来说，可能是美的；但对于它们自己来说，却反而无所谓美不美。可是人类却不同了，他的劳动不是本能的，而是有意识地按照客观事物本身的"尺度"，在掌握客观事物必然规律的基础上，去进行自由的创造，"再生产着整个自然"③。例如，木匠掌握了桌子的"尺度"，他就能够生产出桌子；掌握了房子的"尺度"，他就能够生产出房子。木匠掌握了

---

① 马克思：《经济学—哲学手稿》，第54页。
② 同上，第59页。
③ 同①，第59页。

铁匠的本领，他又可以根据各种铁器的"尺度"，生产出各种各样的铁器。不仅这样，他还能够在不违背客观世界规律的条件下，充分地发挥自己的想象力和创造力，自由地创造出客观世界中本来没有的各种各样的新产品。各种手工艺产品以及艺术作品，不就是这一创造的具体表现吗？因此，当人发挥他"族类"的本质力量，依照客观世界的规律来改造客观世界的时候，是充满了创造性的。在这一创造的过程中，有意识地掌握客观世界的规律，和有意识地实现自己主观的目的和意图，这二者始终是统一在一起的。"任何物种的尺度"，指的是客观世界的规律；"内在的尺度"，指的则是主观对于这一规律的认识和掌握。当内在的尺度适用到对象的尺度上去，依照任何物种的尺度来生产时，于是就出现了创造的奇迹。人不仅创造了客观世界中本来没有的新产品，而且在这些新产品中，他欣赏到了自己作为"族类"的人的本质力量，欣赏到了自己的理想、愿望、聪明、智慧和本领等在对象中的实现。正是在这个意义上，劳动充满了创造性的喜悦，劳动的规律成了美的规律。人类就是这样依照美的规律来劳动，并通过劳动来创造美的。

因为人类的劳动是依照美的规律来创造的，所以我们人不应当像动物一样，满足于吃吃喝喝，满足于"饮食和男女"，我们应当充分发挥自己作为人的本质力量，通过自由的创造性的劳动，按照客观世界的规律，来改造整个客观世界，并在改造客观世界中，改造主观世界。我们不仅要为主体生产对象，还要为对象生产主体。那就是说，我们在生产劳动之中，要不断地提高和丰富我们的本质力量，从而使我们的人生更有意义、更光辉、更美！我们进行四个现代化的建设，我们把一块不毛之地改造成为百花园，我们把一块顽石雕刻成为一件完美的艺术形象，都可以说是在依照美的规律来造形，都可以说是在实现人的本质力量，都可以说是在创造美。因此，整个人生的意义和价值，应当说都是和美分不开的。我们生活，我们劳动，我们无处不在感到美，创造美。最理想的人生，应当是最美的人生，也就是最能发挥我们人的本质力量、最能实现我们的理想和愿望的人生。最理想的社会，应当是共产主义社会。共产主义社会之所以最理想，那就因为在那个社会中，我们人的本质力量得到了最大的解放，我们每个人都能"各尽其才"，充分发挥自己的聪明和才智，自由地对待劳动，自由地创造我们所愿意创造的一切。也就是说，在共产主义社会中，我们最能按照美的规律来造形。正因为这样，所以马克思说，在共产主义社会中，每一个人都变成了艺术家，每一种劳动都变成了艺术的劳动。而艺术的劳动是最能创造美的劳动。因此，为了更好地理解美的本质和美的创造，我们有必要再谈一下艺术家是怎样创造美的。

三

艺术家是怎样创造美的呢？要说明这个问题，我们必须首先明确，艺术的本质与美的本质基本上是一致的。美具有形象性、感染性、社会性以及能够实现人的本质力量的特点，艺术也都具有这些特点。正因为这样，所以我们说，美是艺术的基本属性。不美的"艺术"不能称为真正的艺术。从事艺术工作的人，不管他办不办得到，但从本质上来说，他都应当是创造美的人。创造美和创造艺术，在基本的规律上应当是一致的。

但是，这并不等于说，美就是艺术。不！它们之间还有很大的差别。首先，美是一种客观存在的社会现象，而艺术则是一种意识形态。其次，艺术应当美，但艺术的范围并不限于美，整个人类的社会生活都是艺术反映的对象。如悲剧性、喜剧性、幽默、滑稽、荒诞、古怪以至丑等现实生活中的现象，它们本身不一定美，但都可以在艺术中得到反映。最后，最为重要的一个差别是，艺术的美不美，并不在于它所反映的是不是生活中美的东西，而在于它是怎样反映的，在于艺术家是不是塑造了美的艺术形象。生活中美的东西，固然可以塑造成为美的艺术形象；就是生活中不美甚至丑的东西，也同样可以塑造成为美的艺术形象。例如枯藤、老树、昏鸦这些东西，就其本身来说，不能说是美的，但当它们被反映到元人的小令中，与作者的情趣结合在一道，形成一种情景交融的意境，这时就变得很美了。又例如果戈理《死魂灵》中的乞乞可夫，这是一个十分虚伪而又刁钻的骗子。这样的人，就其本身来说，无论在生活中或艺术中，谁也不会认为是美的。但是，果戈理却以他铸物象形的本领，把他逼真地描绘出来，把他丑恶的灵魂深刻地揭露出来，从而使生活中的丑变成了艺术中的美。那也就是说，乞乞可夫本人虽然是丑的，但果戈理所塑造的艺术形象却具有高度的美学意义，因而是美的。与此相反，如果作者的思想情趣和意境不高，生活中明明是美的东西，反映到艺术作品中来，也可能会变成丑的艺术形象。例如无产阶级的英雄人物，他们在生活中的形象的确高大，的确美；但是"四人帮"的文艺作品，却违反生活的真实，把他们写得矫揉造作，专门说大话和空话，于是读起来，不仅得不到美的享受，反而感到厌恶。因此，艺术的美不美，关键在于形象的塑造。作者可以把丑的东西塑造成为美的艺术形象，也可以把美的东西塑造成为丑的艺术形象。猫睛石、玛瑙、蜜蜡、珊瑚等，应当说都是美的东西，但《长生殿》中的小生，却用它们来形容丑女的形象：眼看猫睛石，额雕玛瑙文，蜜蜡装牙齿，珊瑚镶嘴唇。用非其宜，美的变成了丑的。因此，艺术的美不在于专门描写生活中的美的东西，更不在于把生活加以理想化和美化；而在于实事求是地恰如其分地描写生活中的美与丑，根据生活本身的客观规律来进行典型化，使生活中不太分明的美与丑，判然分明，美的成为美的，丑的成为丑的，这样，即使艺术家所反映的是生活中的丑的东西，他也会创造出光辉灿烂的美的艺术形象来。

那么，艺术家究竟根据什么原则，来创造美的艺术形象，也就是艺术的美呢？我们说，艺术创作的根本特点是独创性。不同的艺术家按照不同的方式来塑造艺术形象，从而形成了不同的流派和风格。艺术上的民主，绝不是少数服从多数，大家按照同样的原则和标准来进行创作；而是要高度地尊重艺术家的独创性，不仅要允许而且要鼓励艺术家自辟蹊径，去走自己与众不同的路。然而，独创性不等于主观的任意性，自由来自对必然的认识，独创性也来自对艺术规律的掌握。此地，我们就是在尊重艺术独创性的前提下，探讨一下艺术家是怎样按照艺术本身的规律，来创造艺术的美的。

第一，艺术是对于客观现实生活形象的反映，因此，艺术家要创造美，首先必须真实而又形象地反映生活。过去有些唯心主义的美学家，他们不承认这一点，他们要在现实生活之外另外去创造美。例如古希腊的柏拉图就认为，真正的美不在现实世界，而在理念世界，因此，艺术家创造美，不在于反映现实生活，而在于神灵凭附，处于迷狂的状态中，然后像追求神圣的爱情一样去追求理念世界中的美。中世纪的神学家认为，美是从上帝的光辉中流溢出来的，因此，谁能皈依和向往上帝，谁就能创造美。近代的唯美主义者如王尔德之流，则认为美是艺术的唯一特征，艺术的任务不是去反映现实生活，而是要像说谎一样地去创造现实生活中本来所没有的美。德国的席勒，更是异想天开，他认为现实世界太污浊，不宜于美的创造，因此，艺术家应当在他刚刚脱离襁褓的时候，就由神人升送到一个春光明媚、繁花盛开的南国天地，以便从小生活和呼吸在美的王国之中,等长大了,再回到祖国,为美而歌唱,并用美来教育和哺育他的人民。这些讲法,虽然都确实存在过,而且现在也还有人在用不同的方式继续编造,但它们的荒唐和错误,是很容易看出来的。随着人类社会的发展,人们已经睁开蒙眬的眼,开始用清醒的眼光来看待周围的现实。他们不再相信虚假的和神话般的美,而要求真实的和产生于现实生活之中的美。神话、传奇、感伤主义的田园牧歌、浪漫主义理想化的赞美诗等等,在历史上曾经起过作用,曾经是美的,而且即使在今天,也并不失去它们艺术的魅力;但是如果我们今天的艺术家不去真实地反映现实生活(包括历史生活),而要像神话一样地去塑造历史上和当前的英雄人物,去塑造田园牧歌那样的艺术形象,肯定谁也不会认为是美的。近代的史诗,再不是《伊利亚特》和《奥德赛》,而是《人间喜剧》和《战争与和平》。那些奥林匹斯山上的神祇,那些圣者、修士和修女,那些不可一世的帝王将相和骑士,已经完成了他们的历史任务,而让位给拉斯蒂涅和安娜·卡列尼娜这样一些普通的人物形象了。即使是拿破仑,他在托尔斯泰的笔下,也已经不再是任意主宰历史的"神",而是听命于历史必然和人民意志的最普通的"人"。历史在向真实而又平凡的现实生活前进,我们的文学艺术也应当向真实而又平凡的现实生活前进。社会主义社会,是由千百万广大人民群众当家做主的社会,是历史上最清醒最现实的社会。我们的文学艺术更应当真实地反映现实生活,去发掘和讴歌我们现实生活中的美,而不应当像"四人帮"时期一样,去"突出"那些骑在人民头上的"英雄",把他们的专横跋扈与胡作非为当成美来歌颂。当然,我们今天也有我们今天的英雄。但那是为人民服务的、从千千万万普普通通的人民群众中涌现出来的英雄。他们的美,不在于高踞在人民之上,而在于他们那朴实而又艰苦的劳动,在于他们那希望改变落后状态努力为实现四个现代化而奋斗的理想和追求，在于他们那平易近人而又满怀希望的生活和事业。因此，我们今天的美，不在杳冥的天上，而就在平凡的、普通的人民群众的生活当中。因此，忠实于人民的生活，真实地反映人民的生活，按照人民的生活的逻辑，来塑造我们今天的人民的艺术形象，就应当是我们今天的艺术家创造美的最大的动力和源泉，也是我们今天的艺术家创造美时必须遵守的一个基本原则。

但是，人民的生活并不是伊甸园，它充满了矛盾和斗争。其中有许多可歌可泣令人振奋的地方，也有并不那么理想而亟待改进的地方。艺术家不是清客，不是俳优，不能一味地唱美的赞歌。他应当是人类灵魂的工程师，人民的良师和益友。他固然应当歌颂人民生活中的美，但也应当反对人民生活中的丑。他应当用他所创造的艺术形象，来丰富和提高人民的审美趣味和爱好，帮助他们分辨美和丑，从而积极地为捍卫美和反对丑而斗争！历史的经验证明：那些美化生活、粉饰现实的艺术作品，虽然它们的作者口口声声要创造美，可是他们所实际创造的，却是阻碍历史前进的丑。至于那些实事求是地忠实于现实的艺术家，他们只是如实地把美写成美，把丑写成丑。他们的笔不像天使那般纯洁，甚至也可能会刺伤某些人的神经。然而正是这样的艺术家，他们创造了历史上最美的艺术形象，帮助人民群众改造了精神面貌，推动了历史的前进。因此，谈到艺术家怎样创造美的问题，我们首先要求他必须有一种严肃的现实主义的态度，有一种实事求是的精神。只有这样，他才能真实而又形象地反映现实生活，把现实生活当成产生美的土壤和摇篮，从而创造出符合我们今天的时代精神的美！

第二，仅仅真实而又形象地反映现实生活，不一定美。我们今天有些作家就有这样的感觉，他们不是不深入生活，也不是不力求真实地反映生活,但是,反映出来了,却那么平淡肤浅,并不怎么美。这又是为什么呢?我们说,这里还有一个谁去反映和如何反映的问题。作家艺术家不仅不是拾垃圾破烂的,不仅不是趸卖或零卖的商贩,而且也不仅只是一个加工厂。生活当中有什么东西,收集拢来就够了,加加工就够了。不!作家艺术家是人类灵魂的工程师。他们的创作一方面是客观生活的反映,另一方面是他们主观灵魂的表现。他们的灵魂有多少深度,是美是丑,这就决定了他们所反映的生活的深度和广度,决定了他们所塑造的艺术形象的美学意义和价值。同样是写科举,《儿女英雄传》把腐朽的科举当成人生最大的幸福来描写,而《儒林外史》则绘声绘影地描写了科举制度在整个社会中的腐蚀作用,从而深刻地揭示了科举制度的反动本质。这里的高低美丑,马上就判然分明了。同样是写爱情,《红楼梦》不仅描写了真挚的爱情,而且描写了这一爱情与世俗利益和现存秩序的尖锐冲突,从而通过爱情揭示了一个时代的社会风尚、人情冷暖,政治上的钩心斗角和经济上的盘剥欺诈,叫人读着,有爱有憎,拍手称快。可是那些私订终身、金榜题名一类的才子佳人小说,虽然写的也是爱情,但却不外是一些偷鸡摸狗、郎才女貌、三妻六妾等极端庸俗的东西。他们把人类精神境界中应当是最美的感情——爱情,竟写成是低级的从属于物质利益的感情,因而也是丑的感情了。不仅这样,哪怕是写吃吃喝喝,我们比较一下《红楼梦》与《金瓶梅》的描写,马上也看出了它们之间的巨大差别。《金瓶梅》只是为写吃喝而写吃喝,完全是一种物质的享受。写法也是单调贫乏,千篇一律,如写点心的精致总是"入口即化"几个字。可是《红楼梦》却不同了。吃螃蟹,吃鹿肉,以及刘姥姥的吃茄子等等,不仅作者的笔法千变万化,每一次吃都写出了这一次吃的个性特征;而且环绕着吃,人物的情态性格,生活的矛盾斗争,都像活的一样浮现在读者面前。这样，怎能不叫人感到美呢？

因此，艺术家创造美，不仅是一个真实地反映客观世界的问题，还有一个艺术家的主观世界问题。过去的一些美学家和文艺理论家，喜欢谈诚，谈人格，所谓"诚于中，形于外""文如其人"等都是。他们离开了客观的现实生活，单纯强调艺术家的主观修养，当然是唯心主义的、错误的。但是，我们的文艺理论家，单纯强调客观的现实生活，避开艺术家的主观修养不谈，我们认为也是片面的、错误的。古话说"士先器识而后文章"，这句话应当说是正确的。没有器识，哪来文章？一个人器识的高低，往往决定了他的文章的美丑。但有人利用这句话来反对写文章，那就完全错了。试问你写不出美的文章，怎么能证明你的器识是高的？因此，艺术家主观修养的高低、灵魂的美丑，与艺术家能不能塑造出美的艺术形象来，是大有关系的。清人笪重光在《画筌》中说："人非其人，画难为画。"其实，何止绘画，所有的文学艺术，都与艺术家"其人"具有密切的联系。鲁迅说，喷泉里出来的是水，血管里出来的是血，也正是这个意思。要创造出美的艺术形象来，我们不是到现实生活中去采撷现成的美的果子，而是要用我们的心血，用我们全部的思想感情，来把我们在现实生活中所发现的美的种子，加以浇灌、培育、酝酿和塑铸。艺术形象是通过艺术家的灵魂创造出来的，灵魂不美，又怎么能创造出美的艺术形象来呢？

那么，什么样的灵魂，才能创造出美的艺术形象来呢？先进的世界观当然是一个重要的因素。然而世界观不是抽象的教条，不是几条空洞的概念。抽象的教条和空洞的概念，是谁也会背诵的。甚至《于无声处》中那个浑身虚伪的骗子何是非，他也懂得不应当说谎的道理，还一本正经地用这个道理来教训人。然而，你能说他是诚实的吗？当然不能！光会说一些大道理的艺术家，表面上他的世界观比谁都先进，可是你能指望他所塑造的艺术形象，能够焕发出先进思想的光芒和闪现出内在的美吗？当然也不能！我们应当把先进的世界观变成自己的血肉，变成自己的爱和恨，变成自己的激情，变成自己不得不如此创作的内在的必然性。只有这时，我们的灵魂才会像在土壤中生了根的常青树，在现实生活的风浪中傲然挺立，呼吸着现实生活的风风雨雨，从而把它们吸收到内心里面，塑造成为艺术形象，焕发出美的光辉！

第三，有了客观的现实生活和主观的精神世界，还只是艺术家创造美的条件，或者可能性。要使可能性变成现实性，真正创造出美的艺术形象来，还得要有顽强的艺术实践。艺术创作的根本特点，就是实践。那就是说，光是知，能讲出道理，还不是艺术创作；艺术创作要行，要做，要实践。所谓实践，就是要在熟练地驾驭感觉器官的过程中，来理解和掌握客观世界。庄子所说的庖丁解牛和吕梁丈夫游水的故事，就是最好的例子。庖丁经过长期的锻炼，深刻地熟悉了牛身体的客观规律，所以他能"依乎天理"、"因其固然"，"官知止而神欲行"。这样，解起牛来，自然就"恢恢乎，其于游刃，必有余地矣"。吕梁丈夫则因从小与水打交道，"长乎性，成乎命"，深刻地熟悉了水的规律，所以他能够跟着水的漩涡沉入水底，然后又跟着水的漩涡浮到水面。他们能够这样做，都不是讲空道理所能够办到的，而是由于长期的实践。一切高度熟练的手工技艺，都根源于长期的实践。在实践中，锻炼自己的感觉器官，使之符合客观的规律，从而好像本能一样地掌握这些客观规律，不费力气就产生出了优秀的作品。"泥人张"捏泥人，几个手指一动，一个形态活泼的泥人就捏出来了。那在半寸见方的象牙上，雕刻出嫦娥奔月或诗词歌赋的牙雕工人，更差不多完全是凭着对自己感觉器官的熟练运用，在闭目绝虑的情况下，聚精会神地雕刻出来的。

在重视和强调实践这一点上，艺术与技艺完全是一样的。艺术家为了创造美的形象，也必须艰苦地长期地锻炼自己的感觉器官，高度熟练地驾驭自己的感觉器官，使它们服从自己创造的需要。例如舞蹈家，就必须锻炼他的四肢和身上全部的肌肉，使它们能够随心所欲地表现所要表现的思想和感情。一个眼神的流露，一个脚趾的旋转，都是跟着音乐的节奏，随着舞蹈情节的开展，像花朵开在树枝上一样自然而又优美地表现出来的。画家画画，一笔下去就得有一个形象在萌生、在成长。这样，如果他的手不是像手腕驾驭手指一样准确而又熟练地驾驭他的笔，他又如何能够塑造出美的艺术形象来？其他如歌唱家的嗓子、文学家善于观察和捕捉形象的眼睛等等，都是在长期的实践中顽强地锻炼起来的。因此艺术家创造美，必须通过实践。只有通过实践，他才能把客观现实生活中可能存在的美，在艺术形象中具体地实现出来。

因为艺术创作离不开实践，而实践又要靠感觉器官的熟练运用，所以眼高手低是不行的。它必须同时要手高。手不高，感觉器官不听指挥，绝对创造不出美的艺术形象来。然而，眼低手高是不是行呢？我们说，也不行。这就因为艺术虽然有它与技艺相同的一面，但它毕竟不是技艺。单纯的技巧不可能产生出富有诗情画意的艺术形象来。因此，通过实践来创造美的形象，不仅要手高，同时也要眼高。所谓眼高，指的是文化修养和思想境界。伟大的艺术家，我们一再说应当同时是伟大的思想家；那么，如果他的文化修养不高、思想境界不高，那怎么行？读《红楼梦》，谁不惊叹曹雪芹知识的渊博、思想的深刻、精神境界的高超？读巴尔扎克的作品，他那哲学、历史以及对各门艺术的广博的知识，简直就像自来水一样从他的字里行间滔滔不绝地流露出来，这难道是一些二三流的艺术家所能望其项背的吗？正因为这样，所以艺术创作虽然离不开实践，就其需要高度熟练的技巧来说，与打篮球、游泳等差不多；但是，就其思想的深刻和所需要的文化修养来说，却又远远超过了一般的技艺。正是在这个意义上，所以我们说，文艺是生活的教科书，文学家艺术家是人类灵魂的工程师。

第四，艺术家创造美，还有一个形式的完美与独创的问题。这就因为艺术的美离不开形象，而形象又离不开具体的感性的形式。一篇科学论文，只要占有翔实的资料，具有独创的见解，形式不那么完美，不失其为一篇有价值的科学论文；可是一个艺术形象，如果形式上有了缺陷，既不完美又缺少艺术的魅力，那么，肯定不能成为美的艺术形象。罗丹刻的《沉思者》，那眼睛如果不是像现在那样低陷而又深沉，那全身的肌肉如果不是像现在那样向着头额奋张和用力，那么，它肯定不会有现在的艺术效果。同样，法国勒帕热的油画《垛草》，那一对青年夫妇躺着和坐着的姿势，那弯曲而又懒散的脚关节，那似握非握还似乎在微微颤动的手，这些都只是形式，然而离开了这些形式又如何能表现他们的劳动生活和内心世界呢？因此，对于艺术的美来说，形式不是可有可无的，而是必须的。不仅是必须的，而且必须加以刻苦的训练和探索，以求达到高度的完美。多少艺术家，为了探求美的形式而顽强地斗争着！俞振飞有篇文章，叫作《嗓子靠练不靠"天"》[1]，说他六岁开始正式学唱昆曲。一支曲子规定每天要唱一百遍，连九十九遍都不行。而且一个字、一个腔念错了，唱荒了，再从头来一百遍。正因为经过这样严格的训练，所以他从小练就了一副好嗓子。盖叫天为了练武功，曾经不止一次摔断了手臂和腿骨。田汉曾写诗称赞他："断肢

---

[1] 见《文汇报》1979年4月29日。

折臂寻常事,练出张家百八枪。"①著名的评弹演员徐丽仙,说她谱《黛玉葬花》,"从一开始接唱词到曲调成形,自己初步觉得可以唱了,就花了一年九个月"。而"'一片飞花'四个字就翻来覆去琢磨了九天"②。所有这些事实,都说明要掌握艺术的形式,并不那么容易。艺术家要创造美,塑造出美的艺术形象来,必须在形式上花极大的功夫!

总之,艺术创作是人类最能创造美的一种劳动,但艺术创作并不是招之即来的。它需要按照艺术的规律,需要具备许多的条件。首先,它要求艺术家深入生活,熟习生活,真实而又形象地反映生活;其次,它要求艺术家具有各方面的文化修养和高尚的精神境界;第三,它要求艺术家长期不断地坚持艺术的实践;最后,它还要求艺术家为了掌握完美的艺术形式而勤学苦练。具备了这些条件,一般说,可以谈得上美的艺术形象的创造了。但是不是一定能创造得出来,那也还须由实践即艺术的成品来作最后的检验。

---

① 张剑鸣:《追忆父亲盖叫人的艺术创造》,《文汇报》1979年6月28日。
② 徐丽仙:《勤于事业,艺无止境》,《文汇报》1979年6月28日。

美在创造中

从天文学的观点来看，所有天体（包括地球在内）和整个宇宙，都在不断地生长和消灭，不断地变化，不断地创造。作为人类社会现象之一的美，也在不断地变化和创造。天下没有固定不变的美。社会生活中的美，固然随着时代与社会的变化而变化；就是自然界中的美，也随着自然条件及其与人的关系的变化而不断地变化。不仅这样，甚至同样的审美对象，也将因为与人的审美关系不同，而不断地改变其性质与样式，不断地以新的面貌呈现在我们的面前。正因为这样，所以我们探讨美的本质问题，应当打破传统美学的一些观念：把美看成是某种固定不变的实体，无论是物质的实体或精神的实体；把美看成是由某种单纯的因素所构成的某种单一的现象。与此相反，我们应当把美看成是一个开放性的系统，不仅由多方面的原因与契机所形成，而且在主体与客体交相作用的过程中，处于永恒的变化和创造的过程中。美的特点，就是恒新恒异的创造。

那么，美是怎样创造出来的呢？我们说，无不能生有。《创世记》所说的上帝要有光，于是就有了光，那不是我们所说的创造。我们所说的创造，是在物质的基础上，通过各种因素相互联系，相互矛盾，相互冲突，然后从量变发展到质变，所产生出来的质的变化。美的创造所遵循的正是马克思主义的这一普遍规律。根据这一普遍规律，我们认为美的创造，是一种多层累的突创。所谓多层累的突创，包括两方面的意思：一是从美的形成来说，它是空间上的积累与时间上的绵延，相互交错，所造成的时空复合结构。二是从美的产生和出现来说，它具有量变到质变的突然变化，我们还来不及分析和推理，它就突然出现在我们的面前，一下子整个抓住我们。正因为这样，所以美的内容是极其丰富和复杂的，它不仅具有多层次、多侧面的特点，而且囊括了人类文化的成果和人类心理的各种功能、各种因素。但它的表现，却是单纯的、完整的，有如一座晶莹的玲珑宝塔，虽然极尽曲折与雕琢的能事，但却一目了然、浑然一体。为了说明这种多层累的突创，我们不妨举几个例子。

南京的中山陵，一眼望去，气象雄伟，摄人心魄，我们不能不说美。但这美是怎样创造出来的呢？它是由石级一层一层地积累而成的。一层一层的石级，向上积累，向上延伸，到了顶上，配上两旁的白墙和青色的琉璃瓦，在紫金山苍翠的背景上，衬托着蔚蓝的天空，再加上孙中山这一伟大人物的历史意义，以及观赏者对于这一意义理解的程度，等等。于是本来是一些平凡的石级、白墙、青瓦，忽然相互渗透，相互融合，因缘汇合，组合成了一个崭新的中山陵的完整的形象。我们所欣赏的美，就是这一完整的中山陵的形象。这一形象，离不开石级、白墙、青瓦等的物质材料，但它却远远超过了这些物质材料，与人类的文化，与建筑师的匠心，与观赏者的心灵，与种种内在的和外在的因素，共同溶化，创造出了中山陵的美的形象。

夏天的晚上，我们仰望天空，群星灿烂，光辉熠熠，美。这个美又是怎样创造的呢？我们分析一下，也是多层累的突创。首先，要有星球群的存在，才能构成满天的星斗；其次，要有太阳光的反射，才能使这些星球发光；第三，要有黑夜的环境，才能使星球的反光照射出来；第四，要有文化历史所积累下来的关于星空的种种神话和传说，这些星球的美方才富有更多的意蕴；最后，观赏星空的人，各自所具备的心理素质、个性特征和文化修养，更会使他们在观赏同一片星空时，品味出不同的韵味和美。因此，星空的美的形成，是由各种因素和条件所积累而成的。这些因素和条件具备了，星空便会突然在人们的眼前亮起来，成为美的形象。否则，如果去掉了某些因素和条件，星空的美或者不再出现，或者会变成另外的美。例如，如果没有星球群的存在，星空当然不会美；如果只有星球群的存在，而没有太阳的反光，星空同样不会美；纵然有太阳的反光，但如果没有黑夜的环境，而是在白天，星空的光辉和美，马上也就消失了；同样的星空，在不同的时间和地点，对于不同的人，也会呈现出不同的美来。例如杜甫，星空对于他，有时是"暗水流花径，春星带草堂"（《夜宴左氏庄》）；有时是"星临万户动，月傍九霄多"（《春宿左省》）；有时是"星垂平野阔，月涌大江流"（《旅夜书怀》）；有时又是"五更鼓角声悲壮，三峡星河影动摇"（《阁夜》）。这些，都随着杜甫的生活经历与心情的变化而变化。因此，星空的美，不仅涉及了物质存在的星球群，而且也涉及了审美主体的具体处境和精神状态。这样，星空的美，是由多种因素，层层积累，到了条件都具备的时候，然后突然创造出来的。正好像发电的设备都具备了，然后电钮一揿，电灯便亮了一样。

有的本来不美的现象，在一定的条件之下，主客契合，也会突然转化成为美。记得1983年9月，我到敦煌参观。敦煌周围都是沙漠，既单调，也荒凉，谈不上什么美。但有一个黄昏，我站在三危山的沙滩上，忽然，落日的光辉照射过来，把沙漠笼罩上一层金色的披纱。一时之间，沙漠显得非常美。因此，美并不是某种固定的实体，而是多种因素的积累。当作为审美对象的客体和作为审美主体的人，相互契合了，情与景相互交融了，这时，美就会突然创造出来。主体与客体的关系，永远处于恒新恒变的状态之中，因此，美也处于不断的创造的过程中。

因为美是多种因素多层次的积累，是时空的复合结构，所以美既不是单一的，也不是纯粹的，而是多样的、复杂的。从多样性方面来说，有各种各样的美：曲线是美的，直线也是美的；古董是美的，新奇也是美的；错金镂彩是美的，自然朴质也是美的；完满是美的，残缺也可以是美的。至于艺术上不同的样式、体裁、风格和流派，那更是各美其美。从复杂性方面来说，任何美的形成都是多种因素的汇合、溶化与协调。其中固然包括相同的因素，也包括相反的因素。我国古代的美学思想，强调"和"，反对"同"。西方古代的美学思想，强调"和谐"。说明二者都注意到了美是对立因素的统一。黑格尔说："在音乐里，孤立的单音是无意义的，只有在它和其他的声音发生关系时才在对立、协调、转变和融合之中产生效果，绘画中的颜色也是如此……只有各种颜色的配合才产生闪烁灿烂的效果。"[①]这和我国古代"声一无听，物一无文"的讲法，可说完全一致。因此，我们探讨美的本质的时候，首先应当看到美的多样性和复杂性，从多种层次多种侧面来探讨美的形成和创造。这些层次和侧面，主要的有下列一些。

（1）自然物质层：审美对象各种物质属性的复合是形成和创造美的基础。例如梅花，它的形状、颜色、姿态、香味等，都是梅花作为一种植物所固有的物质属性。我们欣赏梅花的美，不能离开这些物质属性。梅花美的物质特征，就是由这些物质属性所决定的。

[①] 黑格尔：《美学》第2卷，商务印书馆1979年版，第371页。

不仅自然美离不开自然的属性，就是作为精神产品的艺术美，也离不开物质属性。黑格尔谈到荷兰画家时说："早期的荷兰画家对颜色的物理学就已进行过极深入的研究。梵·艾克、海姆林和斯柯莱尔都会把金银的色泽以及宝石绸缎和羽毛的光彩模仿得惟妙惟肖。这种运用颜色的魔术和魔力来产生极显著的效果的巨匠本领现在已获得一种独立的价值。正如思考和领会的心灵用观念来再现（反映）世界，现阶段艺术的主要任务也在于用颜色和光影这些感性因素来对客观世界的外在方面作主观的再现——不管对象本身如何。"[①]这是说，艺术家要再现客观现实，创造艺术的美，他就应当熟练地掌握对象的物质特征，把它们惟妙惟肖地反映出来。即使是中国的写意画，重视的是主观的"意"，而不是客观的"形"；但它要表现，也不能离开一定的物质属性。首先，不能把梅花画成竹子。画梅花就得考虑到梅花是梅花而不是竹子的物质属性。其次，无论是梅花或竹子，都离不开笔和墨，笔墨也是一种物质的属性。因此，美虽然不是某种固定的物质属性，但却无论怎样都不能离开物质属性。物质属性是形成和创造美的一个重要层次。

（2）知觉表象层：知觉是感觉的复合，表象是感觉形式的复合。通过人脑的分析，知觉反映出客观事物众多的属性及其表现形式，综合而成为多样统一的知觉表象，也就是事物的具体形象。因此，知觉表象是客观事物各种属性、各个部分及其相互关系的整体和反映。它是整体的，但却建立在各个部分细节的真实上。它把个别与一般、感性的知觉与理性的认识、客观的现实与主观的感情统一起来，使客观的、本来只具有自然物质属性的感觉形象，转化成为人化了的感觉形象。正因为这样，所以费尔巴哈说：

[①] 黑格尔：《美学》第2卷，商务印书馆1979年版，第371页。

只有人，对星星的无目的的仰望能够给他以上天的喜悦；只有人，当看到宝石的光辉、如镜的水面、花朵和蝴蝶的色彩时，沉醉于单纯视觉的欢乐；只有人的耳朵听到鸟儿的啭声、金属的铿锵声、溪流的潺潺声、风的飒飒声，感到狂喜……①

这就是说，人的感觉不同于动物的感觉。他既能把原来是分散的、单纯由自然物质所引起的感觉印象，组合成为完整的知觉表象；又能对这一知觉表象作出唯有人才能作出的感情的反应。张若虚的《春江花月夜》，就是一个很好的例子：

> 春江潮水连海平，海上明月共潮生。
> 滟滟随波千万里，何处春江无月明！
> 江流宛转绕芳甸，月照花林皆似霰。
> 空里流霜不觉飞，汀上白沙看不见。
> 江天一色无纤尘，皎皎空中孤月轮。

这里，水、月、花，都是自然的物质现象，它们各自独立，互不相关。人通过自己的感受和知觉，却把它们统一起来，不仅成为一个相互关联的自然的整体，成为一个完整的知觉表象：水月浑融，江天一色；而且灌注进自己的想象和情思，使它们从单纯的知觉表象，转化成为充满了人情味的艺术形象。水、月、花，虽然还各自保持自己不同的物质特征，但它们却又像着了魔似的，仿佛已经不是原来的水、月、花，而是转化成了似乎是从人的心灵中所流

---

① 引自《十八世纪末—十九世纪初德国哲学》，商务印书馆1960年版，第551页。

溢出来的滚滚不尽的感情的喷泉。《春江花月夜》的美，就在于它能把自然的物质现象心灵化，使之从实走向虚，从自然的限制走向自由的想象。因此，在知觉表象这一层次中，客观已经在向主观转化，物质已经在向精神转化。它是客观与主观、物质与精神相互联系、相互统一的契机。

（3）社会历史层：费尔巴哈看到了人的感觉不同于动物的感觉，看到了人的感觉能够感知到动物的感觉所无法感受到的精神因素，如情感等。但是，他却不能回答为什么人与动物之间会有这样巨大的差别。马克思指出，这是因为他"只是从客体的或者直观的形式去理解，而不是把它们当作人的感性活动，当作实践去理解，不是从主观方面去理解。"[①]那就是说，费尔巴哈还把人的感觉，看成是自然的人天生的直观能力，而没有看到人的感觉，是社会的人在历史的实践过程中所产生和形成起来的。正因为这样，所以他没有看到：人的感觉具有巨大而又庞杂的历史文化和社会生活的内容，它们的"形成是以往全部世界史的产物"[②]。因此，人类的审美感觉，既离不开历史的文化传统，又离不开社会的物质生活与精神生活。首先，从历史方面来说，人类的审美活动浸透着全部人类文化的传统，它们渗透和积淀到我们每一次的审美活动中去，使我们处处感觉到美是以往全部文化遗产的积累和结晶。例如姜白石的《疏影》：

    昭君不惯胡沙远，但暗忆、江南江北。
    想佩环、月夜归来，化作此花幽独。

[①]《马克思恩格斯选集》第1卷，人民出版社1972年版，第16页。
[②] 马克思：《1844年经济学—哲学手稿》，人民出版社1979年版，第79、50页。

把梅花比作昭君，和昭君佩环月夜归来，来描写梅花的美。这就是我国民族文化的传统，融解到了作者审美的感觉活动中，然后通过人的感性的实践活动，转化为客观的审美对象。于是主客两方面统一，梅花不再是单纯的物质性的梅花，而同时是体现了我国民族文化精神的梅花。梅花的美，就这样在姜白石的笔下产生和形成了起来。不仅这样，而且"佩环月夜归来"，用的是杜甫"环佩空归月夜魂"的诗意，这就使梅花的美，具有更多的历史文化内容，从而更显得意味无穷。

再从社会生活方面来说，人的审美活动，尤其发生了多方面的联系。社会生活包括两大方面，一是社会的经济基础，以及生产方式与生活方式；二是上层建筑，包括与经济基础相适应的政治、法律制度等等。这些方面对于美的形成和创造，所起的巨大的制约作用和影响，普列汉诺夫在《没有地址的信》中，已经作过雄辩而有力的阐述，我们不想多谈。我们只想指出——有人说，诗人歌颂太阳，小贩诅咒太阳——为什么同一个太阳，诗人以为美，而小贩会以为丑呢？举这个例子的同志，是想证明美没有客观的标准，完全是一种主观的产物。但是，我们说，这里起作用的，不仅仅是诗人或小贩的主观意识，而且更主要的是他们的客观的生活方式。大热天中，诗人处在小贩的地位，过小贩的生活，他也将会诅咒太阳的。反过来，小贩不摆小摊，而去写诗，他也会歌颂太阳的。因此，是一个人的生活方式，影响到他对于客观事物的美的看法。他的生活方式，直接转化到审美的对象中，成为构成美的一个重要因素。至于社会生活中政治的变迁和斗争，尤足以影响人们的审美心理，使之转移到审美的对象中，成为构成美的另一个重要因素。英国大革命后的复辟派，产生了一种逆反的心理：凡是英国资产阶级革命派清教徒认为美的，他们都认为丑。上面我们所引的姜白石的

《疏影》，之所以会用昭君来比喻梅花的美，从某一个方面来说，也是受了当时政治斗争的影响。前人批说："此盖伤心二帝蒙尘，诸后妃相从北辕，沦落胡地，故以昭君托喻，发言哀断。"[①]这就很清楚了，政治生活在美的形成和创造的过程中，也是一个重要的侧面和层次，我们绝对不能忽视。

（4）心理意识层：马克思说过"有意识的生命活动直接把人跟动物的生命区别开来"[②]。这是说，人之所以和动物不同，在于他有意识。意识指的是人在客观现实的基础上，所展开的主观方面的心理活动。有个人的心理意识，如感觉、知觉、想象、意志、感情、记忆、思维等；也有社会的心理意识，如政治、法律等观点，道德、宗教、文学艺术、哲学等意识形态。它们各自独立，而又相互联系，构成了人类心灵中深层次的结构。它们有的属于理知，其功能是认识；有的属于意志，其功能是行动；有的又属于感情，其功能是对客观事物表示主观的爱憎态度。它们有的是我们人所意识得到的，是自觉的；有的则是我们人所意识不到的，是非自觉的。弗洛伊德的功绩，就是在我们人的意识深处，发掘出了深层次的无意识的结构。我们人的许多心理活动，都是受本能冲动的支配，都是无意识的。做梦，是无意识的；文学艺术的创作，也有很多是无意识的。正因为这样，所以美的形成和创造，离不开无意识。但是，弗洛伊德把美看成是无意识的本能冲动的"升华"，并且把这一本能冲动说成是唯一的"里比多"（性冲动）。这就片面了，连他的好友和学生荣格都接受不了，改成了"集体无意识"。我们认为，如果我们过去只看到意识而看不到无意识，是片面的；那么，弗洛伊德只

[①] 引自龙榆生编选《唐宋名家词选》，中华书局1962年版，第281页。
[②] 马克思：《1844年经济学—哲学手稿》，第79页。

看到无意识而看不到意识，更是片面的、错误的。我们要把意识与无意识统一起来，把心理活动中的各种功能统一起来，让它们都成为审美主体审美活动中主观方面的构成因素。正是这种具有复杂的多层次的心理意识结构的审美主体，与同样是具有复杂的多层次的复合结构的审美客体，在特定的时空关系的条件下，相互交融和渗透，才形成和创造了美。

因此，美的创造，是多层次的积累所造成的一个开放系统：在空间上，它有无限的排列与组合；在时间上，它则生生不已，处于永不停息地创造与革新之中。而审美主体与审美客体的关系，则像坐标中两条垂直相交的直线，它们在哪里相交，美就在哪里诞生。自然物质层，决定了美的客观性质和感性形式；知觉表象层，决定了美的整体形象和感情色彩；社会历史层，决定了美的生活内容和文化深度；而心理意识层，则决定了美的主观性质和丰富复杂的心理特征。正因为这样，所以美既有内容，又有形式；既是客观的，又是主观的；既是物质的，又是精神的；既是感性的，又是理性的。它是各种因素多层次多侧面的积累，我们既不能把美简单化，也不能固定化。美是一个在不断创造的过程中的复合体。

由于美是一个复合体，所以非常丰富和广阔，永远不能一览无余。同样一个西湖，你今天去看，她是一种美的样子；明天去看，她又有了新的姿态和面貌，呈现出你原来所没有欣赏到的美。至于各人的爱好、性格、心术、遭遇等，那更会使你以不同的眼光，从同一个对象中欣赏出不同的美来。事实上，审美的过程，往往是一个不断探索和开拓的过程。对于美的这一特点，许多美学家都已注意到了。例如康德就说：

> 审美意象是一种想象力所形成的形象显现。它从属于某一

概念，但由于想象力的自由运用，它又丰富多样，很难找出它所表现的是某一确定的概念。这样，在思想上就增加了许多不可名言的东西，感情再使认识能力生动活泼起来，语言也就不仅是一种文字，而是与精神（灵魂）紧密地联系在一起了。①

这是说，美表现了某一概念，但又不限于这一概念。它在想象力的自由运用中，有"许多不可名言的东西"。我国古代所谓"言有尽而意无穷""味外之旨""韵外之致"等说法，都是就美的这一既丰富复杂而又富有余韵余味的特点而说的。那么，除了这种丰富复杂的美之外，单纯的美有没有呢？我们说，单纯的美是有的，但单纯的美也并不单纯。一块绿色的草地，康德说它以其"单纯的感觉样式的纯粹性"，呈现在我们的面前，因而是美的。但是，我们仔细分析一下，这块单纯的草地并不单纯，它的绿色是由许多色素、色调，多样而又统一地组合起来的。一个画家画草地，绝不能用清一色的绿色。最简单的颜色，在画家看来，都是光与色的复杂的组合，都是多种颜色的协调与配合。

美的形成，是多种因素多种层次的相互作用，相互积累；而美的出现，则像母鸡孵小鸡一样，不是一脚一爪地逐步显露出来的，而是一下子突然破壳而出。正因为这样，所以我们说它是一种突然的创造。由于是突然的创造，所以我们感受美的时候，首先带有直觉的突然性。那就是说，美以其具体的形象，直接扑向我们。我们还来不及评头论足，就在直觉上被它抓住了。其次，感受的完整性。一块砖头、一层石级，甚至一个碉堡、一堵城墙，都不能令

---

① 康德：《判断力批判》，《西方文论选》上卷，上海译文出版社1979年版，第564~565页。

我们欣赏到长城的美。长城的美,是一个完整的形象,是它像长龙一样蜿蜒在群山峻岭中的伟大而又完整的形象。第三,思想感情的集中性。美不要求我们理解,但却要求我们陶醉。我们把全部的身心,全部的思想感情,沉入到美的对象中,"神与物游",情与景偕。我们一下子忘记了自己,悠悠然,荡荡然,陶醉在美的境界中。最后,想象的生动性。美的形象突然出现在我们的面前,我们对它的美不会用电子计算机来计算,而是展开想象的翅膀,自由地翱翔。正因为这样,所以它生动、活泼,充满了生命。

因此,美一方面是多层因素的积累,另一方面又是突然的创造。所以它能把复杂归于单纯,把多样归为一统,最后成为一个完整的、充满了生命的有机的整体。黑格尔说,艺术品一方面要"每一部分都要保持……各自特有的生气";另一方面,"艺术的统一就应只是一种内在的联系,把各部分联系在一起,成为一个有机的整体,而且没有着意联系的痕迹。只有这样由精神灌注生命的有机统一体才是真正的诗"。①那就是说,艺术的美,一方面来自各个细节,每一个细节都要剔透玲珑,富有生气。芭蕾舞演员,每一个眼神,每一次转腿,都是富有活力的,充满了生气的,美的;但另一方面,它们又要统一成一个有机的整体,全体生气灌注,成为一个活的美的形象。美的创造过程,就是各种因素、各种细节、各个部分,相互矛盾冲突,相互联系转化,然后由量变到质变,形成形象的整体。马克思谈到"具体"时,说:"具体之所以具体,因为它是许多规定的综合,因而是多样性的统一。"②美的形成和创造,事实上就是许多规定的综合,就是多样性的统一。

---

① 黑格尔:《美学》第3卷(下),商务印书馆1979年版,第35页。
② 《马克思恩格斯选集》第2卷,人民出版社1972年版,第103页。

整个宇宙和人生,都在多样的统一中,不断分与合,不断成与消,不断地创造和毁灭。宇宙在创造中,人生在创造中,美自然也在创造之中。让我们打破关于美的形而上学的观点,从变化和运动当中,从多层次的结构当中,来探讨和研究美吧!

人是"世界的美"

莎士比亚在《哈姆雷特》第二幕第二场中,曾经赞美人,说:

> 人类是一件多么了不得的杰作!多么高贵的理性!多么伟大的力量!多么优美的仪表!多么文雅的举动!在行为上多么像一个天使!在智慧上多么像一个天神!宇宙的精华!万物的灵长!①

这里,"宇宙的精华"一句,原文是:the beauty of the World,意译是对的,但直译应为"世界的美"。这是说,在莎士比亚看来,人是"世界的美"。或者说,有了人,世界才有美。世界的美是人创造的,离开了人,世界再没有美。这一讲法,固然反映了莎士比亚人文主义的思想,但也的确说明了美与人之间的密切的关系:美是对人而言的,我们不能离开人来谈美。这一点,不仅莎士比亚有这样的认识,过去的美学家,不管他是唯物主义的或唯心主义的,差不多也都有这样的看法。例如狄德罗就说:

---

① 《莎士比亚戏剧集》(四),人民文学出版社1962年版,第187页。

> 不管我想到或是没有想到卢浮宫的门面，其一切组成部分依然具有原来的这种或那种形状，其各部分之间依然是原有的这种或那种安排；不管有人还是没有人，它并不因此而减其美，但这只是对可能存在的、其身心构造一如我们的生物而言，因为，对别的生物而言，它可能既不美也不丑，或者甚至是丑的。①

这段话，一方面说明了美是客观的，不以个人的存在为转移；但另一方面，则说明了美只是对人这样的生物而言的，对于其他生物来说，则"既不美也不丑"。

德国古典美学，从康德开始，就是以人作为主体来谈美的。康德说："美只适用于人类，换句话说，适用于动物性的又具有理性的心灵——因为人不仅是有理性（就是说，有灵魂）的，但同时也是一种动物。"②黑格尔更是把美看成是人的自我实现和自我创造，哪怕是自然美，也是为人而存在的：

> 有生命的自然事物之所以美，既不是为它本身，也不是由它本身为着要显现美而创造出来的。自然美只是为其他对象而言。这就是说，为我们，为审美的意识而美。③

批评黑格尔的车尔尼雪夫斯基，同样说：

---

① 《狄德罗美学论文选》，人民文学出版社1984年版，第25页。
② 康德：《判断力批判》上卷，商务印书馆1964年版，第46页。
③ 黑格尔：《美学》第1卷，商务印书馆1979年版，第160页。

> 构成自然界的美的是使我们想起人来（或者，预示人格）的东西，自然界的美的事物，只有作为人的一种暗示才有美的意义……只是因为当作人和人的生活中的美的一种暗示，这才在人看来是美的。①

鲁迅说："并非人为美而存在，乃是美为人而存在。"②这句话，可说概括了历代美学家对美的共同看法：美离不开人，美是对人而言的。在人类社会以前，没有美。

但是，有的同志不同意这个讲法。他们认为：天体的美，如日月星辰；矿物的美，如金银的光芒；种种动物和植物的美，不是早在人类社会以前，就已经存在了吗？它们和人又有什么关系？对于这个问题，我想，我们不必先作结论，而应当具体地加以分析。

首先，早在人类社会以前就存在的美，当然不可能指社会美、艺术美或者工艺美，而只可能是自然美。那么，人类社会以前，是不是已经有了自然美的存在呢？从人类审美意识发展的历史过程来看，人类最初创造和欣赏到的美，是与人类的物质生产活动直接相联系的工艺美和艺术美，然后再扩大到与政治伦理相联系的社会美。最后当人类的文化相当发展，人具有了独立自主的个性意识，能够单独地面对自然并在自然中找到表现自己独特的感情的对象时，方才产生了自然美。因此，虽然自然早已在人类社会以前就已经存在，但作为自然的美，无论中外的美学史，都证明它不仅是在人类社会以后才存在，而且它比工艺美、艺术美和社会美，都要出

---

① 车尔尼雪夫斯基：《美学与生活》，人民文学出版社1957年版，第10页。
② 鲁迅：《鲁迅全集》第4卷，人民文学出版社1981年版，第512页。

现得更晚一些。这样，我们有什么理由说，自然美早在人类社会以前就已经存在了呢？

其次，有人或许会说，他们所说的自然美，不是指人类所创造的和欣赏到的自然美，而是存在于自然本身中的美，如矿石的美、动物的美、植物的美等等。一些生物学家和美学家，早就注意到这种美的存在。达尔文在《物种起源》一书中，就谈到早在人类社会以前，已经有了美丽的贝壳，美丽的动物和植物，说："一大部分的动物，对于美妙的声音与色彩，都有同样的嗜好。"他还举例说：

> 基阿那的岩鹩、极乐鸟以及其他一些鸟，聚集在一处，雄鸟一个个地把美丽的羽毛极小心地展开，并且用最好的风度显示出来；它们又在雌鸟的前面装出奇特的姿态，她们站在旁边好像是一些欣赏者，最后选择最有吸引力的伴侣。[①]

由此说明一些鸟类和动物，不仅有美，而且有与人相类似的美感。因此，美不仅是人类社会才有的现象，而是动物和植物都有的现象。对于这一讲法，我有几点不同的意见：

（1）美不仅具有社会性，而且具有个性，它是社会性与个性的统一。人类能够欣赏的美，不仅是社会所规定的某种类型的美，而且是适应不同的对象所发现和创造出来的、千差万别的、具有独特个性的美。这样的美，在动植物的世界中，永远不存在。我们所说的动植物当中的美，往往都是千篇一律的、单调的。孔雀只会开屏，岩鹩和极乐鸟只会以一个方式来展示它的羽毛。德斯伯里和雷斯林沙弗所主编的《比较心理学》，谈到有些动物会使用工具，但

[①] 达尔文：《物种起源》第1分册，商务印书馆1983年版，第106页。

说,它们的使用工具,"都是整个种族的特性,而不是个体动物的特性"①。对于工具如此,对于美尤其如此。动植物如果有什么美或美感的话,那也只是一种"种族的特性",和我们人所创造和欣赏的那种具有高度的精神个性的美,根本是两回事。

(2)动植物的这种"种族的特性",事实上是一种生物的本能,只具有生物学上的意义,而不具有美学上的意义。这一点,达尔文也是承认的。他说:

> 任何动物的雌雄个体,如果具有相同的一般生活习性,但在构造、颜色或装饰上有所不同,我相信这种差异主要是由性的选择而来的。②

例如虫媒花,为了引诱昆虫,所以有美丽的花冠。风媒花无须这种"引诱",所以就没有美丽的花冠。鸟儿的羽毛,也只是为了"性的选择"。正因为这样,所以它们所追求的,实际上不是"美",而是"性"的满足。这完全是本能的,世代相传的,与我们所说的"美",也不是一回事。

(3)墨子说:"异类不比。"③自然界与人类社会,既属于异类,我们无法把自然界的所谓"美"拿来和人类社会的美相比。庄子说:"毛嫱丽姬,人之所美也。鱼见之深入,鸟见之高飞,麋鹿见之决骤。四者熟知天下之正色哉?"这就是说,人、鱼、鸟、麋鹿,种类不同,因而它们之间没有共同的美感,我们不能把人所说

---

① 《比较心理学》,科学出版社1984年版,第588页。
② 达尔文:《物种起源》第1分册,商务印书馆1983年版,第107页。
③ 《墨子·经下》。

的美，强加于自然界，以为自然界也有这样的美。

（4）我们一般所说的自然界的美，是从人的立场出发，根据人的审美观点来谈的。黑格尔说，人用宝石来装饰自己，并不是为了要显示宝石的美，而是用宝石来显示人自己的美。我们常说，孔雀美，乌鸦丑，这也只是用我们人的审美观点，强加给孔雀和乌鸦的，孔雀和乌鸦是不会赞同我们的观点的。有一个童话，说孔雀妈妈送东西给她托儿所的女儿，因临时有事，转托乌鸦妈妈带去。乌鸦妈妈问："你的女儿叫什么名字？什么模样？"孔雀妈妈说："这不用问，你只看谁长得最美，那就是我的女儿了。"乌鸦妈妈到了托儿所，看来看去，觉得只有自己的乌鸦女儿最美，因此，就把东西给了自己的女儿。这只是一个童话，当然不会是真的。但它却说明了一个事实：那就是动植物的美不美，是从人的角度来看的。人从自己出发，觉得孔雀美、乌鸦丑，就认为孔雀是美的，乌鸦是丑的。其实，孔雀与乌鸦本身，并不承认这一讲法。

（5）另外还有一种讲法，认为人类是从动物发展起来的，因而人类对于颜色、声音、形状等的美感，是从动物遗传下来的，是在动物的基础上发展起来的。达尔文说："最简单的美感，就是对某种色彩、声音或形状所得到的快感。"而这种快感，是人与动物都相同的，因此，我们不能否认动物也有美感。对于这一种讲法，其实，达尔文本人也作了否定。首先，他认为动物的美感，除了性的选择外，就是生存的需要：

> 当我们看到吃叶子的昆虫是绿色的，吃树皮的昆虫是杂灰色的；高山的松鸡在冬季是白色的，而红松鸡则呈石南花色，我们必须相信这种颜色是为这些鸟和昆虫从危险中保存自己而服务的……所以自然选择便表现了如下的效果：给予各种松鸡

以适当的颜色,当它们一旦获得了这种颜色,自然选择就使这种颜色纯正地而且永久地保存下来。①

这样,动物对于颜色、声音、形状等的爱好,并不是自觉自愿的,而是本能的遗传,生存的需要。它和人能够按照"美的规律"来欣赏和创造整个世界,根本不能同日而语。其次,如果动物有美感,应当所有的动物都有,至少高级的动物都有。但事实上,只有极少数的动物有类似于人的美感。这种"类似",也只是人的一种"比德"。例如:看到小羊跪着吃乳,就说它"孝";看到鸳鸯并肩而游,就说它们有爱情。可是事实上,羊即不懂得孝,鸳鸯也不懂得爱情,它们更不懂得美。美不仅超过了动物的本能,而且也超过了人的低级的情欲。美是人超过自然,超过物质,而达到社会与精神的一个重要标志。当人还处于自然的动物状态的时候,他是不可能有美的。我们又怎么能够把美降低到动物的阶段,认为动物也有人一样的美感呢?

因此,认为动植物有美,从而到人类社会以前去找美,我们认为是没有意义的。美是人在对现实发生审美关系的过程中诞生的。人是这一审美关系的主体,美就是对人而言的。"世界的美",不在于自然,而在于人。美不是自然现象,而是社会现象。

那么,人为什么会成为"世界的美"?为什么只有人类社会才有美呢?这涉及了人的本质问题,我们将另文详加讨论。此地,我们只想指出一点:那就是人有自由意识。马克思说:人和动物的区别,首先在于人有意识,"有意识的生命活动直接把人跟动物的生

---

① 达尔文:《物种起源》第1分册,商务印书馆1983年版,第102页。

命活动区别开来"①。因为有意识，所以他不仅认识了作为主体的人，而且认识了作为客体的对象，并在主体与客体之间建立了种种关系。这些关系，有的是实用的，满足生理物质的需要，如肚子饿了，要把野兽捉来吃；有的是伦理的，满足群体的社会需要，如道德和法律的规范。所有这些关系，都是外在的，带有强制性的，不自由的。超出这些关系之外，主体与客体之间另外还有一种非强制的自由关系：主体对客体没有实际利害的要求，而只是一种形象的观赏，精神的满足。这就是审美关系，美就在这个关系中诞生。只有有了自由意识的人，才能和现实发生这种审美关系，因此，只有自由的人才能有美。当人还处在动物式的自然状态，还没有从物质的强迫和需要中解放出来，也就是说，当人还是不自由的时候，他虽然已经有了意识，但也还不能欣赏美。马克思说"忧心忡忡的穷人甚至对最美丽的景色都无动于衷"②，就是这个原因。正因为这样，所以美虽然产生于人与现实的关系之中，但它却超出于这个关系，它使人从现实的束缚中解放出来。黑格尔说："审美带有令人解放的性质，它让对象保持它的自由和无限，不把它作为有利于有限需要和意图的工具而起占有欲和加以利用。"③就很好地说明了这个问题。

人类的意识一方面把自己和客观世界区分开来，建立了主体与客体的关系，使客体不仅成为自己需要的源泉，而且成为自己观赏和自我实现的对象；另一方面，它又加强了"类"的意识，意识到自己是"人"，从而加强了人与人之间的联系。这在原始时代，由

---

① 马克思：《1844年经济学—哲学手稿》，第50页。
② 同上，第79~80页。
③ 黑格尔：《美学》第1卷，商务印书馆1982年版，第147页。

于生产力低下,人类的一切活动都是群体的,所以群体的意识远远超过个体的意识,占据社会的支配地位。他们的个体意识,也是以社会性的形式出现。他们没有个性,个性就在社会性之中。正因为这样,所以"共同感"的感情,在原始社会很强烈。他们捕捉到食物,固然都分而食之;他们对生活的忧患和欢乐,也都共而享之。判断美丑的感情,他们经常都是一致的。把门牙敲掉,他们认为是美的,于是就都把门牙敲掉。格罗塞在《艺术的起源》一书中,经过大量的调查研究后,得出结论说:

> 严格地说,"个人的艺术"这几个字,虽则可以想象得出,却到处都不能加以证实。无论什么时代,无论什么民族,艺术都是一种社会的表现,假使我们简单地拿它当作个人的现象,就立刻会不能了解它原来的性质和意义。①

这就是说,美不仅不是自然的现象,而且也不是个人的现象,而是作为社会的人才具有的社会现象。关于这一点,我有下列几点说明。

(1)美是一种社会的机能。按照现代系统论、控制论的讲法,人类的动物祖先和人类自己,都是一个自组织、自调节、自控制的开放系统。在这个系统中,每一个部分都是为了适应这一系统某方面的需要和机能,而后产生和形成的。例如碰到坚硬的东西,我们有痛感这个机能,于是就躲开它,以求得自我的生存。美也是人类社会的一种机能。首先,它使社会团结和统一起来。席勒说:

---

① 格罗塞:《艺术的起源》,商务印书馆1984年版,第39页。

只有美的交流才使社会统一起来,因为它涉及大家共同的东西。感官的快乐我们只能通过个体来享受,而不能通过我们生存的类来享受。我们不能把我们的感官快乐普遍化,因为我们不能把我们的个体普遍化。认识的快乐我们只能作为类来享受,因为在我们的判断中我们精心地排除了个体的任何痕迹……而只有美,当我们同时既作为个体又作为类,也就是作为类的代表时才能享受到它……只有美才能使全世界幸福,谁要是受到美的魔力的诱惑,他就会忘掉自己的局限。①

这就是说,感官的快乐只为个体而存在。例如喜欢吃辣椒的人,吃得汗淋淋的,浑身是劲;不吃辣椒的人,不仅体会不到这一快乐,而且感到寒毛凛凛。至于美,则从个体的感受扩大到具有同一文化层次的整个社会,扩大到作为人的整个"类";它不仅是个人的,而且是社会的、"类"的。谈起《红楼梦》,读过《红楼梦》的人,无不带劲。《红楼梦》的美,成了人与人间互通感情的一种联系。美的感情,从个人扩大到整个社会。正因为这样,所以美虽然具有鲜明的个性色彩,但它却把人们统一起来,成为社会团结的一个重要机能。

其次,美提高人,满足人精神的需要。人类社会和动物社会最大的一个差别,是人类要提高,不断前进,而动物则始终停留在原来的阶段,没有进步。动物的进化,也不是出于本身的自觉的努力,而是出于环境的逼迫,自然的选择。人类则不同,他不断地要求提高,要求进步,不仅超过动物,而且要超过人类自己。其所以能够这样,原因是多方面的,但人具有美和美感的机能,应当是一

---

① 席勒:《美育书简》,中国文联出版公司1984年版,第145~146页。

个重要的原因。我在《谈谈审美教育》一文中,曾经说:

> 人不同于动物,在于他能够进行有目的的生产。当他按照自己的目的,改造自然,使自然取得了符合他的目的的形态,他就感到满意和愉快,从而产生了美感。正因为这样,所以原始人的生活虽然极其简单,但他们已经有了爱美的需要,产生了爱美的天性。是这种爱美的天性,使人不满足于自然,而要有所创造。人类的创造性是和人对于美的爱好和追求分不开的。因为人能够爱美,所以他要求超过动物,超过自己,不断地把自己提高。[①]

因此,美是人类提高自己和超过自己的一种社会机能。有了这种机能,人就能够从野蛮走向文明;从单纯的自然的存在,走向自觉的有意识的精神存在。美是人类精神文明的结晶,它提高人的精神修养和精神境界。

(2)美要求有社会的共鸣。"自美"不美,一定要在他人和社会中引起反响和共鸣,方才美。康德说:

> 美只在社会里产生着兴趣……一个孤独的人在一荒岛上将不修饰他的茅舍,也不修饰自己,或寻找花卉,更不会寻找植物来装点自己。只在社会里他才想到,不仅做一个人,而且按照他的样式做一个文雅的人(文明的开始);因为作为一个文雅的人就是人们评赞一个这样的人,这人倾向并且善于把他的情感传达于别人,他不满足于独自的欣赏而未能在社会里和别

[①] 蒋孔阳:《美学与文艺评论集》,上海文艺出版社1986年版,第140页。

人共同感受。①

休谟更用"同情说"的观点,来说明人的审美的感情是需要共鸣的:"每一种快乐,在离群独享的时候,便会衰落下去,而每一种痛苦也就变得更加残酷而不可忍受。"因此,无论欢乐或痛苦,都需要有社会的共鸣。他还举了一个极端的例子:一个人至高无上,自然界一切都服从他的指挥,听从他去享受,"可是你至少要给他一个人,可以和他分享幸福,使他享受这个人的尊重和友谊,否则他仍然是一个十分可怜的人"②。因此,离开了他人的共鸣,再高的权威,也享受不到美。

由于美要得到旁人的分享和共鸣,所以托尔斯泰花了十五年工夫,把所有关于美和艺术的定义都找遍了,最后得出了一个结论:美和艺术是传达人与人间的感情的。艺术的力量,不在于它能给予人们以知识,不在于它能带来金钱和财富,而在于它能倾泻作者自己的感情,用来点燃他人的感情,从而产生强烈的社会共鸣:爱所应当爱的,恨所应当恨的。爱美而嫉丑,这就是艺术的强大的社会作用!

但是,是不是所有的感情都能引起人们的共鸣,都会被认为是美的呢?那也不见得,这得看这种感情是不是符合社会的利益。普列汉诺夫所说的守财奴因为失去金钱而痛哭的感情;尼禄为了写诗而放火烧掉罗马的感情;《奥塞罗》中伊阿哥那像毒蛇一样的嫉妒的感情;唐山大地震时,姚文元不顾人民的死活,却在那儿表现自我的"英雄"本色,矫揉造作,说什么"天崩地裂,面不改色"的

---

① 康德:《判断力批判》上卷,商务印书馆1964年版,第141页。
② 休谟:《人性论》下册,商务印书馆1980年版,第401页。

感情……所有这些感情，由于它们都不符合社会和人民的利益，所以都引不起共鸣。这样，它们不仅不是美的，而且是丑的。美的感情，一定要能引起社会的共鸣。

（3）美要有社会的解释和评价。京剧演员在台上唱戏，他唱一句，美，台下立刻掌声雷动。台上台下，相互交流和推动。台上唱得起劲，台下听得起劲。艺术的美，就这样经过艺术家与观众的相互解释和评价，从而不断扩大。解释学美学的伽达默尔，提出"视界融合"的讲法，说解释的主体与被解释的客体有着不同的"视界"。在解释的过程中，主体的视界与客体的视界不断融合，相互作用和影响，从而产生出新的主体与新的客体。因此，作品的美不是固定的，而是随着不同时代的读者的解释，而不断取得新的意义。正因为这样，所以有一千个读者，就有一千个莎士比亚。接受美学的尧斯，也说：

> 文学作品不是对于每个时代的读者都以同一种面貌出现的客体。它不是一座自言自语地宣告其超时代性质的纪念碑，而像一部乐队乐谱，时刻等待着在阅读活动中产生的。不断变化的反响，只有阅读活动才能将它从死的语言材料中拯救出来，并且赋予它现实的生命。①

因此，任何艺术作品，都"需要一个存在于它之外的动因，那就是观赏者"，"观赏者通过他在鉴赏时合作的创造活动，促使自己像普通所说的那样'解释'作品，或者像我宁愿说的那样，按其有

---

① 《盛行欧美的"接受美学"》，《文汇报》，1985年2月4日。

效性去'重建'作品"。[①]美和艺术离不开观者、听者,离不开社会的解释和评价。艺术的美,是在作者、作品和读者交互的作用中,共同创造出来的。格罗塞说:"艺术给予观众和听众的效果,绝非偶然或无关紧要的,乃是艺术家所切盼的……如果根本没有读者,诗人是绝不会做诗的。"[②]这都说明了,美不仅不要求独占,而且它的本质就是社会性的,它要求与旁人分享。诗人的快乐,在于他的诗引起了他人的阅读和重视。而我们读诗的人,每读到一首好诗,也恨不得找人谈谈,把我们所享受到的美分与旁人。艺术美是这样,自然美也不例外。我们游黄山,我们一路指指点点,把我们所欣赏到的美,传达给旁人。

这样,美不仅不是自然现象,而且也不是个人现象,它是在人与人的关系中所产生和创造出来的社会现象。这就因为作为"世界的美"的人,不是孤立的个人,而是处于一定社会历史关系中的人。只有把人放在社会关系中,人才能创造美,欣赏美,并成为"世界的美"。当然,如果将来外星人进入地球,或者地球的人进入太空,那时会不会出现不属于人的美,或者人不再是"世界的美",那就只有那时才知道了。人生有涯,人身微眇,宇宙无限,真理无穷。一切都处于不断地创造中。人在不断地创造,美也在不断地创造。因此,将来的美究竟怎样,我们只有俟诸将来了。

---

① 朱立元:《文学鉴赏的主体性——关于接受美学的断想》,《上海文学》1986年第5期。

② 格罗塞:《艺术的起源》,商务印书馆1984年版,第39页。

美是人的本质力量的对象化

内容提要：美离不开人，因而美的本质离不开人的本质。但抽象的人的本质概念，不能成为美；人的本质转化为具体的生命力量，在"人化的自然"中实现出来，对象化为自由的形象，这时才美。对于"美是人的本质力量的对象化"这一问题，本文从四个方面作了探讨：（1）历史的回顾；（2）人的本质力量；（3）自然的人化；（4）对象化。

一、历史的回顾

美是一个开放性的系统，它是多种因素多层积累的突创。单一的因素，不能成为美。但是，像足球比赛一样，二十二个运动员在场上跑来跑去，他们都围绕着足球这个中心转，美的各种因素也必须围绕着一个中心转。这个中心是什么呢？这就是人。美离不开人，是人创造了美，是人的本质决定了美的本质。人总是通过自己的实践活动，来把自己的本质力量在客观现实中实现出来，使现实"成为人自己本质力量的现实，一切对象也对他说来成为他自身的对象化"①。正是在这个意义上，我们说：美是人的本质力量的对象化。

什么是人的本质力量的对象化呢？希腊有一个神话，说那喀索斯是一个美男子。他经常坐在井边，顾影自怜，欣赏自己的美。后来不当心，掉进水里，化成了水仙花。水中的影子，就是那喀索斯的对象化。他欣赏自己的影子，就是欣赏自己的本质力量的对象化。我们每个人，不必一定都像那喀索斯那样痴情，但我们谁又不是自觉或不自觉地力图把我们自己的本质力量，尽量完美地在客观对象当中实现出来呢？木匠做桌子，总是希望用自己最好的本领和手艺，做出最好最美的桌子。画家画画，歌唱家唱歌，谁不希望画出最好的画？唱出最美的歌？甚至阿Q在临刑前，要他画圆圈，他还唯恐画得不圆。因此，人都希望把自己最好的本质力量展现出来，在客观现实中对象化。高尔基在《文学书简》中，曾经反复谈到这个问题。他说：

> 文学的任务、艺术的任务究竟是什么呢？就是把人身上的最好的、优美的、诚实的也就是最高贵的东西用颜色、字句、声音、形式表现出来。（《给皮雅特尼茨基》）
>
> 艺术的任务是什么呢？在我看来，艺术的精神就是力图用词句、色彩、声音把您的心灵中所自豪的、优美的东西都体现出来。（《给亚尔米采娃》）

高尔基没有提到人的本质力量的对象化，但他却事实上简明扼要而又清楚明白地把这个问题讲了出来。文学艺术的美，以及我们

---

① 马克思：《1844年经济学—哲学手稿》，人民出版社1979年版，第78页。

在实践生活中所欣赏和创造的美,都是我们人最好的或最高贵的本质力量,通过颜色、字句、声音、形式等物质形式,在客观对象中的对象化。这里,首先涉及的是作为主体的人,他具有欣赏和创造美的本质力量;其次,是作为客体的对象,要具有审美的属性,能够把人的本质力量,转化为颜色、声音等物质形式;第三,作为主体的人与作为客体的对象之间,发生相互转化和对象化的关系。因此,人的本质力量的对象化,包括了主体、客体和对象化三个方面以及它们之间的关系问题。古代的美学家,常常把主体与客体分离开来,甚至对立起来,所以他们虽然也有人猜测到了主体与客体相互对立、相互同构的一些想法,但他们都没有把主体和客体统一起来,而常常把美看成是某种外在于人的、单纯是客观的东西。有的把美看成是客观的物质属性,如对称、和谐等形式;有的把美看成客观的精神属性,如理念、神性等。

到了18世纪,英国的经验派方才从客体转移到了人的主体自身,着重从人的感觉经验来探讨美。他们通过探讨发现,是外物的某种形式或品质,适应了人的某种特殊的生理感官或心理结构,引起了快与不快的感情,于是产生了美。这样,他们已经在联系主体与客体的关系来探讨美了。在他们的基础上,康德又运用德国理性派先天理性的原则,力图要把来自客观的、个别的、特殊的审美对象的快与不快的感情,纳入主观的、先天的、具有普遍性和必然性的理性范畴。于是,人与自然、主体与客体的关系,得以沟通。康德的美学理论,就是要把客观对象的表象联系于主体的人,来进行研究。研究的结果,他认为美就是客观对象的形式符合了人的主观目的。主观的合目的性,是构成美的一个重要"契机"。是人的主观的快与不快的感情及其主观的普遍性,也就是人类的"共通感",形成了普遍有效的审美判断。因此,康德是从主观方面来统一主体与客体的。他把人的主体性结构看成是人的本质力量。人有主体性，他就能够以主观能动的态度，在客观世界中展开自己的本质力量了。因此，康德虽然还没有提出人的本质力量的"对象化"问题，但他却为这个问题开辟了道路。

最早提出"对象化"的是席勒。他在《审美教育书简》第二十六封信中，认为在人的外面存在着一个对象世界。劳动时，由于是强制的，人的本质力量受到压抑，因而得不到"对象化"。只有在游戏或者审美阶段时，人把对象放在外面来观照。这时，他所关心的，不是它的实际情况，而是它的"外观"。他说："对待现实不关心，并对外观发生兴趣，这是人性的真正扩大，并且是走向有教养的一个决定性的步骤。"那就是说，在对"外观"进行观照的时候，人解除了实用的束缚，自由地展开了自己的本质力量（人性），在对象当中看出了自己的"巧妙智慧：塑造它的那双充满爱抚的手，挑选推举它的那个活泼自由的心灵"（第二十七封信）。正因为这样，所以"外观"是"人的作品"，是人自己的创造。它反映了人自己，是人的本质力量的对象化，人在其中看到了自己。

黑格尔继承和发展了康德与席勒的讲法，从他自己的美学体系出发，全面地系统地阐述了"对象化"的理论。他说：

> 自然界事物只是直接的、一次的，而人作为心灵却复现他自己。因为他首先作为自然物而存在，其次他还为自己而存在，观照自己，认识自己，思考自己，只有通过这种自为的存在，人才是心灵……
>
> 人有一种冲动，要在直接呈现于他面前的外在事物之中实现他自己。人通过改变外在事物来达到这个目的，在这些外在事物上面刻下他自己内心生活的烙印，而且发现他自己的性格

在这些外在事物中复现了。人这样做，目的在于要以自由人的身份，去消除外在世界的那种顽强的疏远性，在事物的形状中他欣赏的只是他自己的外在现实……

人要把内在世界和外在世界作为对象，提升到心灵的意识面前，以便从这些对象中认识他自己。①

这就是说，在黑格尔看来，人的本质是心灵。他不仅作为自然物而存在，而且还要自己认识自己的存在。认识的方式，一是思想，一是实践。美和艺术就是以实践的方式来认识自己。所谓实践的方式，就是人以自己的行动去改变客观现实，在改变的过程中打上自己的烙印，实现自己的目的，从而一方面使本来是外在的事物心灵化、人化；另一方面则"在外在事物中进行自我创造"，使自我在外在事物中复现出来，对象化。"例如一个小男孩把石头抛在河水里，以惊奇的神色去看水中的圆圈，觉得这是一个作品，在这作品中他看出自己活动的结果。"②人的本质力量的对象化，就像小男孩以石投水一样，从自己活动的结果当中，去看出自己的作品，从而加以欣赏和赞叹。人类一切有意识的活动，都是人的本质力量的对象化。通过对象化，人"把存在于自己内心里的东西，为自己也为旁人，化成观照和认识的对象"③。因此，心灵在对象中的再现，或者理念的感性显现，是黑格尔对象化理论的核心。正因为这样，所以他是唯心主义的。

费尔巴哈一方面接受了黑格尔"对象化"的理论，另一方面却

---

① 黑格尔：《美学》第1卷，商务印书馆1979年版，第38~40页。
② 同上，第39页。
③ 同①，第40页。

又批判了黑格尔的唯心主义。他说黑格尔把"绝对理念"看成是最高的原则,把自然看成是"绝对理念"的"外在化",不过是一种改装了的神学,"只是用理性的说法来表达自然为上帝所创造、物质实体为非物质实体的、亦即抽象的实体所创造的神学学说"[①]。因此,他在《未来哲学原理》中,开头就说:"近代哲学的任务,是将上帝现实化和人化,就是说,将神学转变为人本学,将神学溶解为人本学。"正是从人本学出发,他否定了上帝和超自然的理念,认为唯一真实的存在,就是自然。人不是旁的,人也是一个自然的物质实体。自然是人存在的物质基础,也是人的对象。自然有多大,人的本质就有多大。由于人的本质取决于他所生活于其中的自然,所以人与自然的感性统一,成了费尔巴哈哲学和美学的出发点。回到自然,追求人的感性的幸福生活,这也就是美和艺术的源泉。美的本质,就是人在他所生活的世界中,把自己对象化,从而欣赏着这个世界。他说:

> 人照镜子;他对自己的形体有一种快感。这种快感是他的形体完满和美丽的一个必然的、自然的结果。美丽的形体是满足于自己的,它必然对自己有一种喜悦,它必然反映在自身之内。[②]

人的形体的美,是像照镜子一样,把自己的美丽,对象化在镜子当中。人的理性、感情、艺术等,也都只能是人的这些本质力量

[①] 费尔巴哈:《费尔巴哈哲学著作选集》上卷,三联书店1959年版,第114页。
[②] 费尔巴哈:《基督教的本质》,《十八世纪末—十九世纪初德国哲学》,商务印书馆1975年版,第549页。

自身的对象化：

> 理性的对象就是对象化的理性，感情的对象就是对象化的感情。如果你对音乐没有欣赏力，没有感情，那么你听到最美的音乐，也只是像听到耳边吹过的风，或者脚下流过的水一样。那么，当音调抓住了你的时候，是什么东西抓住了你呢？你在音调里听到了什么呢？难道你听到的不是你自己心的声音吗？因此感情只是向感情说话，感情只能为感情所了解，也就是只能为自己所了解——因此感情的对象只能是感情。①

这样，费尔巴哈把黑格尔心灵的对象化，或者理念的感性显现，改造成了人自身，也就是感性自然的对象化。这一点，影响到了马克思。马克思也认为人的本身就是自然，人是从自然"生成"起来的，"人的第一个对象，即人，是自然界、感性"②。费尔巴哈强调感觉，马克思也认为"人不仅在思维中，而且以全部感觉在对象世界中肯定自己"③。费尔巴哈谈到"类"，认为人是"类"的存在物；马克思也说"人的类的行为产生了人"。至于费尔巴哈关于音乐的一段话，马克思也差不多讲了同样的话："只有音乐才能激起人的音乐感，对于不辨音律的耳朵来说，最美的音乐也毫无意义。音乐对它来说不是对象，因为我的对象只能是我的本质力量之一的确证，从而，它只能像我的本质力量作为一种主体能力而自为地存

---

① 费尔巴哈：《基督教的本质》，《十八世纪末—十九世纪初德国哲学》，商务印书馆1975年版，第551页。

② 马克思：《1844年经济学—哲学手稿》，第82页。

③ 同上，第79页。

在着那样对我说来存在着。"① 因此，马克思关于人的本质力量对象化的观点，除了受到黑格尔的影响之外，同时也受到费尔巴哈的影响。

但是，无论是黑格尔或费尔巴哈，马克思都是既有继承又有批判。他把批判改造过的黑格尔的辩证的历史的观点，用来批判改造费尔巴哈的直观的唯物主义的观点，然后，建立了他自己的、以人类劳动实践为中介的、关于人的本质力量对象化的理论。这个理论，无论对于作为主体的人的本质力量，或者作为客体对象的自然，以及由于二者的关系所产生的"自然的人化"和"人的对象化"等问题，都作了十分精辟和透彻的论述。下面，我想对这些问题，分别作一些探讨。

二、人的本质力量

恩格斯称他和马克思的学说，是"在劳动发展史中找到了理解全部社会史的锁钥的新派别"②。因此，研究劳动及其在人类社会生活中的地位和作用，是马克思主义的一个重要课题。《1844年经济学—哲学手稿》，就是从劳动出发，来探讨人及其社会的本质的。马克思肯定了资产阶级国民经济学提出劳动价值的理论，但是批评他们，只看到劳动而看不到劳动的人，因而"把劳动者只是看作劳动的动物，只是看作仅仅具有最必要的肉体需要的牲畜"。③ 马克思反对他们的做法，探讨了人的劳动不同于动物的劳动的本质差别，探

---

① 马克思：《1844年经济学—哲学手稿》，第79页。
② 《马克思恩格斯选集》第4卷，人民出版社1972年版，第254页。
③ 同①，第13页。

讨了人是怎样通过劳动实践在改造客观世界的过程中改造了主观的世界，从而创造出了人类自身。因此，人的本质不是先天的，而是在劳动实践过程中创造出来的。劳动没有止境，永远在创造之中，因此人的本质也没有止境，永远在创造之中。人的本质在创造之中，作为人的本质力量对象化的美，自然也永远处于创造之中。那么，作为创造主体的人，他的本质力量究竟是什么？为什么他的本质力量的对象化，就会成为美？

黑格尔说，人是"能思考的意识"[①]。他是把意识当成人的本质。这一意识来自超自然的"绝对理念"。当"绝对理念"发展到精神阶段，也就是人的阶段，就表现为意识。当作为精神的心灵意识在客观事物的感性形象中显现出来，也就是对象化，这时就美。因此，人的本质和美的本质，都是精神性的。费尔巴哈不同意这一观点，认为人的本质不是精神性的意识，而是物质性的自然。作为自然的人的本质，是感觉、欲望、爱。他说："如果人的本质就是人所认为的至高本质，那么，在实践上，最高的和首要的基则，也必须是人对人的爱。"[②]什么是爱呢？在《未来哲学原理》中，他又说："爱就是情欲，只有情欲才是最高的标记。"在《幸福论》中，他又说："人的最内秘的本质不表现在'我思故我在'的命题中，而表现在'我欲故我爱'的命题中。"正因为这样，所以恩格斯说："归根到底，在费尔巴哈那里，性爱即使不是他的新宗教借以实现的最高形式，也是最高形式之一。"[③]

马克思否定了黑格尔和费尔巴哈各自片面的观点，认为人的

---

① 黑格尔：《美学》第1卷，商务印书馆1979年版，第36页。
② 费尔巴哈：《费尔巴哈哲学著作选集》下卷，三联书店1984年版，第315页。
③ 《马克思恩格斯选集》第4卷，人民出版社1972年版，第229页。

本质既不是抽象的精神属性，也不是抽象的物质属性。人应当是"现实的、活生生的人"①，"处在一定条件下进行的、现实的、可以通过经验观察到的发展过程中的人"②。这样的人，既有精神意识的属性，又有物质自然的属性。我们应当把它们统一起来，在人的"感性活动"中来理解人。所谓"感性活动"，就是实践。在实践中，人作为活动的主体，他首先就是一种自然的存在。"作为自然存在的，而且是有生命的自然存在的，人一方面有自然力、生命力，是能动的自然存在的，这些力量是作为禀赋和能力、作为情欲在他身上存在的；另一方面，作为自然的、有形体的、感性的、对象性的存在物，人和动植物一样，是受动的、受制约的和受限制的存在物。也就是说，他的情欲的对象是作为不依赖于他的对象而在他之外存在着的。但这些对象是他的需要的对象，这是表现和证实他的本质力量所必要的、重要的对象。"③那就是说，人作为自然存在物，他的本质力量，首先是他的自然力和生命力，他的自然禀赋和能力，他的情欲和需要。为了表现和证实这些本质力量，必须有存在于他外面的对象，也就是制约和限制他的自然。因此，无论从主观方面或是客观方面来说，人都离不开物质自然。他本身是物质自然，他又生活于物质自然之中。"我们连同我们的肉、血和头脑都是属于自然界、存在于自然界的。"④"没有自然界，没有外部的感性世界，劳动者就什么也不能制造。"⑤因此，自然的物质属性，自然的禀赋和能力，自然的情欲和需要，以及我们来自自然

---

① 《马克思恩格斯全集》第2卷，人民出版社1957年版，第118页。
② 《马克思恩格斯全集》第1卷，人民出版社1956年版，第31页。
③ 马克思：《1844年经济学—哲学手稿》，第120~121页。
④ 《马克思恩格斯选集》第3卷，人民出版社1972年版，第518页。
⑤ 马克思：《1844年经济学—哲学手稿》，第45页。

的生命力和创造力，都应当是人的本质力量，是人之所以为人的感性基础。

但是，如果人只有自然方面的属性，他就超越不了自然，永远停留在动物的阶段。人之所以为人，主要在于他能不断超越自然、动物，超越人自己，从而不断地从自然的动物生活上升到人的社会生活，从人的社会生活上升到理想的自由生活。人之所以能够不断地超越和提高自己，那是因为他有心灵和意识。有了心灵和意识，人就能够以自我为中心，建立一个主体世界。有了主体世界，人就具有强烈的自我意识和精神力量。这些精神力量，第一是能够认识自己和认识客观世界的思维力量；第二是能够强烈地实现自我愿望和目的的意志力量；第三是能够感受世界并能够表现主观的爱好和厌恶的感情力量。这些精神力量，都是自觉的，清醒地意识到自己是什么以及在干什么；都是有目的的，按照客观的规律有计划地实现自己的目的；都是富有创造性的，在改造客观自然的过程中创造出自然所没有的东西。正是自觉性、目的性和创造性等特点，使人的本质力量突破自然的物质束缚，向着精神的自由王国上升。人除了自然的本质力量之外，更具有了精神的本质力量。只有当人具有了精神的本质力量，他才告别动物，具有丰富复杂的内心生活和精神生活，成为真正的人。

因此，人的本质力量不是单一的，而是一个多元的、多层次的复合结构。在这个复合结构中，不仅既有物质属性，又有精神属性；而且在物质与精神交互影响之下，形成千千万万既是精神又是物质、既非精神又非物质的种种因素。而这些因素，随着社会历史的实践活动，随着人类生活的不断开展，又非铁板一块，万古不变，而是永远在进行新的排列组合，进行新的创造，从而永远呈现出新的性质和面貌。因此，人的本质力量，并不是固定不变的，而是万古常新的，永远在创造之中的。拿"食色性也"来说，这是人的本能的欲望，是人属于自然属性方面的本质力量，是人和动物所共有的。如果只停留在自然的动物阶段，把它们"同其他人类活动割裂开来，并使它们成为最后的和唯一的终极目的，那么，在这样的抽象中，它们就具有动物的性质"[①]。可是，当它们一旦进入到人类社会生活之中，与人类整个的文化活动结合起来，它们就不仅是自然的情欲，而是发生了质的变化，成为人类文化生活中重要的组成部分，那就是美食和爱情。这就不仅和动物的食色有了根本的差别，而且随着人类社会实践的发展，它们不断取得新的内容和意义。这一例子说明了，即使是自然属性，也只有当它们进入人类社会生活之中，成为"属人"的，这时才能成为人的本质力量。生理的自然的东西，是不能成为人的本质力量的。人的各种感觉器官和思维器官，本来都是人的生理结构，都是自然的产物，都只具有自然的属性。但在社会历史文化的培育和锻炼下，它们都不再只是自然的器官，而是同时发展成为精神的器官。人类具有丰富复杂的社会内容和历史内容的思想感情，都是通过它们表现出来的。马克思所说的能听音乐的耳朵、能看绘画的形式美的眼睛，以及恩格斯所说的能够雕刻和弹钢琴的手，都是这样的感觉器官。就其自然属性的能力来说，可能不及某些动物；但就其社会历史的意义来说，却远远超过了任何的动物，从自然的器官变成了"属人"的社会的器官。

因此，无论自然属性或精神属性，当它们作为人的本质力量表现出来的时候，它们都离不开社会性，都是社会历史的产物。就在这个意义上，马克思说："人的本质并不是单个人所固有的抽象物，

---

① 马克思：《1844年经济学—哲学手稿》，第48页。

在其现实性上，它是一切社会关系的总和。"①在这个总和中，自然属性与精神属性，在社会历史的实践过程中，经过种种交错复杂的关系，共同构成了人的本质。这种本质，不是多种因素的量的聚合，而是灌注到个性鲜明的生命个体当中，成为一个有机的生命整体。马克思说："人以一种全面的方式，也就是说，作为一个完整的人，把自己的全面的本质据为己有。"②就是指这个意思。但是，人的本质虽然是完整的、全面的，不过在实际的现实生活中，为了应付不同方面的需要，我们往往不是全面地展开我们作为人的本质力量，而只是以自己某一方面的本质力量去和现实的某一方面发生关系。例如肚子饿了，我们就只是以我们的口舌肠胃，去和现实的食物发生关系。可是在审美关系中，情况就不同了。我们既要以我们物质的生理感官，自然的本质力量，去和现实发生关系；又要调动我们的各种心理功能，精神的本质力量，去和现实发生关系。不仅这样，我们的思想、意志和感情，我们的知识修养、文化素质以及人格力量，我们的爱好、趣味和审美能力，都一起调动起来，活跃起来，然后我们以一个完整的人，全面地扑在对象上。正因为这样，所以处于审美关系中的人，才是全面的人，丰富的人，完整的人。我们说美是人的本质力量的对象化，就是说，人在审美活动的时候，把自己的本质力量，全面地在对象当中展现出来。

因为人是一个有生命的有机整体，所以人的本质力量不是抽象的概念，而是生生不已的活泼泼的生命力量。抽象的概念可以对象化，但对象化出来的，或者是抽象的理论思维，或者是这一理论思维的图解，而不可能是富有生命力的活的形象。只有本身是充满了

---

① 《马克思恩格斯选集》第1卷，人民出版社1972年版，第18页。
② 同上，第77页。

生命力的活的本质力量，才能对象化为同样是充满了生命力的活的形象。美离不开活的形象，因此，美只能是充满了生命力的本质力量的对象化，而不可能是本质概念的对象化。

人都有本质力量。每一个具有自我意识的人，都力图把自己的本质力量，通过实践的活动，最充分最彻底地表现出来。当一个人的本质力量得到了完美的表现，实现了自己的目的和愿望，达到了自己的要求，于是，就感到满足、幸福、愉快，感到自己与现实的关系，是和谐而自由的，这时，就产生了美。人有深浅高低、雅俗美丑，因此，人的本质力量是各不相同的。不是陶渊明，写不出"采菊东篱下，悠然见南山"；不是文天祥，也写不出"人生自古谁无死，留取丹心照汗青"。每个人都按照自己的本质力量，表现自己，塑造自己的形象。你有什么样的思想感情，什么样的聪明才智，什么样的颖悟和创造力，什么样的品德和价值，一句话，你有什么样的本质力量，你必然会欣赏和创造什么样的美，从而把你自己塑造为什么样的形象。董卓说："吾为天下大计，岂惜小民哉！"[①]他自以为他是在"为天下大计"，然而他把他的"大计"与"小民"对立起来，牺牲"小民"去完成他的"大计"。这就充分暴露了他的狼子野心，表现了他的奸臣贼子的本质力量。

因此，一个人的本质力量，固然无法伪造，却也无法隐瞒。美是人生最高的理想和价值之一，更是无法伪造和隐瞒。我们每个人只能诚诚恳恳地、踏踏实实地到客观现实生活中，去锻炼和提高我们的本质力量，使之对象化。只有这时，我们才能真正欣赏客观现实生活中的美，创造客观现实生活中的美。

---

① 罗贯中：《三国演义》。

三、自然的人化

美是人的本质力量的对象化,但什么对象能够把人的本质力量对象化呢?我们说,整个大千世界,从自然现象到社会现象,都是人类的对象。它们都是马克思说的"人化了的自然界"或者"自然的人化"。这不是说,自然化成了人,或者人化成了自然,而只是说,自然与人发生了关系,打上了人的烙印,着上了人的色彩,人"通过实践创造对象世界"。例如"天高云淡",天和云都是自然现象,本来与人无关,但我们说它高,说它淡,这就与人发生了关系,着上了人的色彩,成为人化的自然。只有人化了的自然,才能与人发生审美的关系,人的本质力量才能在它的上面显现出来,成为人的审美对象。因此,从主体方面说,美不美,在于人的本质力量;但从客体方面来说,美不美,则在于对象(自然)是不是人化,是不是与人发生了关系。

由于自然与人的关系多种多样,以及自然的性质和人的本质力量都是千差万别,因此自然的人化,无论从途径或方式方面来说,都是多种多样的。大致说来,主要有下列几种情况。

(1)通过劳动实践,人直接改造自然,使自然服从人的需要,成为人的"无机的身体"。整个人类的物质文明,都是自然这种"人化"的结果。在这一"人化"的过程中,人不仅改变了自然的形态,而且实现了人自身的目的。因此,自然不再仅仅是物质,而且也灌注进了人的精神。例如,原始人把一块石头磨制成一把石刀。石刀里灌注进了他的愿望、目的和感情,因而不再是原来外在于人的石头,而是使人感到亲切的"作品"。他爱抚它、欣赏它和喜欢它。这时,石刀实现了人的本质力量,不仅是实用的,而且是审美的。因此，自然的"人化"，首先就是通过劳动实践，使自然成为人的"作品"。人是以他自己的作品，作为审美的对象的。

（2）人的劳动并不直接改造自然，但却通过想象和幻想，来自由地支配和安排自然，使自然从自然的规律中解放出来，变成符合人的主观希望的自由形象。例如岑参写塞外的雪花，"忽如一夜春风来，千树万树梨花开"。塞外的雪花是自然现象，诗人不可能对它进行任何的改造；但它进入了诗人的想象之后，诗人却可以自由地呼唤它，驱使它，使之从自然的规律中解放出来，成为千树万树的梨花。这时的自然，不再是原来的自然，而是人格化了的自然。自然的人格化，也是一种人化。作为审美对象的自然，常常是人格化了的自然。

（3）有的自然，人不仅没有经过劳动来加以改造，也没有经过想象和幻想来自由地加以驱唤，而只是以它们本身特殊的物质结构形式和自然景观，来抒发他的胸怀和意气，来表现他的思想和感情。自然风景，就是这样。我们徘徊于西湖之滨，攀登于黄山之上，目与云飞，心随水流。自然还是原来的自然，没有一丝一毫的变化，但却与人相亲相依。我们禁不住把自己的感情倾泻在上面，把自己的感慨寄托在上面。这样的自然，当然也是人化的自然，也是人的审美的对象。

（4）自然的属性是多方面的，多层次的。它在与人发生关系的过程中，并不是一次性地把所有的属性都展现出来，而是根据人的目的和需要，以及人的本质力量所达到的程度，逐次地一部分一部分地展现出来。这样，自然的人化就有一个不断深化、不断丰富的过程。首先，有一个由潜在到现实的过程。和氏璧就是一个例子。和氏璧具有潜在的美的性质，但因为一般人的本质力量还达不到，所以不能发现它的美。经过治理以后，它的美方才被发掘出来。这发掘的过程，就是和氏璧人化的过程。其次，由于人与自然的关系的变化，因而自然呈现出不同的人化的形式。在一个时期以为美的，在另一个时期并不以为美；在一个地方以为美的，到另一个地方并不以为美。这里变化的，主要不是自然本身，而是自然的人化。例如鸱鸮，在《诗经》和先秦的青铜器中，都被当成吉祥的象征，当成美的装饰来歌颂；可是到了秦汉以后，鸱鸮却变成了不祥的象征，当成丑来诅咒。鸱鸮还是鸱鸮，它本身并无任何改变，但因与人的关系发生了改变，取得了不同的人化的意义，因而它的审美价值也就不同了。第三，各个民族由于文化传统与心理结构的不同，他们与自然发生的关系不同，因而他们对于自然的人化，也就不同。白皮肤的妇女用粉和白垩来增加自己的白，以为这是美的；黑皮肤的妇女则用炭粉和油质来增加她们的黑，以为愈黑愈美。[①]第四，人与自然的关系，始终是通过具有个性的人来进行的。个性的千差万别，必然造成自然的人化的千差万别。那就是说，自然的人化也是有个性的。是有个性的"自然的人化"，造成了有个性的"人化的自然"。正因为这样，作为审美对象的客体的自然，像作为审美主体的人一样，都是极其丰富多彩的，富有个性的。

（5）并不是所有的自然，都能人化。例如外宇宙，或者大爆炸以前的宇宙，不仅人的生产力、认识力达不到，就是人的想象或幻想，也还达不到。这样的自然，我们不能说不存在，但它们还不是人的对象，人的本质力量还无从在它们那儿显现，因此，它们还不是人化的自然。这样的自然，还不具备审美的价值和意义，还不能成为审美的对象。审美的对象，应当是人化的自然。

人化的自然，一方面离不开人，另一方面离不开自然。自然是

[①] 格罗塞：《艺术的起源》，商务印书馆1984年版，第44页。

物质基础,既指实实在在地存在于人类之外的物质世界,又指人类自身的生理结构和感觉器官。它们构成了审美的客观对象,规定了审美活动的物质形式。一切审美形式,都是客观自然的物质结构系统与人的主观生理心理的感知结构系统,相互对立和适应,然后产生和形成起来的。但是,仅仅有自然的物质形式,还不能成为美。更需要有人的主观精神,有充满了人的生气的本质力量,灌注进去,使之活起来,成为生动的活的形象,这时才美。黄山的石头,不论它是什么样的一块石头,其本身都无所谓美不美。但通过人的想象,把人的生命力灌注进去,使之活起来,成为猴子观海、猪八戒吃西瓜,或者其他的形象,这时石头就美了。因此,人化的关键还在于人。必须有人,自然才能人化,才能美。人怎样才能使自然人化呢?这里,一方面,人必须熟悉自然,尊重自然,遵守自然的规律;另一方面,他又必须超过自然,从自然中超脱出来,从自然的必然规律中解放出来,进行自由的想象和创造。这样,自然的人化,也可以说是人对于自然的解放。人在不违背自然规律的条件下,解放了自然,使之向着人的方向提高,从没有生命和自由,变得有生命和自由。因此,当人还处于自然的状态时,盲目地受自然规律的束缚,他虽然天天与自然打交道,但却欣赏不到自然的美。原始人处在鲜花盛开的大自然中,可就是不能欣赏鲜花的美。只有当人脱离自然状态,有了文化和个性,超过自然,然后再回到自然中去,把自己超过自然的本质力量,灌注到自然中去,重新在自然中显现出来,他人才像掌握了打开自然的神秘大殿的咒语,自然的金山宝山,自然的美,才会对他开放。正因为这样,所以我们说,作为审美对象的客体,不是原始的自然,而是人化了的自然。

但是,有的同志反对自然的人化的提法。他们的理由主要有两点:

第一，自然始终存在着人化与未经人化的两个部分，我们不能把人化的自然当成整个自然，从而认为人的审美对象只是人化了的自然。这一点，我们有同意的地方，也有不同意的地方。同意的地方是，自然的确存在着人化与未经人化的两个部分。而且不管人类怎样进步，上有宇宙飞船，下有深海探测器，但比较起自然来，人始终是渺小的，始终有人所"化"不到的地方。不同意的则是，我们不能因为有未经人化的自然，就否定人化的自然。整个人类的文明，都是自然人化的结果。作为审美对象的，只能是这一人化了的自然。至于未经人化的自然，虽然客观上和逻辑上都存在，但因为不在人的本质力量对象化的范围内，所以不能成为人的审美对象。

第二，有的自然虽然与人发生了关系，但人不能对它起任何作用，怎么能说是人化自然呢？例如太阳，只有太阳作用于人，影响于人，没有太阳，就没有人类。反过来，人能对太阳起什么作用呢？没有人类，太阳不减其任何东西。这样，只有太阳化人，而不是人化太阳。对于这一说法，我们认为主要是对"人化"的理解不同。人化并不一定要求对自然本身起作用，而只要通过自然，反映出人的本质力量，在自然中找回人自身的回响和反应，表现出人的思想和感情，就是自然的人化了。拿太阳来说，有"如惔如焚"①，烈如铄金的时候；也有"杲杲出日"②，风和日丽的时候。正因为这样，所以它和人发生了不同的关系。在前一种情况下，太阳对人是敌视的；在后一种情况下，太阳对人是亲切的；就是通过太阳与人的不同关系，表现了人的不同思想感情。在这里，无论在哪种情况下，都不是太阳通过人来表现太阳，而只能是人通过太阳来表现

---

① 《诗经·云汉》
② 《诗经·伯兮》

人。所谓自然的人格化，也可以说就是人通过自然来表现人。它的起点和终点都是人，目的也是人，那么，我们怎么能说自然化人，而不是人化自然呢？

最后，我们还要说明的，是自然可以向人靠拢，和人发生关系，为人服务，可以人化；但自然仍然是自然，人仍然是人，自然绝不能变成人，变成社会。"杂花生树，群莺乱飞。"这里着一"生"字和"乱"字，就将人的感情赋予了杂花和群莺，从而使它们人化，成为审美的对象。但杂花仍然是杂花，群莺仍然是群莺，无论怎么说，它们都不是人。因此，自然虽然可以"人化"，但自然仍然是自然，仍然与人有差别，我们不能把人与自然等同起来。而且，在自然人化的过程中，只能是自然人化，而不可倒过来，说人自然化。自然人化，是从自然状态向着文明状态前进；而人自然化，则是从人的文明状态向着自然的野蛮状态倒退。这样，人将失其为人。因此，探讨美的本质问题，我们所要谈的，只能是自然的人化。这里关键的问题，是人的本质力量进入到自然之中，使自然在某种程度上具有人的性质，适应人的需要，实现人的目的，表现出人的精神和情趣。那么，人的本质力量怎么能进入到本质上不是人的自然之中呢？这就涉及对象化的问题了。

四、对象化

人都有爱的本能欲望，选择和确定爱的对象，并把自己爱的感情全部倾注到对象中去，这时就产生了爱情。在人与自然的关系中，人在自然中选择对象、发现对象，把自己全部生命的本质力量灌注进去，使对象活起来，成为自己的自我实现和自我创造，这时就产生了"对象化"。因此，"对象化"是人"化"到对象中去，然后再从对象中表现出来，使对象成为自己的"作品"。这里面，既有对象的性质和特点，也有人本身的性质和特点。例如演员演戏，一方面，他要服从角色的要求，塑造出角色的形象；另一方面，他又根据自己的理解和兴趣，把自己塑造到角色当中。这样，他不仅塑造了角色的形象，同时也塑造了自我的形象。我们每个人，生活在现实生活中，都在不断地按照"对象化"的原则，塑造自我的形象。我们穿衣服，穿的不仅是衣服，还同时表现了自我的气度和风度；我们布置房间，布置的不仅是桌椅橱窗，还同时表现了自我的爱好与修养。我们周围处处都有对象，我们处处都在与对象打交道，而就在打交道的过程中，我们"化"到了对象中去，对象变成了自我的表现和确证。所在者存，所过者化，人只要活着，只要与周围的对象发生关系，他就不能不留下他的烙印和色彩。孔子说"视其所以，观其所由，察其所安，人焉瘦哉"就是这个意思。因此，人家把你看成什么样的人，问题不在于人家，而在于你自己是怎样把自己"对象化"的，在于你通过自己的实践活动，把自己塑造成了什么样的形象。

人是怎样通过"对象化"的活动，在对象当中塑造出自我的形象来的呢？关于这个问题，我想谈几点意见。

第一，"对象化"当然首先得有对象。所谓有对象，是说要有对象的意识。动物生活在自然之中，与自然混而为一，它就没有把自然当成对象，因而也就没有对象的意识。因为没有对象的意识，所以也就没有对象化的要求。可是人不同。人一方面来源于自然，本身就是自然；但另一方面，劳动却使他与自然分开，他把自然当成劳动的对象。马克思说："劳动与劳动对象结合着。劳动是对象化了，对象是被加工了。"① 那就是说，对象化的含义，来自劳动。劳动使人和自然分开，自然成为劳动的对象；同时，劳动又使人和自然结合，经过劳动，人按照自己的目的，在不违反自然的前提下，改造自然，使自然成为"人化了的自然界"。正是这一"人化了的自然界"，不仅是客观的自然界，而且是人意识到的自然界。对象化的对象，就是人所意识到的客观的自然界。其次，因为对象是意识到的对象，所以人就有意识地要在对象中实现自己的目的，要对象化。这样，他对于对象的性质和特点，就不仅要熟悉，而且要充满了人的感情。文学家艺术家，对于他们所描写的对象，都必须是非常熟悉的，充满了感情的。叶梦得谈到杜甫的诗，有一段议论说：

> 诗语固忌用巧太过，然缘情体物，自有天然。工妙虽巧而不见刻削之痕。老杜"细雨鱼儿出，微风燕子斜"，此十字确无一字虚设。细雨著水面为沤，鱼常上游为沰，著大雨则伏而不出矣。燕体轻弱，风猛则不能腾，唯微风乃受以为势，故又有"轻燕受风斜"之语。至"穿花蛱蝶深深见，点水蜻蜓款款风。""深深"字若无"穿"字，"款款"字若无"点"字，皆无以见其精微。②

这是说，杜甫的诗之所以精微巧妙，是因为他"缘情体物"，深刻地熟悉对象，清醒地意识到他所描写的对象，掌握了对象的性质和特点，所以他能"化"进去。对象化首先要"化"到对象中去。这样，对于对象的熟悉、理解，就显得十分重要了。我们的文艺理

---

① 马克思：《资本论》第1卷，人民出版社1953年版，第196页。
② 叶梦得：《石林诗话》（下）。

论,强调"深入生活",我想也是这个意思。

第二,"对象化"建立在人与自然的关系上。自然是人化了的自然,是成了人的对象的自然。而人呢?人以什么"化"到对象中去,使对象成为人的本质力量的显现呢?我们说,人的本质力量是一种多元因素的复合结构,主要有来自自然物质的本能欲望和来自精神文化的社会价值与道德规范。这两方面的对立统一,构成了不同的文化结构。大致说来,19世纪以前的意识形态以哲学伦理学为主,强调社会价值和道德规范。这种价值和规范,主要的又有两种类型:一是宗教型。认为人的价值和规范,来自超自然的上帝或神,人要按照神的启示去生活。人的本质力量,就是神性在人身上的显现。这时,只有显示神性的灵魂才是美的,而妨害灵魂显现神性的肉体,则是丑的。中世纪的宗教画,人的形象都清瘦枯癯,缺乏现实性,就是著名的例子。另一种类型则是哲学型。把超越于个别存在与实体存在的永恒理性,当成人的价值和规范,认为人的本质力量就是理性,人应当按照理性所制定的模式来生活。因此,对人类的生活与命运进行哲学的沉思,通过个别的艺术形象以追求普遍性的永恒价值和意蕴,成了这一个时期文学家艺术家共同的美学理想。17世纪的古典主义,可以说是代表。以上两种类型,都力求探讨人的本质力量的"类"的特性,而把美的光环奉献给超越自然的、超越现实的、富有思辨性的、理想性的某种非物质性的实体上。他们都在努力建立"用之四海而皆准,行之百世而不惑"的价值观和道德观。

近代自然科学的发展,不仅打破了人与动物的界限,而且打破了精神与物质的界限;不仅推翻了上帝创世说的神话,而且推翻了理性万能这一一度被认为是颠扑不破的真理。对于人的本质力量,不再是从哲学伦理学上来作思辨性的探讨,而是以科学实验的方式对其进行生物学的、物理、化学的研究。就在这种研究的趋向中，科学的心理学蓬勃发展，形成了众多的流派。在这些流派中，有两派特别值得我们重视：一是冯特以来的实验心理学。它把人当作行动中的动物，受刺激与反应这一自然规律的支配；二是弗洛伊德的精神分析学。它透过人的意识层，挖掘出无意识的本能欲望，并把这一本能欲望说成是人之所以为人的本质力量。这两种心理学，都否认超现实的社会价值和道德规范，而把人还原为动物。它们的特点和贡献，一是打破了关于人的神秘的形而上学的观点，以实证的态度对人进行实事求是的研究；二是把过去为哲学伦理学所割断了的人与自然的关系，重新联系起来，从而发掘了人所本来具备的自然方面的本质力量。

但是，发掘了人本来所具备的自然方面的本质力量，不等于说人就是自然。人始终依靠自然而又超过自然。人的行为，按照马克思主义的观点，始终是有目的和有意识的。有目的有意识的行为，不断给人树立新的标准，不断给人创立新的价值和规范。如果说，自然科学发现了人的自然本性和自然规律；那么，社会科学则发现和制定了人的社会价值和道德规范。不过，这种社会价值和道德规范，不再是过去的上帝或圣哲所先天地确定的，而是人在自己的实践生活中，自己对自己的发现，自己对自己的要求。这个要求，就是把人可能存在的潜力和创造力，全部丰富地发展起来，使它们达到最高的可能性。例如游泳，人的游泳能力并不表现在能够下水游泳，而表现在游泳冠军所达到的水平。我们要求人的游泳能力向冠军或超冠军前进。这样，我们把自己的本质力量对象化，这对象化的，应当是人在自然的基础上，根据社会的要求，所达到的最高水平。这个最高水平，就是价值和规范。首先，它不是单一的、形而上的，而是人的自然物质的、精神文明的以及社会历史的各方面的本质力量所"完形"的统一；其次，它不是固定的、不变的，而是在生活的实践中，不断创造、不断发展的。所谓今日之我非昨日之我，明日之我又将非今日之我，就是这个意思。最后，它不是先天的、形而上的，而是具体地物化在现实生活中，溶化在人的生命与生活之中。处在创造性生活中的人的存在，也就是人的价值和规范。人的对象化，事实上就是不断地把自己的生活，把自己的生命力和创造力，转化为有意义的、具有价值的规范性的存在。因此，对象化是人对于自身存在的肯定和确证，它既是现实的，又是理想的。说它是现实的，因为人的生活本来每天都在对象化；说它是理想的，因为人总是用高标准来要求自己，正好像运动员每次都希望打破自己的纪录，以发挥出自己最大的潜力和水平。因此，我们不满足于过去的哲学伦理学，用先天的理性范畴来规定人的行为标准，按照固定的模式来塑造人的形象；但我们也不满足于近代自然科学把人还原为动物，单纯地满足于他们生理的动机和欲望；我们希望人以自己最优秀最突出的本质力量，在自己实践的生活中，把自己对象化，使人的对象世界，成为人所能实现的最美好的世界。

第三，马克思说："劳动的对象是人的类的生活的对象化：人不仅像在意识中所发生的那样在精神上把自己划分为二，而且在实践中、在现实中把自己划分为二，并且在他所创造的世界中直观自身。"这是说，对象化是以两种方式来进行的。一是理论的方式，二是实践的方式。理论的方式是"在精神上把自己划分为二"。例如哲学家思考一个哲学命题，一方面是能思考的哲学家的我，另一方面是被思考的客观的问题。无论哪一方面，都只能存在于哲学家的思维之中，并不取得物质存在的直观形式。实践的方式，则是"在实践中、在现实中把自己划分为二"。那就是说，人的本质力量要结合客观现实的物质材料，来进行对象化。一方面是主体的人，在生活，在行动，在创造；另一方面则是具体的物质世界，以及人的行动加在物质世界上所创造出来的产品。这个产品，是他的创造物，他从其中，看到了自己，"直观自身"。因此，实践方式的对象化，事实上就是形象化。一切审美活动和艺术创造，都是以形象化的实践方式来进行的。在这里，首先，人的本质力量不是抽象的概念，而是活泼泼的生命力量。这些生命力量在人的感性活动中，与人的感觉器官结合一道，在改造客观对象的当中，转移到客观对象中去。例如木匠，通过刨、锯、凿、砍等感性的实践活动，把自己的技艺、本领和愿望，转移到木料之中，使木料变成他所希望的产品。画家画画，诗人写诗，都是通过自己耳、目之器官的感性活动，把颜色、词句、笔墨、韵律等组织起来，用来表达自己的感受和体会，从而创造出逼肖现实而又气韵生动的艺术形象。因此，作为实践方式的对象化，本身就是一种实践的活动。其次，人的实践活动，加在客观的物质世界的上面，必然要改变或突破物质世界原来的自然形式，取得表现人的本质力量的新的形式，也就是说，使客观世界从第一自然变成第二自然。这第二自然，是人所创造的形象。它虽然仍然保存着第一自然的物质材料，但却服从人的目的和需要，渗透进了人的感情、意识和理性，将原来的物质形式，改造成为克莱夫·贝尔所说的"有意味的形式"。这时的形式，充满了人的感情，浸透了人的内容和意义。它不仅是物质性的，同时也是精神性的。最后，对象化在"化"的过程中，作为主体的人，不仅不是外在的，而且也不是旁观的，他是以自己的整个生命力量，投进去，与"化"俱化。苏东坡说文与可画竹："其身与竹化，无穷也清新"。那就是说，文与可的整个生命在竹子当中得到了对象化，因而能够有不尽的生意，无穷的创新。正因为这样，所以对象化不是清一色的，而是人各其异的。各人的禀赋、能力、技巧、爱好、信念等各不相同,他们所化进去的大千世界,也是林林总总,千差万别。因此,他们的对象化,就各有自己的个性特点,充满了独特的情趣和风格。过去有许多人写月亮,但因为各人和月亮所发生的对象化的关系不同,因而各人写出了不同的月亮。到了李商隐的《嫦娥》一诗,他又别出新意,写成了:

> 云母屏风烛影深,长河渐落晓星沉。
> 嫦娥应悔偷灵药,碧海青天夜夜心。

这里,诗人用了"碧海""青天""夜夜"等词汇,来描写无穷无尽的时间和空间,然后用它们来突出一个"心"字。在无穷无尽的时间和空间中,宇宙无垠,"心"又有什么呢?不过是空虚、寂寞和冷漠!这样,无垠还有什么意义?永恒还有什么意义?诗人以其特殊的本质力量,以独具特色的对象化的方式,化到月亮这一无人注意的特殊方面,从而取得了特殊的审美效果和审美价值。因此,由于对象化的个性化,它所创造的美,就永不重复,恒变恒新!

第四,对象化还是双向的,而不是单向的。那就是说,不仅人的本质力量化到对象中,通过对象的形象显现出来;而且对象的性质和特征,也制约着人的本质力量的显现。这就好像孙悟空与金箍棒,二者密切不可分。孙悟空的神力,显现在金箍棒当中;而金箍棒的性质与功能,也只有到了孙悟空的手中,才能得到充分发挥。人与物,情与景,人的本质力量与对象,相互依存,相互转化。正因为这样,所以通过人的本质力量的对象化所创造出来的美的形象,一方面表现了作为主体的人的修养和水平,另一方面则反映了作为客体对象的现实生活的深度和广度。单纯的客观性,没有人的感情和生命,不可能美;单纯的主观性,缺乏生命所活动的对象,空洞枯燥，也不可能美。歌德说，单纯描写自己主观性的诗人，写不了几次，就肠枯才尽，没有什么东西可写。只有植根于客观现实生活之中，把它当作创作的源泉，现实生活无穷无尽，因而他的创作才会无穷无尽。这样，对象化就不是把自己仅有的一点本质力量，"化"到对象中去；而是双向反馈，让客观现实生活中的种种矛盾、关系、特征和面貌，像浪潮一样地卷到我们的四周，充实和提高我们的本质力量。然后，再把提高了的本质力量，"化"到更为广阔的现实生活中去。如此循环不已，相得益彰，对象化成为一个不断丰富、不断完善、不断创造的过程。在这个过程中，因为"化"到了客观的现实生活中去，所以能够极其真实地、富有特征地反映出客观的现实生活。同时，又处处闪耀出人的本质力量的光辉，像水晶球一般鲜明地表现出他主观的是非好恶，表现出他的精神面貌。这样的艺术形象，既真实，又动人；既有生活的深度，又有炽烈的感情。它能打动人，具有强大的艺术感染力量，也就很自然了。

总之，对象化是一个极其复杂的过程。人的实践活动，艺术创作和形象化的全部问题，都包括在里面。对象化的结果，是人的产品。美的产品，只能是形象。谁也没有办法，用讲课的方式，把西湖的美讲给人听。要懂得西湖的美，就得到西湖去，让西湖的形象占有你，你就心领神会了。因此，美离不开形象。美之所以是人的本质力量的对象化，归根到底，是因为人的本质力量经过对象化之后，变成了形象。形象是人与自然的统一，是人的本质力量与对象的统一。我们说，美是人的本质力量的对象化，事实上是在说，美是人按照美的规律所创造的形象。

美是自由的形象

美是人的本质力量的对象化,是说人按照美的规律,按照对象的性质和特征,在对象中进行自我创造,从而把对象塑造成为美的形象。凡是美,都是形象。面对形象,不能单凭理智来理解,而要通过感性的形式,通过感情和想象,来进行感受和感知。那也就是说,理智化成了感情,溶解到感性的形式中,溶化成为"感"与"知"相统一的形象。《红楼梦》的作者,人情练达,世事洞明,他所懂得和理解的东西非常之多。但他的这些"懂得"和"理解",都不是表现为理智的理论形式,而是融化到贾宝玉、林黛玉等这样一些光辉的艺术形象之中。因此,美离不开形象。我们要到形象中,去探讨和追求美。

但是,天下的形象非常之多。不仅不是所有的形象都是美的,而且像亚里士多德所说:"自然间种种形式往往包含着相对的性质——不仅有齐整与美丽,还有杂乱与丑陋,而坏的事物常多于好的,不漂亮的常多于漂亮的。"[①]拿自然风景来说,我们走遍天下,试问能有几个西湖?能有几座黄山?拿文艺作品来说,我们读遍小说,试问能有几部《红楼梦》?能有几部《战争与和平》?因此,

---

[①] 亚里士多德:《形而上学》,商务印书馆1959年版,第10页。

虽然美都是形象，但形象却不一定都美。形象不仅不一定都是美的，而且大多数形象都是不美的。那么，什么样的形象才能是美的呢？它们为什么是美的呢？

对于这个问题，众说纷纭，莫衷一是。在探讨什么是美的问题的时候，我们也已有所涉及，此地不想再多谈，更不想提出一个"终极"的答案。我们只想说一点，那就是美的形象，应当都是自由的形象。它除了能够给我们带来愉快感、满足感、幸福感和和谐感之外，还应当能够给我们带来自由感。比较起来，自由感是审美的最高境界，因此，美都应当是自由的形象。

卢梭在《社会契约论》中说："人生来自由，而处处都在枷锁中。"[1]那就是说，就人的本质来说，应当是自由的。但由于种种原因，人却受到种种限制和束缚，处于不自由当中。首先，生理上的限制和束缚，使人不能超越自己的体力，去做自己力所不能及的事。例如日行只能百里，果腹不过三餐，再要超过这个界限，就不可能了。其次，物质上的限制和束缚，尤其给人带来了种种的不自由。例如饥寒交迫，迫使我们去做我们所不愿意做的事。"将登太行雪满山，欲渡黄河无舟船"，物质上的限制大大地束缚了我们行动的自由。第三，社会给人带来的限制和束缚，更是无处不在。道德的、法律的、政治的、经济的等方面，无不处处是限制和束缚，无不处处是不自由。至于人与人之间，本来应当相互帮助，相互带来温暖和快乐；但事实上，像叔本华所说的，人之相处，有如刺猬，相互制造痛苦。家庭里面，夫妻关系最为密切，但托尔斯泰却说：人生最大的悲剧，是床笫之间的悲剧。此外，人自己给自己所制造的限制和束缚，有时比外在的限制和束缚，更为曲折和残酷。那内

---

[1] 引自罗素《西方哲学史》下卷，商务印书馆1963年版，第237页。

心的矛盾,有时简直像蜘蛛网一样,盘根错节地纠缠着人自己,使他得不到自由。陀思妥耶夫斯基小说中的人物,那样啃啮自己的心灵,叫人读来,不寒而栗!

正因为人受到这样多的限制和束缚,有这样多的不自由,所以,要求从限制和束缚中解放出来,要求自由,就成了自有人类文明以来,历代共同的理想和愿望。随着社会生产力的发展,人类征服和改造自然的能力愈来愈提高,因此,物质上的限制和束缚愈来愈减少,人类似乎愈来愈有了较多的自由。这是人类的进步,我们应当肯定。但是,旧的限制和束缚减少了,新的限制和束缚却又增加了。而且,随着人类自我意识的不断觉醒,人类对于自由的要求也就愈来愈强烈,愈来愈尖锐。这样,人类对于自由的向往和斗争,就成了永不熄灭的火焰。正是这一火焰,照亮了人类前进的道路,使人类能够不断地从匍匐在地的动物,站立起来,成为顶天立地的大写的人!

美,就是反映和歌颂这一自由的光辉的形象。

首先,自古以来,美的理想就和自由的理想,结合在一道。孔子"三十而立,四十而不惑,五十而知天命,六十而耳顺,七十而从心所欲不逾矩",说明了他的一生,是在一步步地掌握客观世界,以求达到"从心所欲不逾矩"的自由的境界。庄子宁可曳尾涂中,也不愿意当卿相,说明他把自由看得高于一切。他欣赏"鯈鱼出游从容",欣赏"忘适之适";他追求"逍遥游",赞赏"自然"和"天",说明了他的人生理想和美学理想,都是自由。西方从柏拉图的《理想国》开始,中经莫尔的《乌托邦》、康帕内拉的《太阳城》,以至空想社会主义者所鼓吹的以"泛爱"和"宽宏教"为中心所建立起来的理想社团,以及资产阶级革命时期所高唱的"不自由,毋宁死","生命诚可贵,爱情价更高。若为自由故,两者皆可抛"等等，都说明了自由是西方历代最高的人生理想。但是，不仅热衷于理想和自由，而且专门写了美学著作《审美教育书简》，来系统地探讨美与自由的关系的，却是席勒。他说，"美先于自由"，"如果我们要实现政治的自由，必然要通过审美教育的道路。因为通过美，我们才能达到自由"。[①]因此，他把自由和美紧密地联系在一起。他从人性的分析入手，认为人性要得到完美的实现，必须经过三个阶段，即自然、审美和道德三个阶段。自然阶段的人，受到自然的限制，没有自由。他既认识不到自己作为人的尊严，也认识不到应当尊重他人的尊严。像这样的人，要一下子上升到道德的阶段，是不可能的。即使勉强升上去，也会产生出两种恶果：或者呢，他把自己自然的个人加以扩大，变成无限的贪婪和欲望；或者呢，抛开感官的世界，走向纯粹的观念世界中去。这种观念是抽象的，不合情理的，它把"长官意志"或宗教戒条当成真理，强加给人，使人成为抽象观念的奴隶，成为另外的一种不自由。中国古代的"以理杀人"，就是例子。正因为人不可能直接从自然的阶段上升到道德的阶段，所以他需要经过一个审美的阶段。在审美教育中，人以自由的态度，自由地观赏事物的"外观"。这种"外观"，既不涉及实际的利害，也不盲目地相信某种抽象的观念。席勒说，人到了能够欣赏"外观"的时候，也就是审美的时候，人的身上将会发生一场革命，他所失去的人性将会在他的身上恢复和实现，他将成为一个完整的真正的人。只有这样的人，才配得到自由。

席勒对于人性和自由的分析，有其正确的地方。但是，他从思辨的唯心主义出发，未免把问题讲得太玄、太抽象了。马克思根据历史唯心主义的观点，把人放在现实的社会关系中来分析。在现实

[①] 引自蒋孔阳《德国古典美学》，商务印书馆1980年版，第180页。

社会中，人通过劳动实践，一方面改造自然，一方面创造自我。那就是说，人和动物不同。动物只是顺应自然，听任自然的选择和淘汰，所谓"物竞天择"，而人则不同。他自觉地要求认识和改造环境。环境如果不满足人，人就加以创造，使环境来满足和适合人的目的和需要。人愈进步，愈是要改造环境，愈是不受环境的支配，愈是能够取得更多的自由。自由愈多，他就愈是能够充分地、丰富地展开他自己作为人的本质力量，使人的本质力量全面地实现，全面地对象化，从而成为全面发展的人，也就是真正的自由的人。同时，就在人类劳动实践的过程中，劳动对象化，自然人化，人在他自己所创造的对象中直观自身，直观到他自己本身所创造的形象，这就是美的形象。这一美的形象，在私有制社会中，由于劳动的异化，受到种种的干扰，因此不美或不够美。马克思说："劳动创造了美，却使劳动者成为畸形。"[1]就是指的这个意思。私有制社会消除了，情况不同了，马克思说："私有制的废除，意味着一切属人的感觉和特性的彻底解放。"[2]那也就是说，在马克思看来，只有到了社会主义，人的本质力量得到"新的显现"和"新的充实"，人的活动才能真正成为自由的活动。只有这时，自由的理想与美的理想，才能够变成一致，人的本质力量才能够尽可能地对象化，转化成为生动活泼而又自由的美的形象。

人类的历史是漫长的、曲折的，人类的本质力量要自由地对象化，并不是一蹴而就的。有的对象本身不具备对象化的条件，本身不符合人的本质力量的要求，因而不美。例如九寨沟，过去由于交通和自然条件的限制，很少人能够接近它，因而很少人能发现它

---

[1] 马克思：《1844年经济学—哲学手稿》，第46页。
[2] 同上，第78页。

的美。又例如荒山野岭，穷山恶水，由于它们本身的贫瘠，引不起人们感情的回响和呼应，人的本质力量无法对象化，当然更引不起美。至于被发现了的九寨沟、西湖和黄山，它们之所以美，则不仅因为它们靠近了人类，人们可以自由地和它们接近，而且由于它们特殊的自然结构和物质形式，人们能够在其中丰富地展开自己的本质力量，自由地放纵自己的想象，自由地抒发自己的感情，探幽寻胜，从而集中地满足了人们的审美需要，叫人感到无穷的乐趣和美。自然美如此，艺术美亦然。有些低劣平庸的作品，它们表现的形式粗俗平凡，传达的感情消极萎靡，宣传的思想陈旧腐朽，既缺乏鲜明生动的形象，又不能激起人们心灵的火花，引起人们想象的自由驰骋。这样的作品，既没有自由的理想，也没有美的理想，能够谈得上什么美？与此相反，《红楼梦》和《战争与和平》，它们真实地反映了人生，深入细致地描绘了人情和物理，大胆地探讨了人生的命运和人心的秘密，它们血肉丰满地歌颂了美的理想和自由的理想，从而成为人类心灵和智慧自由创造的最高结晶。它们所创造的形象，是自由的形象，因而也是美的形象。美的理想和自由的理想达到了一致。

其次，黑格尔早就说过：任性不是自由，无知不是自由，"自由首先就在于主体对和它自己对立的东西不是外来的，不觉得它是一种界限和局限，而是就在那对立的东西里发现自己"。与主体相对立的东西是客体，客体是主体的界限和局限，是外来的东西，而在自由中，客体不仅不再是主体的界限和局限，不再是外来的东西，而且主体就在客体中发现了自己，实现了自己。用黑格尔的话来说，就是"人必须在周围世界里自由自在，就像在自己家里一样，他的个性必须能与自然和一切外在关系相安,才显得是自由的"①。这是说,主体和客体由相互对立转化为相互协调一致,由相互限制转化为像回到了自己家里一样自由自在。这是怎么一回事呢?这其实就是康德所说的合规律性与合目的性的统一。客观外界是自然,它按照必然的规律行事,所以是合规律的。水到了一百摄氏度,必然要开;水开了,倒在人身上,必然要伤人。凡此,都是客观的规律性。但是,人掌握了这一规律性,不把开水倒在人身上,而用开水来泡茶喝,这时客体的规律符合人的目的,规律性与目的性相统一,客体就不仅不再是人的界限和局限,而且为我所用,人在客体中发现了自己的本质力量,从而像回到了自己的家一样,感到了自由。因此,在黑格尔看来,规律和目的,必然和自由,并不是抽象的各自独立地存在的,而是联系在一起的。"自由本质上是具体的,它永远自己决定自己,因此同时又是必然的。""内在的必然性就是自由。"②

马克思和恩格斯肯定了黑格尔的观点,认为黑格尔第一个正确地叙述了自由与必然之间的关系,并认为"这个自由王国只有建立在必然王国的基础上,才能繁荣起来"③。从必然的王国向自由的王国的飞跃,恩格斯这一光辉的命题,也是从这里引申出来的。

正因为自由不是盲目的,而是有规律的,自由的规律就在于对于客观必然的规律的认识和掌握,所以能够认识和掌握客观规律的人,就是自由的人。原始人看到闪电,听到惊雷,他们感到这是天神在发怒,因而恐惧,感到不自由。可是,现代人却认识和掌握了

---

① 黑格尔:《美学》第1卷,商务印书馆1979年版,第322页。
② 黑格尔:《小逻辑》,商务印书馆1981年版,第105页。
③ 《马克思恩格斯全集》第25卷,人民出版社1974年版,第927页。

闪电和惊雷的规律，他们不仅不恐惧，反而欣赏它们的美，这就因为他们获得了自由。人要欣赏美，必须首先获得自由。把刀斧架在一个人的头上，你要他欣赏梅兰芳的美，这是不可能的。但是，仅仅有外在的自由还不够，一个人还得有内心和人格修养上的自由。康德认为，自由应以人的自由和自由的意志作为前提。如果一个人内心不自由，不能自觉地实现自己的自由意志，他就不可能成为真正意义上的审美主体，他也不可能真正进入审美的心态。因此，美既要有外在的自由，也要有内心的自由。对一个艺术家来说，则既要有创作环境的自由，不受外力的干涉；又要有艺术家的独创性，敢于充分发挥自己的本质力量，写自己所要写的。在这里，合目的性与合规律性的统一，既是美的规律，又是自由的规律。二者的一致，美的形象就都成为自由的形象。

最后，从艺术创作和人类的审美欣赏来说，美的形象更是自由的形象。这有以下几层意思。

其一，从艺术创作或审美欣赏的内容来说，它们都来自客观现实，都要受到客观现实的限制，本来都是不自由的。但是，在艺术创作和欣赏中，艺术家和欣赏者却凭借他们自由的创造力，把自己的心灵灌注到对象中去，从而使对象转化成不是原来一般性的、大家都熟悉的内容，而是艺术家和欣赏者独特的发现和具有个性特征的内容。例如我们前面谈过，姜白石写的《疏影》，他歌颂梅花的美。这梅花的美，大家都知道，很多诗人也都写过。怎样从这大家都认为美的一般性的感受中，解放出来，自由地加以转化，使之成为姜白石独特的感受，从而写出梅花独特的美呢？姜白石经过自由的想象，把梅花想象成昭君，想象成昭君"环佩、月夜归来，化作此花幽独"。于是，姜白石的思想解放了，他所歌颂的梅花的美也解放了，获得了从来没有人写过的新的内容。美的创造和欣赏的过程，正是客观现实中的美不断地自由地转化为形象，不断地自由地揭示和显露其新的内容的过程。

其二，从形式方面来说，美的形象都离不开物质的感性形式。物质的感性形式本身就是一种限制和束缚，本身就容易带来不自由。可是，在艺术创作和审美欣赏中，物质的形式却精神化，变成自由的形式，用来自由地表现人的本质力量。也就是说，在创作和欣赏中，通过自由的想象，物质的形式从物质的束缚中解放出来，能够自由地表现人的本质力量。例如黄山的"猴子观海"，本来不过是一块大的顽石，只具有石头的形式，既不自由，又不美。但经过人的自由的想象之后，却成为猴子观海这样一个美的形象，原来石头的形式转化为猴子观海的形式。它所表现的，也不再是原来石头的本质，而是人所想象出来的观海的本质。观海的本质，事实上是人的本质力量的反映，因为只有人才能把观海作为一种审美活动。石头根本不会观海，猴子或许会观海，但它却不懂得观海是一种审美活动。因此，猴子观海这样一个形象，是人通过石头的形式，而又解除了石头的物质形式的束缚，重新自由地想象出来的一种美的形式。正因为这样，所以我们说，美的形式是自由的形式。至于艺术形式，那更是艺术家通过对物质形式的熟练掌握，所进行的自由的创造了。

其三，艺术的形式还是艺术家经过艰苦的劳动实践，克服了物质形式的种种障碍，然后所重新创造出来的自由的形式。从整个人类来说，这是一个漫长的历史过程。必须人类的各种感觉器官变得自由了，然后才能创造出自由的美的形式。例如恩格斯说，人的手自由了，然后才可能有拉斐尔的绘画，有米开朗基罗的雕刻。对于个人来说，则美的形式的自由创造和欣赏，更是一种艰苦的锻炼，终生的努力。创作和欣赏，本身就是不断地对于困难的克服。困难是限制，是王国维所说的"隔"；而克服了困难，则是自由，是王国维所说的"不隔"。每个艺术家，都在为了克服物质形式上的困难，而进行着艰苦的斗争。每一个成功的艺术形象，看起来明白晓畅，妩媚动人，然而它们都花去了艺术家大量的心血。王安石说："看似寻常最奇崛，成如容易却艰辛。"道出了艺术家们共同的心声。齐白石一笔下去，就有一只虾在纸上活起来。这绝不是偶然的，这是齐白石对于物质形式的束缚有了最大的克服，因而他能够自由地创造出美的形式。总之，美的理想就是自由的理想，美的规律就是自由的规律，美的内容和形式就是自由的内容和形式。美是人的本质力量的对象化，人的本质力量也离不开自由。因此，我们说，美的形象就是自由的形象。唯其美是自由的形象，所以它能处于不断地创造之中，随着时空结构的变化，时时呈现出恒新恒异的形态。

浅论自然美

陶渊明说:"久在樊笼里,复得返自然。"[①]杜甫说:"我生性放诞,雅欲逃自然。"[②]这说明了诗人们对自然的美,是多么向往!席勒曾从理论上指明了诗人与自然之间的亲密关系。他说,人对于自然,总是充满了爱与尊敬的感情。一个具有优美感情的人,只要他在明朗的天空下散散步,就能够体会到这一点。至于诗人,那更是一直从自然那儿得到灵感的。"即使在现在,自然仍然是燃烧和温暖诗人灵魂的唯一火焰。"[③]随着人类文明的发展,人类愈来愈从物质的束缚中解放出来,愈来愈能以自由的个性面对自然,因而对于自然美的追求,也就愈来愈炽烈,愈来愈普遍。

那么,什么是自然美呢?一般有两种讲法:一种是指与艺术美相对称的美,把社会生活与大自然界的美,统称为自然美。另一种则把社会美划了出来,单指大自然界的美,如云光霞彩、高山大海、小桥流水、珠玉贝壳、花草鸟兽等等的美。本文所谈的自然美,指的就是后一种,即大自然界的美。大自然界早在人类社会以

[①] 陶渊明:《归田园居》。
[②] 杜甫:《寄题江外草堂》。
[③] 席勒:《素朴的诗和感伤的诗》,《西方文论选》上卷,上海译文出版社1979年6月新1版,第489页。

前，就已经存在；大自然界的种种形态和变化，例如泰山的日出，钱塘江上的海潮，都是既不以人的意志为转移，也与人类社会无关的。那么，大自然界的美呢？是不是也不以人的意志为转移，也与人类社会无关呢？对于这个问题，随着对于美的本质的不同理解，我国美学界不仅一直存在着争论，而且成为争论的症结和关键。最近几年来，环绕着对马克思《1844年经济学—哲学手稿》的学习，这一争论，不仅没有得到解决，而且更为深化、更为深入了。大致说来，主要的有两派意见：

第一种意见认为，马克思"劳动创造了美"这一个命题，既适用于社会美、艺术美，也适用于自然美。自然美也是人类劳动的实践创造的。天生自在的生野的自然，还没有和人发生审美关系，因而无所谓美不美。只有和人发生了关系的自然，也就是"人化的自然"，才能成为审美的对象。例如红颜色，这只是一种自然现象，既不能说美，也不能说不美。可是，当红颜色和人发生了关系，我们说红彤彤的、红艳艳的、红烂漫的，这就是一种审美的评价了。至于诗人所描写的"桃花乱落如红雨"（李贺）、"绿窗红泪冷涓涓"（李郢）等中的"红雨""红泪"，那更是充满了诗人的感情，更是美的了。因此，自然美也是人类在劳动实践过程中，当人与自然发生了审美关系的时候，才产生出来的。当然，这样说，并不是指自然美都是人用体力劳动去一个一个地创造出来的，而只是说人类在劳动实践的历史过程中，创造了人类自己，同时也创造了"人化的自然"。当人与自然的关系不断地变化，发展到自然能与人发生审美关系的时候，自然美也就诞生了出来。

第二种意见认为，自然既然是独立于人类社会之外，不是人类社会的劳动实践所创造的，因而作为自然本身的属性的自然美，也应当是独立于人类社会之外，也不是人类的劳动实践所创造的。

日月星辰的美，金银的美，都在于它们本身的自然的光芒。有人去观赏它们，它们是美的；无人去观赏它们，它们也是美的。它们的美不美，与人类的劳动无关。北极光、冰川瀑布、四川的九寨沟等等，早在人类之前就已经存在，又有谁去创造它们的美？人类的劳动，不仅不能创造自然的美，而且常常破坏自然的美。云南滇池的填海造田运动，花了大量的劳动，田没有造起来，但滇池的自然美却的确受到了破坏。一些原始的朴素的自然风景，一旦通了公路和铁路，它们的美也就随即遭到了破坏。一些西方资产阶级的美学家，就因此认为现代的工业化与艺术化是相互矛盾的。现代劳动技术的进步，是艺术和美的退步。

以上两派意见：自然美离不开人，是人类劳动实践的创造；与自然美不依赖于人，不是人类劳动实践的创造，我认为都有一定的道理，不必作最后的结论。第二派意见使我们注意到自然美不同于社会美和艺术美，自然美之所以为自然美，在于它离不开自然，离不开自然本身的自然属性。而第一派的意见，则使我们注意到美，包括自然美在内，是人的一种自我实现，人的一种自我创造。因此，我们不能离开人来谈自然美。自然美固然有其本身的自然性的特点，但也仍然是社会历史的产物，仍然具有社会性。把两派意见综合起来，我认为自然美是自然物的自然属性与人类的社会属性的统一，是自然的感性形式与社会的生活——思想内容的统一。在这一统一中，无疑的，人是主动的积极的因素。因此，总的来说，我还是倾向于第一派意见的。现在，我把我的理由，申述如下：

第一，我们在探讨自然美的时候，应当把自然与自然美区别开来。自然作为一种客观的物质存在，不仅早在人类以前就存在了，而且人类本身也是自然的产物。马克思说："历史本身是自然史的一个现实的部分,是自然界生成为人这一过程的一个现实的部分。"①这是说,人是从自然当中生成起来的。可是,自然美却不同了。自然的美是在人与自然的关系中产生出来的。在人还没有与自然发生关系以前,自然是自在的,因而是无法说明它自己的美的。只有自然和人发生了一定关系,自然对人才有美的价值。主张自然美在于自然物本身的自然属性的蔡仪同志,引了马克思《政治经济学批判》第二章中下面的一段话:

> 金银不只是消极意义上的剩余的,即没有也可以过得去的东西,而且它们的美学属性使它们成为满足奢侈、装饰、华丽、炫耀等需要的天然材料,总之,成为剩余和财富的积极形式。它们可以说表现为从地下世界发掘出来的天然的光芒,银反射出一切光线的自然的混合,金则专门反射出最强的色彩红色。而色彩的感觉是一般美感中最大众化的形式。②

引了这段话后,蔡仪同志说:

> 按照马克思原话的意思,所谓金银的审美属性,很明显地就是指金银作为自然矿物的"天然的光芒"色彩。③

这里,蔡仪同志把金银的光芒色彩,当成了自然美可以离开人、离开人类劳动实践的根据。我认为这样看,就是混淆了自然与

---

① 马克思:《1844年经济学—哲学手稿》,人民出版社1979年版,第82页。
② 《马克思恩格斯全集》第13卷,人民出版社1965年版,第145页。
③ 《美学论丛》第1辑,中国社会科学出版社1979年版,第29页。

自然美，混淆了金银的光芒与金银的审美属性。首先，不论是"美学属性"或"审美属性"，都应当有一个主体。自然的光芒既然是自然光线的反映，它与审美主体并不具有必然的联系。仅仅有自然的光芒就能说是美的吗？我们从自然的光芒中可以分析出光线的色素，但能从自然的光芒中分析出美的属性吗？有光芒的东西，不限于金银，但能说有光芒的东西都是美的吗？同样有光芒的东西，当它和人发生不同的关系的时候，它在这一种情况下是美的，在另一种情况下却是丑的。例如火，是有光芒的，而且一般说都是美的，但发生火灾的时候，尼禄放火烧罗马、希特勒放火烧国会大厦的时候，你能说火是美的吗？因此，自然物的美，不在于自然物本身，而在于它与人的关系。其次，马克思说："这些物，即金和银，一从地底下出来，就是一切人类劳动的直接化身。"①因此，金银当其还埋藏在地下，只是作为自然物而存在的时候，它们只是金银，再不是其他。当它们成为货币，具有了使用价值和交换价值；当它们成为装饰品，具有了审美的形式，这时，它们都已经和人发生了关系，都是人类劳动实践的结果。这一点，马克思讲得很清楚："随着贮藏的直接形式，发展着它的审美的形式，即金银作为奢侈品的占有。"②金银本身不会"贮藏"，也不会"发展"，因此，金银的"审美的形式"，是随着人类社会的发展而发展起来的。事实上，金银作为自然物的存在，并不比铜铁晚，但金银的审美形式，却要比铜铁出现得晚得多。这里的原因，当然不在金银本身，而在人类社会。

与金银同样能发出光芒来的，是宝石。朱狄同志曾从国外一本

---

① 马克思：《资本论》第1卷，人民出版社1953年版，第111页。
② 《马克思恩格斯论艺术》第1卷，人民文学出版社1960年版，第247页。

科普读物上,引过下面一段话,说:

> 宝石装饰品的闪光是由于光线被它的坚硬的镜状表面的外面和内面反射而产生。从地里采来的宝石石块一般看上去是发暗和粗糙的。经过切削和磨光之后,它们才发闪光,像内部燃着火似的。一颗切削过的宝石的人造晶面,或名"刻面"……与天然的晶面不相同。①

这个例子,说明了几个问题:(1)宝石的闪光,并不是单纯地由宝石本身构成的,它本身的结构形式与外面的光线相结合,然后才闪光,才可能美。因而孤立地把自然美归属于某一自然物本身的属性,这是片面的。(2)宝石要经过人的加工,然后才成为宝石。一方面,宝石固然必须有它成为宝石的自然属性和自然条件,但它之所以成为宝石,还和人类的劳动分不开。(3)我们要和宝石发生审美关系之后,宝石才会美。"宝"字是对我们人而言的。珠宝商人虽然也认识到宝石之所以为"宝",但因为他只看到宝石的商业价值,只和宝石发生商业关系,因此看不到宝石的美。

这一事实,还使我想起了中国的"和氏璧"。《韩非子·和氏篇》说:

> 楚人和氏得玉璞楚山中,奉而献之厉王。厉王使玉人相之。玉人曰:石也。王以和为诳,而刖其左足。及厉王薨,武王即位,和又奉其璞而献之武王。武王使玉人相之,又曰石也。王又以和为诳,而刖其右足。武王薨,文王即位,和乃抱

---

① 朱狄:《美学问题》,陕西人民出版社1982年版,第12页。

其璞,而哭于楚山之下,三日三夜,泣尽而继之以血。王闻之,使人问其故。曰:天下刖者多矣,子奚哭之悲也?和曰:吾非悲刖也,悲夫宝玉而题之以石,贞士而名之以诳,此吾所以悲也。王乃使玉人理其璞,而得宝焉。遂命曰和氏之璧。

这个大家都熟悉的故事,非常生动地说明了,自然的美虽然与客观的自然物质分不开,但如果没有人类的劳动,仍然不能成为美。美本身不是一种物质的属性,并不是天生自在地存在于自然物之中,因此,并不是任何人都能欣赏自然美。和氏璧当它没有成为璧,还处于璞的纯粹自然状态的时候,不仅一般人不能发现它的美,就是专门治玉的玉人也不能发现它的美。必须经过人的劳动、加工,它的美才能充分地表现出来,从而为人们所公认。但是有人会说,当和氏璧还是璞的时候,它的美虽然很少有人认识,但却是客观地存在于璞当中。为了说明这个问题,我们想再进一步谈谈自然美本身的历史发展问题。

第二,自然和自然美,都不是永恒不变的,它们都有一个历史发展的过程。那也就是说,自然美不单纯是一个能不能欣赏和认识的问题,它本身就是人类发展的历史产物。经过了漫长的历史发展,自然界才成为人类的审美对象。马克思和恩格斯说:

> 自然界起初是作为一种完全异己的、有无限威力的和不可制服的力量与人们对立的,人们同它的关系完全像动物同它的关系一样,人们就像牲畜一样服从它的权力,因而,这是对自然界的一种纯粹动物式的意识(自然宗教)。[1]

---

[1] 马克思、恩格斯:《德意志意识形态》,人民出版社1982年5月版,第25页。

一些人类学家、考古学家和艺术史家，都用大量的事实，证明了马克思和恩格斯的这一论断。法国18世纪的博物学家布封，就说没有经过人类劳动开发过的自然，还只是"生野的自然"，还不是人类审美的对象，还谈不上美。只有通过劳动实践，人和自然发生了关系，这时，人改造自然，"实际创造一个对象世界，改造无机的自然界，这是人作为有意识的类的存在物的自我确证"①。只有这时，人才和自然发生审美关系，自然成为人的自我确证、自我反映和自我观照，因而自然也才成为人的审美对象。马克思说：

> 通过这种生产，自然界才表现为他的创造物和他的现实性。因此，劳动的对象是人的类的生活的对象化。②

只有这种人的生活对象化了的自然，人才能"在他所创造的世界中直观自身"。事实上，马克思和恩格斯从来没有离开人来谈自然。与人不发生关系的，那种纯粹的、抽象的、绝对的、亘古不变的自然，他们从来不谈。

> 在人类历史中亦即在人类社会的诞生活动中变成的自然才是实在的人的自然；因此，通过工业变成的自然，尽管具有异化的形式，才是真正的人类学的自然。③
> 只有在社会里，自然才作为人自己的人性的存在的基础而

---

① 马克思：《1844年经济学—哲学手稿》，第51页。
② 同上，第51页。
③ 转引自朱光潜《美学拾穗集》，百花文艺出版社1980年版，第121页。

存在。只有在社会里，对人原是他的自然的存在才变成他的人性的存在，自然对于它就成了人。①

这样，自然本身是因为与人发生关系，才对人取得存在的现实意义；那么，自然的美更必须和人发生关系，然后才能取得存在的现实意义。例如樱桃，马克思、恩格斯说：

> 樱桃树和几乎所有的果树一样，只是在数世纪以前依靠商业的结果才在我们这个地区出现。由此可见，樱桃树只是依靠一定的社会在一定时期的这种活动才为费尔巴哈的"可靠的感性"所感知。②

既然人对樱桃树的栽培离不开一定的社会历史时期，难道樱桃树的美能够离开一定的社会历史时期吗？从常识上来看，自然美看起来好像就在自然事物本身之中，就是自然事物本身的自然属性。但是，恩格斯早就指出过："常识在它自己的日常活动范围内虽然是极可尊敬的东西，但它一跨入广阔的研究领域，就会遇到最惊人的变故。"③因为自然本身并不是上帝所创造的那么一个永恒的、对人没有回响和反应的东西。马克思曾谈到动植物的自然性和自然形态，他说：

> 动植物，虽常被人视为是自然生产物，但不仅它们自身也

---

① 转引自朱光潜《美学拾穗集》，百花文艺出版社1980年版，第114～115页。
② 《德意志意识形态》，人民出版社1982年5月版，第39页。
③ 恩格斯：《反杜林论》，人民出版社1970年版，第19页。

许是前年度劳动的生产物，它们现在的形态又还是许多代，在人类控制下，以人类劳动为媒介而继续发生变形的生产物。要是特别说劳动手段，那就最浅薄地观察一下，也知道，其中绝大多数会指示出过去劳动的痕迹。①

所以，事实上，整个大千世界的一草一木、一朵浪花、一块石头，都会有人类"劳动的痕迹"，因而无不处在和人的关系之中。因此，离开了人，离开了人类劳动的实践，离开了人与自然的审美关系，就没有自然的美。

其次，美虽然是客观的，但却不是具体的物质存在。樱桃我们看得见，摸得到，还可以吃到肚子里去。但樱桃的美呢？既摸不着，也吃不到，只能作为观赏的对象。因此，樱桃的美不存在于樱桃的本身，而只存在于樱桃与人的关系上。这样，它虽然具有审美价值的意义，但却不具有任何物质的实际意义。你要求这样的自然美离开人类社会而存在，那你不是要求把具有审美价值意义的社会现象，还原为死寂的自然物质吗？死寂的自然物质，又有什么美呢？

第三，我们再从作为审美主体的人来看。人也并不是形而上学的，永恒不变，一直是亚当、夏娃的样子。能够欣赏自然美的人，不仅是在劳动实践过程中产生和形成起来的，而且也是在劳动实践过程中发展和变化的。对于这一点，马克思曾经一再加以论证。尤其是马克思关于"无论从理论方面来说还是从实践方面来说，人的本质的对象化都是必要的"那段论述，科学地指明了人、劳动、自然三者之间的关系。通过劳动，人与自然发生了关系，从

---

① 马克思：《资本论》第1卷，第197页。

自然中生成起来，从自然的人变成社会的人。由于变成了社会的人，具有"属人"的感觉，因此，人才能欣赏美。例如音乐，当然，首先必须有音乐，然后才有音乐的美，才能产生人的音乐感。但是，如果人的耳朵还没有成为能够欣赏音乐的耳朵，人的耳朵还缺乏音乐的感受能力，那么，他既不可能创造音乐，也不可能欣赏音乐。再美的音乐，对他都不存在。因此，人能够感受音乐的耳朵以及感受形式美的眼睛，这样一些感受美的能力，都不是凭空掉下来的，都是人类在长期的劳动实践的过程中，在与自然不断地交往中，不断地丰富自己的本质力量，然后才产生和发展起来的。人的本质力量达到多大的程度，他的审美感受能力也达到多大的程度。饥饿的人，他只能像动物一样贪婪地吞咽食物，而不能像人一样地品味食物，欣赏食物的美。忧心忡忡的穷人，对于再美丽的自然风景，也都没有感觉。柳州的风景作为自然现象来说，应该说早已就存在了，但它的美和对于它的美的鉴赏，却待柳宗元的《永州八记》等作品的出现，然后才为世人所普遍知道。为什么柳宗元能在柳州的一个小池塘里、一块小石头上，发现自然的美，而其他许多人却不能呢？同样，为什么懂音乐的人，会对贝多芬的交响乐如醉如狂，如痴如梦，而不懂音乐的人，却一无所动呢？没有别的原因，这就因为各人的艺术修养、性格和情趣等，也就是各人的本质力量和感觉能力各不相同，因而他们对于同样的审美对象，感受也就完全不同了。不仅这样，就是在具有同样感受美的能力的人当中，由于各人本质力量的高低大小不同，他们的感受不仅有量的差别，而且还有质的差别。例如同一个西湖，马二先生虽然也知道西湖的美，但他到了那里，除了乱吃一通、看看女人之外，就是用两句与西湖的美毫不相配的话，如什么"载华岳而不重，振河海而不泄，万物载焉"之类的话，来瞎赞一通。可是白居易就不同了。他

在《钱塘湖春行》一诗中写道:

> 孤山寺北贾亭西,水面初平云脚低。
> 几处早莺争暖树,谁家新燕啄春泥。
> 乱花渐欲迷人眼,浅草才能没马蹄。
> 最爱湖东行不足,绿杨阴里白沙堤。

你看,他对西湖早春的美,体会得多么深刻、细致而又敏锐!他描写得又是那样自然、逼真而又引人向往!马二先生与白居易,由于两人的本质力量不同,感受美的能力不同,因而同一个西湖,在他们眼里竟变成了两个西湖。不仅同样的自然美景对不同的人来说,会形成不同的审美关系,因而产生出不同的自然美来;而且同样的自然美景,即使对同一个人来说,也会因这个人不同的境遇,以及他的思想感情和作为人的本质力量的变化,产生出完全不同的审美效果。马克思在《神圣家族》中所分析的《巴黎的秘密》里的玛丽花,就是一个例子。玛丽花因为受骗而沦为妓女,沦为罪犯,但她的天性是善良的,"她总是人性地对待非人的环境"。正因为这样,所以她热爱太阳和花,"因为太阳和花给她揭示了她自己像太阳和花一样纯洁无瑕的天性"[1]。"在大自然的怀抱中,资产阶级生活的锁链脱去了,玛丽花可以自由地表露自己固有的天性,因此她流露出如此蓬勃的生气、如此丰富的感受以及对大自然美的如此合乎人性的欣喜若狂。"[2]但是,后来经过鲁道夫的安排,她受"感化",接受了基督教。她的人变了,她与大自然的关系立即发生变化,从

---

[1]《马克思恩格斯全集》第2卷,第216~217页。
[2] 同上,第217页。

而她对大自然的美也就采取了完全不同的审美态度。马克思说:

> 教士已经成功地把玛丽花对于大自然美的纯真的喜爱变成了宗教崇拜。对于她,自然已经被贬为适合神意的、基督教化的自然,被贬为造物。晶莹清澈的太空已经被黜为静止的永恒性的暗淡无光的象征……①

那些坚持自然美只在于自然本身的自然属性的同志们,又如何来解释自然美在玛丽花身上所发生的变迁呢?要知道,我们欣赏自然美,并不是单有自然就够了,它还需要有主体,有人。那么,像柳宗元和白居易那样具有高度的审美欣赏能力的人,是不是因为他们是天才因而与众不同呢?我们说,从个别的人来看,可能有某种天生的(生理上的)因素,如气质、性情等;但从整个人类的历史来看,他们的审美欣赏能力,却是人类劳动长期实践的产物。恩格斯在《劳动从猿到人转变过程中的作用》一文中,就以非常确凿的事实,雄辩地论证了:人类是怎样通过劳动实践,创造了自己,创造了美,创造了艺术。他以手为例,说:

> 手不但是劳动的器官,它还是劳动的产物。只是由于劳动,由于经常和日新月异的动作相适应,由于这样所引起的筋肉、韧带以及在更长时间内引起的骨骼的特别发达遗传下来,而且由于这些遗传下来的灵巧在新的愈来愈复杂的动作上不断革新地使用,人的手才达到这样高度的完善,在这个基础上它才能仿佛凭着魔力似的产生拉斐尔的绘画、托尔瓦德森的雕刻

---

① 《马克思恩格斯全集》第2卷,第220页。

以及帕格尼尼的音乐。

手如此，其他的人类器官，如眼、耳、脑等等，无不如此。整个人类的感觉能力和思维能力，整个作为审美主体的人，都是劳动的创造。因此，我们说，自然美像社会美和艺术美一样，都是通过人类的劳动实践创造出来的。

我们可以这样说，当人还处于自然状态的时候，他虽然和自然天天生活在一起，但他并不欣赏自然的美。只有当人类通过劳动实践，发展和丰富了自己的本质力量，离开自然，从自然状态的人变成有文化教养的人，这时，他再回到自然，才能发现和欣赏自然的美。因此，自然美是人类劳动实践的产物，也就很明显了。但是，问题并没有到此为止。还有以下十分重要的问题，那就是审美主体的人和审美客体的自然究竟是怎样发生审美的关系，然后才产生出自然美来？以及在这一关系中，自然界本身究竟占什么地位呢？为了说明上述问题，我们想再谈一点意见。

首先，我们必须承认，劳动首先是为了生活和生存。人和自然的关系，首先是人以自身的活动引起自然的物质的变化，以满足人的物质生活的需要，是实用的关系。但随着实用的关系，跟着也就产生了审美的关系。马克思说：

> 人比动物愈具有普遍性，他靠来过活的无机自然界的范围也就愈普遍。在认识领域里，例如植物、动物、矿石、空气、光线之类组成人的意识的一部分，时而作为自然科学的对象，时而作为艺术的对象，它们就组成人的精神方面的无机自然

界,即精神食粮。①

可见,自然界的万物反映到人们的认识领域里,可以从实用方面来和人发生关系,作为自然科学的对象;也可以从审美方面来和人发生关系,作为人的艺术对象。这实用的方面和审美的方面,像两朵同时开在一棵树上的花,它们都是人类劳动实践过程中的产物。原始人用的石斧,既是实用的,同时也是审美的;原始人的装饰,既是审美的,同时又是实用的。因此,美与善(用),在人类历史的最初阶段,几乎是分不开的。正因为这样,所以古人常用善来解释美,又常用美来解释善。自然的产物,因为它们是有用的、善的,也因而是美的。原始人认为美的东西,几乎无例外地都是对人类生活有用的东西。至于把自然风景单纯当成审美的对象来加以欣赏,这在原始人类是不可思议的事情。如果原始人看到北极光,一定不会当成自然美来欣赏,而会当作神灵来崇拜。中国古人看到彗星掠过天空,他们就不欣赏彗星所发出的天然的光芒的美,而是当作判断某种吉凶的征兆。只有当人类的劳动向前发展,劳动有了剩余,人类开始从自然的束缚中解放出来,开始在自然的面前展开人的本质力量,展开人的自由的个性,这时,人才离开实用的观点,用审美的观点来看待自然,专门欣赏自然的美。最初具有这种条件的,不是那些忙于功名富贵的官僚政客,不是那些被庸俗的利益所缠绕的小市民,也不是那些被束缚在泥土上喘不过气来的劳动人民,而是一些基本上解除了生活的压迫,可以从事精神劳动的诗人、画家和具有较高文化修养的知识分子。这些人,具有比较独立的自我意识,能够以自由的态度对待自然,因而他们能够在自然中

---

① 引自朱光潜《美学拾穗集》,百花文艺出版社1980年版,第109页。

找到回响，在自然中寄托他们在社会中受到压抑和禁锢的个性和本质力量。于是，就是他们，最初发现了自然的美。中外文学艺术的历史，都证明了这一点。但这不等于说劳动人民不能发现和欣赏自然美，更不能说，自然美与劳动无关，因为知识分子本身就是人类劳动的产物，他们是站在人类劳动成果，也就是整个人类文化的肩膀上，来发现和欣赏自然的美的。

其次，上面我们谈到，现代工业的发展，有些地方阻碍和破坏了自然美。是不是我们因此就可以说，劳动不仅不能创造自然美，反而破坏了自然美呢？对于这个问题，我们也应当从人与自然的关系上，全面地加以理解。现代化在某些地方破坏了原始的古朴的自然美，这是事实，不可否认。但是，另外一方面，现代工业却也同时创造了新的自然美。我在《小溪与灯海》①一文中，所描写的神户的灯海，不就是一个例子？电视中向我们介绍的北极光、九寨沟等等，如果没有现代工业文明，没有现代的交通工具，我们是不可能发现的。冰川考察队所看见的冰川瀑布，海底考察队所看见的海底奇景，宇宙飞行员所拍摄回来的那环绕着绿色光圈的地球景象……这些，都美极了，都是过去所看不见的奇妙的自然美。因此，现代工业化并不仅仅在破坏自然美，更重要的，是它在日新月异地创造着新的自然美。不仅这样，随着人与自然的关系的不断变化，不断发展，自然美也在不断地变化和发展。原来的荒山会变成果树园，原来并不怎么美的光秃的自然会变成绚丽多姿的自然。公路所通过的地方，有些自然美会受到破坏，但如果好好加以整理和修建，把原来的溪流和瀑布、原来的树木和石头，重新加以布置和美化，不是可以创造出比原来更美的自然美来吗？一些游览胜地，不都是原

---

① 刊于《钟山》1982年第2期。

来的自然美景与现代化的建设相互交织的产品吗？因此，我们不能因为现代化，就把自然美与劳动对立起来，更不能把现代化与美化对立起来。从全局来看，从整个人类劳动发展的历史过程来看，人类的劳动，始终在不断地扩大自然美的范围。

最后，自然美既然是在人与自然的关系中，通过人类的劳动实践，产生和形成起来的；那么，自然本身的性质和特点，特别是作为审美对象的自然物本身的质料，它的内在结构形式和外部形状与面貌，就不是可有可无的，而是构成自然美的物质基础所必不可缺少的条件。正因为这样，所以黄山的美不同于庐山的美，西湖的美不同于太湖的美，大海的美不同于小溪的美，桃花的美不同于梅花的美。各种自然物具有各种不同的自然属性，因而它们就和人构成不同的审美关系，构成各种不同的自然美。离开了自然本身的物质材料，自然美也就不再存在。克罗齐认为：美就是直觉，或者抒情的直觉；有了直觉就有了美，与自然的物质材料无关。对于这一点，美国的桑塔耶纳，曾经加以反驳说：

> 如果巴特农神庙不是用大理石造成的，如果皇帝的金冠不是用金子造成的，如果星星不是一团团的火，那么，它们将是一些平淡而无味的东西。[①]

我认为桑塔耶纳的这一反驳，是完全正确的。离开了自然物的自然属性，离开了自然物本身的质料、形式和外貌，自然美也就不存在了。自然美之所以称为自然美，区别于艺术美和社会美，就因为它离不开自然，它是自然所显示出来的美。正因为这样，所以

---

① 桑塔耶纳：《论美感》。

自然美一方面离不开人,从它的产生和发展来看,是人类劳动实践过程中的产物;但另一方面,我们人类又不能任意地创造自然美,任意地用主观的情趣来解释自然美,或者单纯用社会性来解释自然美。我们应当把自然物的自然属性与人的社会属性统一起来,在人与自然的关系中,来探讨自然美。

美感的诞生

如果说，美是人的本质力量的对象化，是人的本质力量在客观对象上的自由显现，那么，美感则是这一本质力量得到对象化或者自由显现之后，我们对它的感受、体验、观照、欣赏和评价，以及由此而在内心生活中所引起的满足感、愉快感和幸福感，外物的形式符合了内心的结构之后所产生的和谐感，暂时摆脱了物质的束缚后精神上所得到的自由感。因此，美感的内容包括了满足感、愉快感、幸福感、和谐感和自由感，古今中外的美学家差不多都把它看成是人类精神生活中所达到的最高享受和最高境界。一方面，它随物宛转，随物滋生和消灭，是客观的美的反映；另一方面，它又受到心理结构和心理因素的影响，是一种内心的活动和精神上的一种状态。它离不开美，但范围要比美更为广阔、丰富和复杂。这就好像火光，虽然来源于火，但却不等于火，而且要比火更为丰富和广阔一样。

美感是怎样诞生的呢？有人说，像母鸡孵蛋一样，有了美，就孵化出美感来，我说，问题并不这么简单。首先，是鸡先生蛋，还是蛋先生鸡，这在自然科学上，本来就是一个难于解决的问题。其次，从美到美感，这当中有许多中介环节，离开了这些中介环节，有了美并不一定能够产生美感。第三，美本身在不断地创造中，它既有客观的原因，也有主观的原因，美感就是创造美的主观原因。这样，美感又成了创造美的原因之一。它们二者相互循环,我们很难说有了美就产生美感。因此,从哲学的认识论和思维的逻辑顺序来说,是先有存在后有思维,先有物质后有意识,先有美后有美感;但从生活和历史的实践来说,我们却很难确定先有那么一个形而上学的、与人的主体无关的美的存在,然后再由人去感受和欣赏它,再由美产生出美感来。我们只能说,美和美感都是人类社会实践的产物。在实践的过程中,它们像火与光一样,同时诞生,同时存在。

王阳明是个唯心主义者。他主张"心外无物,心外无理"。有一次,他和朋友游南镇。"一友指岩中花树问曰:'天下无心外之物,如此花树,在深山中,自开自落,于我心亦何相关?'先生云:'尔未看此花时,此花与尔心同归于寂。尔看此花时,则此花颜色,一时明白起来。便知此花,不在尔的心外。'"① 这是说,花的存在与否,有待于人的感知。这样,花和花的美,都是心的产物,是先有了人的美感,然后才有美。这一讲法,明显地不符合客观的事实。狄德罗说:"卢浮宫的美,不论有人或无人,都同样存在。"岩中花的美,也不论有人或无人,都同样存在。谁也不能因为自己没有到过南镇或卢浮宫,就否认南镇或卢浮宫以及它们的美的存在。因此,要否认美的客观性,是绝对不可能的。但是,美感却不同。美感是人的主观对于美的感受,我没有到过卢浮宫,我就感受不到卢浮宫的美。因此,卢浮宫的美,虽然客观存在,但对于我来说,确实不存在。这不存在的,只是对于卢浮宫的美感,而不是卢浮宫的美。不仅这样,而且即使到了卢浮宫,有的人感受得到它的美,有的人感受不到它的美,或者各人所感受到的美不尽相同。这就是说,同样的审美对象,会产生出不同的美感来。因此,美感是主观的,完

---

① 王阳明:《传习录》。

全属于人们内心的精神活动。

  人为什么会有美感呢？亚里士多德说："爱美是人的天性。"这是说，因为人有爱美的天性，所以他生下来就有美感。说人有爱美的"天性"，无可辩驳。但人为什么会有"爱美的天性"呢？对这个问题的回答不外三种观点：（1）上帝的恩赐；（2）自然的禀赋；（3）社会历史实践的产物。这三种讲法中，第一种完全是基督教的"创世说"，明显错误，我们就不谈了。第二种讲法，从人是自然的产物，是从动物发展过来的，他的生理结构和心理结构都具有自然的属性方面来说，有其一定的道理。那就是说，人的自然禀赋中，就具有产生美感的条件。但是，如果把美感的诞生，仅仅归于自然的禀赋，那就很容易把人的美感和动物的快感等同起来。动物的快感，是在自己生命力发展的过程中，追求环境的适应，当它与环境相适应的时候，有利于生命力的发展，它就感到快乐；当不适应的时候，不利于生命力的发展，它就不舒适。一些动物对于某些形状、颜色、声音，具有敏感，就是这种快感的反应。还有一些动物，为了种族生命的发展，它们在选择配偶的时候，常常选择那些雄健、形体美好的异性，也是这种快感的反应。但不管怎样，动物的快感都是本能性的，既无意识，也无自由，是它们种族的属性，先天地规定它们去这样干的。它们世世代代，做着同一样的事情。斯德伯里和雷斯林沙弗主编的《比较心理学》，谈到动物使用工具时说，有些动物"无疑是使用工具，但按我们的意思必须取消它作为适应性的智慧反应的资格，因为它们都是整个种族的特性，而不是个体动物的特性"[1]。同样，动物的快感，也只是"整个种族的特性，而不是个体动物的特性"，因此，我们不能把动物的快感，看成

---

[1]《比较心理学》，科学出版社1984年版，第588页。

是人类的美感。人类的美感,不仅是一种种族的生理上的快感,而且是有个性的,是不同的人面对不同的审美对象,所产生的一种心理上的满足和精神上的享受。这种心理上的满足和精神上的享受,绝不是自然的禀赋,而只能是在社会历史实践的过程中,经过世代积累,所诞生和形成起来的人之所以为人的特殊的本质力量。正是这种本质力量,构成了人的爱美的天性。因此,人的美感不是自然的禀赋,而是社会历史实践的产物。

那么,人是怎样在社会历史实践的过程中,诞生出美感的天性来的呢?这就得从人类的诞生谈起了。恩格斯说:"劳动创造了人类自身。"① 但是,劳动是怎样创造人类自身的呢?这里出现了孔子"文献不足"② 的感叹。从猿到人,当中有许多中间环节,我们都没有发现,因而无从把握。不过,有两点我们却可以肯定:第一,恩格斯说:"人来源于动物界这一事实已经决定人永远不能完全摆脱兽性,所以问题永远只能在于摆脱得多些或少些,在于兽性或人性的程度上的差异。"③ 这就是说,人来源于动物,他和动物永远有联系。人的美感不同于动物的快感,但却和动物的快感有联系,它是从动物的快感中发展起来的。第二,人虽然来源于动物,与动物有联系,具有兽性;但人之所以为人,却不在于他与动物的联系,而在于他超越了动物,与动物有了本质的差别,从兽性发展到了人性。这一超越兽性、发展到人性的关键性的一步,是人学会了制造和使用工具。恩格斯说:"没有一双猿手曾经制造过一把即使是最粗笨的石刀。"④ 由于制造工具,因而人一方面有了自我意识,确立

---

① 恩格斯:《自然辩证法》,人民出版社1956年版,第137页。
② 《论语·八佾》。
③ 《马克思恩格斯选集》第3卷,人民出版社1975年版,第140页。
④ 同①,第138页。

了主体的世界；另一方面发现了客观的规律，确立了客体的世界。与此同时，人通过制造和使用工具的劳动实践，把主体的意识如目的、愿望、聪明、才智等，灌注到客体的对象中去，从而使对象成为主体意识的自我实现，或者对象化。就在这对象化的同时，人观照和欣赏到自我的创造，感到了自我不同于动物并超越动物的本质力量。这时，他所得到的，不仅是物质实用上的满足，同时也是心理上和精神上的满足。于是，美感就诞生了。

因此，人类美感的诞生，开始于工具的制造和使用。在工具的制造和使用过程中，人类从动物祖先那儿继承下来的本能欲望，一方面得到保存，另一方面得到发展。人和动物相同的最基本的本能欲望，一是生存欲望，二是生殖欲望。人和动物，为了生存，都必须奋斗。动物以其先天所具备的形状、颜色、声音等，来适应环境的选择和需要。它自己对于这些形状、颜色和声音，既不能加以选择，又不能有意识地加以欣赏。人则不然。人的生存是有意识的。他不仅适应环境的选择，而且能通过工具的制造和使用，有意识地改造环境，使环境适应自己的需要。他没有美丽的羽毛，但却可以把美丽的羽毛戴在自己的头上。因此，人的生存，不仅活着，而且创造着；不仅创造着，而且欣赏着。正因为这样，人不仅有适应环境的快感，而且有欣赏周围世界的美感。得到了生存，进一步要延续自己的生存，这就产生了繁衍种族的生殖欲望。动物是通过"性的选择"来达到这一目的的。但它的"性的选择"也完全是无意识的、本能的，不仅始终以同一的形式出现，而且是赤裸裸的，除了性的要求外，没有任何其他的意蕴。人则不然。人也有"性的选择"，但他经过社会的装饰和打扮，转化成为有意识地对于形体美的追求，以至于升华成为爱情。这样，同样的生殖欲望和"性的选择"，对于人来说，就具有丰富的意蕴。古希腊人喜欢人体美，我国的《诗经》以大量的篇幅来描写人体美和情人的幽会。它们的物质基础都是生理上的生殖欲望,但它们的表现形式却已升华为只有人类才有的社会性的高贵的感情活动。因此,我们说,人类的美感,来源于动物,但却超越了动物。它是人类在开始制造工具,把自己从自然中分化出来以后,对自己的生产和生殖活动,所采取的观赏的态度。由于有了这种观赏的态度,美感就超越了物质的生理的需要,而成为一种社会性的心理和精神的需要。这时,如果再把动物的快感当成人的美感,那就是把人还原到了动物。我们骂没有教养的人"兽性发作",那就因为这些人只是追求动物的快感,而忘记了人应该有高尚的美感。

但是,人和动物的界限并不是一下子就划清了的。从动物到人类,是一个漫长的过程。从使用天然的工具到自己制造第一件工具,从制造第一件工具到现代化的工具,都是一个漫长的过程。正因为这样,所以美感也有一个极其漫长的发展和演变的过程。早期原始人,他们接近动物,还缺乏独立的审美能力。他们和某些动物一样,对鲜艳的颜色和发光的东西具有敏感。格罗塞就说:"在原始人的眼光中,再没有比发光的物件更有装饰价值的了。"[1]他们还经常以模仿动物为美。普列汉诺夫就曾说:"巴托克人要拔掉自己的上门牙,是竭力想模仿反刍动物。"他们之所以这样做,是因为他们"是一个游牧部落,他们把自己的母牛和公牛几乎当神来崇拜"[2]。正因为这样,所以动物形象一直是原始艺术的中心主题。但人类不仅模仿动物,以之为美;而且更重要的,是他要超越动物,向前发展。这样,他又有"动物反感祖先形象的本能"。刘骁纯同志在从

---

[1] 格罗塞:《艺术的起源》,商务印书馆1984年版,第75页。
[2] 普列汉诺夫:《没有地址的信》,人民文学出版社1962年版,第13页。

《动物快感到人的美感》一书中,曾经对此加以发挥,说:

> 长毛人之所以不美,蓬头垢面之所以不美,因为那是祖先的遗痕;短小的罗圈腿之所以不美,驼背之所以不美,大头短颈之所以不美,因为它与进化逆向;颌部大而外突之所以不美,塌鼻梁之所以不美,前额过短、颧骨过大之所以不美,四指过短之所以不美……,因为太像他的猿类祖先。《巴黎圣母院》中的阿西莫多之所以被视为极端丑陋的人而荣获选丑冠军,是因为他酷似一个大猿。①

这是从对祖先动物形象的反感,来探讨人类美感的生理根源,不无一定道理,但美感的发展是极其复杂的。更重要的,是原始人审美意识的模糊性和朦胧性。他们虽然已经开始了主体和客体的区分,但界限是不明确的。布留尔在《原始思维》中引用波威尔少校的话说:"客观的东西和主观的东西的混淆,乃是不文明人思想中的极大混乱。"在这种混乱中,主体与客体不分,形象与思维不分,幻想与现实不分,因而他们的美感就朦胧混沌,常常与超自然的神秘感结合在一起。动物崇拜、图腾崇拜等,就这样渗入到他们的审美意识之中。他们的美感,常常不是单纯的美感,而是某种神秘观念的表现。他们的装饰,也就带有某种神秘的性质。他们认为美的,我们现代人不仅不认为美,而且觉得可怕。原始人的审美观念,既是神秘的,又是可怕的。1986年6月27日的《新民晚报》登载过一条消息:

> 最近,两名意大利科学家深入埃塞俄比亚原始丛林,意外

---

① 刘晓纯:《从动物快感到人的美感》,山东文艺出版社1986年版,第62页。

地发现一个极为原始的部落。这个部落还停留在钻木取火的落后阶段，使用的工具都是石器。

使意大利探险队目瞪口呆的是，这个部落的妇女用一种特别的"美容术"来"打扮"自己。结婚前，她们用石刀将嘴唇两侧割开，把嘴巴撑大。按部落的审美观念，嘴越大越"美"。

生育第一个孩子之后，这些妇女的"美容术"更为野蛮：把下颌的四颗门牙全部拔掉，然后选择适当宽度的陶片，插入口中，卡在空缺的牙槽上。

这样的装饰和打扮，既不实用，又不符合我们今天所说的形式美的原则，其之所以在原始部落中流行，是因为它符合了原始人的某种神秘的观念。普列汉诺夫在《没有地址的信》中，曾经举过许多例子，例如"马可洛族的妇女在自己的上嘴唇上钻一个孔，孔里穿上一个叫作呸来来的金属或竹的大环子"。他们认为这是"为了美"。举了这些例子后，普列汉诺夫说：

> 从这些例子看来，我认为自己有权利断言：由物体的色彩的一定组合或物体的样式所引起的感觉，甚至在原始氏族那里也是同十分复杂的观念联系在一起的；至少这些样式和组合有很多仅仅是由于这种联系才对于他们显得是美的。[①]

因此，模仿动物而又和动物逆反，以及超自然的神秘观念、和某些观念的联系等，都是原始人美感的特点。原始人生活极其困难，他们一切都从实用出发。他们具有这些特点的美感，也是出于

---

① 普列汉诺夫：《没有地址的信》，人民文学出版社1962年版，第62页。

实用的需要。生活强迫他们，不能不把动物当作美感的主要对象，不能不把神秘而又令人恐惧的观念渗入他们审美的意识中。他们可以得到某种满足感、愉快感甚至幸福感，但还不可能有和谐感和自由感。他们不仅受到物质需要的束缚，而且受到精神观念的束缚，既不感到和谐，更不感到自由。只有当人类制造的工具进一步发展，提高了征服自然的能力，从自然的必然中逐步解放出来，超越了自我的限制和自然的限制，这时，他方才能够把生命的创造力量和本质力量，自由地在客观对象中展现出来，既感到了自我与外界的和谐，又感到了自我的解放和自由。只有这时，他们的美感才不仅是满足感、愉快感和幸福感，而且同时还是和谐感和自由感。这是美感发展的最高阶段。只有充分发展了的人，也就是真正自由了的人，才有这样的美感。

我们曾说，美是多层累的突创。[1]与此相应，美感也不是单纯的，而是多种因素的因缘汇合。首先，必须有审美能力的存在。马克思说："对于不辨音律的耳朵说来，最美的音乐也毫无意义。"[2]中国有一个成语"对牛弹琴"，说的也是同样的意思。主观上不具备审美的能力，客观上任何美都不能产生美感。审美能力的培养，一方面有待于先天的感觉器官和气质上的颖悟能力，眼瞎耳聋之人，是不可能指望他们欣赏齐白石和马思聪的；但另一方面，更重要的，则是后天的学习和实践。这包括两个方面，一是整个人类的学习和实践。从原始人开始，人在制造工具的过程中，就学会了在周围的世界中实现自己的愿望，表现自己的感情，因而把世界人化。至于艺术，则像罗曼·罗兰在《约翰·克利斯朵夫》中所说的，只是人

---

[1] 蒋孔阳：《美在创造中》，《文艺研究》1986年第2期。
[2] 马克思：《1844年经济学—哲学手稿》，第79页。

投在大自然上的影子。人投在大自然上的影子一代一代地继承下来,人的美感能力就会愈来愈敏锐,愈来愈丰富。人的审美能力,离不开整个人类文化所达到的水平。二是个人的学习和实践。荀子说:"好乐者众矣,而夔独专者,壹也。"①这是说,很多人都喜欢音乐,而夔之所以特别出众,成为大的音乐家,那是因为他的专心一意,刻苦学习。我们每个人都具有审美能力的可能性,至于能否发展这一可能性,那就跟各人是否勤于钻研和学习大有关系了。即使是得天独厚的人,后天上不努力,不加以锻炼和培养,也是不行的。"灵性甚好功犹浅,急处未能臻幽闲。"②功夫不到,灵性再好,审美能力也不可能达到"幽闲"的妙境。因此,审美能力既决定于整个人类文化水平所达到的高度,也决定于每一个人各自在审美上的修养和造诣。

其次,审美环境。狼孩一生下来,与其他孩子一样,都具有可以培养的审美能力。但一旦离开了人类社会的环境,他的这个能力就丧失了,或者是泪没了。一些动物,已经有了初步的表情。如,牛会流泪,蜜蜂会用跳舞来召唤同伴,非洲大森林中的黑猩猩还有神秘的"雨舞",等等,但它们都缺乏像人类那种把自然"人化"和把自己的本质力量有意识地对象化的环境,因此,它们都只能停留于本能的阶段,而不能发展成为审美的活动,形成审美的能力。原始人有了审美的活动,也有了审美的能力。可是,像格罗塞说的,人种学已经显示给我们看,那些低级民族的文化造诣,就是在细枝末节上也显示出一种明显的一致性。③那就是说,原始人的

---

① 《荀子·解蔽》。
② 元稹:《琵琶歌》。
③ 格罗塞:《艺术的起源》,商务印书馆1984年版,第33页。

审美活动都是千篇一律的，具有极大的重复性和雷同性。在这样的环境中，人的审美能力自然也就十分单调和粗陋。把上门牙敲掉，他们认为美，于是就都把上门牙敲掉。只有人类社会发展到高级阶段，人才不仅有社会性，而且具有鲜明的个性特征。只有这时，人类的审美能力，方才把千差万别的富有个性特征的美，当成对象。也只有在这样的社会环境中，人们所追求的，方才是与众不同的个性美。

第三，审美心理。美感是一种心理活动，心理的结构和因素必然对于美感的诞生和形成，产生重大的作用。它们有的是历史的遗传，如荣格所说的"集体无意识"，以"原型"的形式，既沉淀于个体的无意识的最深层，又为一切人和一切时代所共同具备。如人类对于某些颜色和图案的普遍爱好，即是一例。有的则是在特殊的环境当中，与某些民族的文化传统相结合，成为该民族特殊的审美心理结构和审美爱好。例如，中国人以火红色作为喜庆的象征，西方人则以白色作为圣洁的象征。同一民族当中，又因文化层次和生活层次的不同，从而形成了多层次的审美心理。中国知识分子，喜欢梅、兰、竹、菊；一般老百姓，喜欢牡丹和鱼；帝王则喜欢龙凤，这和他们各自所接受的文化教养和世代相传的审美心理，可说分不开。至于封建贵族把小脚当成是美的，那更是他们特殊的生活方式所造成的特殊的审美心理，以至久而久之，不合理的变成了合理的，不美就被当成是美的。这种由习惯势力所造成的审美心理，在历史上是屡见不鲜的。普列汉诺夫所说的逆反心理，也对美感的诞生和形成，产生不少影响。英国17世纪斯图亚特王朝复辟时期的贵族，他们处处与当时资产阶级革命派的清教徒，表现出相反的审美爱好："喜欢和实行清教徒所禁止的事情，在当时成了很好的风尚。"① 逆反心理之外，还有立异心理。人之所好，我偏不欣赏。与众不同，独出心裁，常常成了一些创新的艺术家十分重要的一个特色。扬州画派，就是一个明显的例子。此外，由于个人的生活经历和感情体验，所造成的千差万别的个性鲜明的审美心理特征，那更是文明社会人们的美感之所以丰富多彩的重要原因。因此，美感的诞生，是和人们审美心理的不同结构和不同层次，结有不可分解之缘的。

最后，审美态度。这是指审美活动的主体，因为所抱持的主观态度不同，从而产生了不同的美感。珠宝商人只是以实用的态度来对待珠宝，所以没有美感，只有实用感。贾宝玉送给林黛玉的旧手帕，当林黛玉还没有悟出其中所寓的深情的时候，她觉得它不过是一块旧手帕，一旦悟出宝玉的深情的时候，手帕虽然还是同一手帕，但因态度不同，所以就对林黛玉变成无上珍贵的手帕，成为天下至美之物。叔本华曾以人的主观的审美态度，来评价客观事物是美还是不美。只要以观照的态度来看，无论是国王或乞丐，他们都会觉得落日是美的。英国的布洛，提出了心理距离说，认为由于心理上的距离，造成一种审美的态度，因此可以把本来是不美的东西看成是美的。海上行船，碰到了大雾，这本来是危险的。但如果把它放到一定的距离，从旁观赏，这时大雾就变得很美了。我们认为，审美态度不是产生美感的决定原因，但在一定条件下，它确实也可以产生某些作用，因此，也不应当忽视。

美感的诞生，除了以上四种原因外，还有许多原因。由于美感产生的原因很多，所以历来对于美感的诞生，就有各种不同的说法，如灵感说、模仿说、巫术说、游戏说、观照说、态度说，以及

---

① 普列汉诺夫：《没有地址的信》，人民文学出版社1962年版，第19页。

现代各种审美心理学说等。它们都各有所见，各有所长，此地我们不想一一介绍。我们想说明的，只是由于美感是一种心理活动，所以人类对于心理学研究所达到的高度，常常决定了美感研究所达到的高度。大致说来，18世纪以前，心理学还处于萌芽状态，人们主要是通过自己的审美经验，来探讨美感的问题。外物的形式，如对称、和谐等，引起内心的快感，他们就认为是美感。这时，美和美感，还很难划分。对于美的看法，往往就是对于美感的看法。到了18世纪，英国经验派同样强调审美经验，但他们把重点从外物的形式转移到了主观的审美能力，他们称之为"趣味"，认为人的天性中就具有"趣味"这种审美能力。与这种能力相适应的，是一种特殊的审美器官，夏夫兹博里把它称为"内在的器官"或者精神的器官。康德接受了"趣味"的讲法，但却用自己先天的理性哲学，将之发展成为"审美判断力"。所谓"审美判断力"，是关于感情的一种先天的认识能力，它能对个别的美的事物，表现出主观的感情的态度，虽然是个别的、主观的，但却具有客观的普遍性和必然性。19世纪中叶以后，西方出现了实验心理学，他们以自然科学实证的方法，来探讨美感的诞生和形成。20世纪以后，心理学得到迅速的发展，出现了精神分析派的心理学、格式塔派的心理学、行为主义派的心理学、信息论的心理学、人本主义的心理学等，于是，美感的研究，得到了多层次、多侧面的发展，真可以说是五彩缤纷、绚丽多彩。

但在各种各样心理学的研究中，我们仍然坚持马克思主义历史唯物主义的实践观点。首先，美感是适应人类社会实践的需要，在工具的制造和使用中，诞生出来的。工具的制造和使用，分清了人与自然，分清了主观与客观，从而产生出反映客观世界的主观的心理活动。由于人有了能够反映和欣赏客观世界的心理活动，于是方才有美感的诞生。其次,审美的实践活动不同于其他的实践活动。其他的实践活动是要改变客观的对象,以满足我们某种实际的需要。审美的实践活动,则并不改变客观对象,而只是欣赏它由各种形式所组成的形象。它所得到的,仅仅是一种精神上的满足。第三,人类的实践活动是不断扩大、不断发展的,因此,人类的美感活动,也愈来愈扩大,愈来愈发展。今天人类与客观现实的审美关系,固然已大不同于原始人,就是和18、19世纪相比,也增加了许多新的内容和新的意义。因此,美感的诞生,可能有一个起点,但从历史发展的观点来看,它却没有终点。它像长河一样,永远向前流去。

美感的心理功能

心理学家一般都把人的心理功能分为理智、意志和感情三种。美感虽然是人的各种心理功能的综合表现，它也离不开理智和意志，但无疑感情占据着主要的地位，发挥着主要的作用。离开了感情，不可能有美感。理智和意志，到了美感中，都化成了感情。"人事有代谢，往来成古今。"[①]对历史的反思，变成了一种感情上的低回和感慨。因此，探讨美感的心理功能，主要就是探讨感情在"心物感应"的过程中，不同的层次和不同的表现。感情的最初层次，是心接于物，这是感受与直觉；对外物的初步概括和在内心的初步抽象，这是知觉与表象；然后转化为信息，触类旁通，于是有了记忆和联想；感情愈来愈深入，随物婉转，浮想联翩，于是又有了想象和幻想；在感情奔放之时，不仅情浪滚滚，而且有沉思，有观照，有理解，有思想的闪光和飞跃，这时便出现了思维和灵感；最后，人的生命作为一个整体，他的全身心的感觉都融入审美欣赏的美感活动中，形成了通感。因此，美感的心理功能，不是单一的，而是多样的。我们应当从多方面来探讨。

---

① 孟浩然：《与诸子登岘山》。

一、感受和直觉

元好问在《论诗三十首》中说:"眼处心生句自神,暗中摸索总非真。"又说:"传语闭门陈正字,可怜无补费精神。"这里,提出了诗歌创作的两种途径和方法:眼处心生和暗中摸索。前者即景即物,感受逼真,因而心生句神;后者则是闭门造车,缺乏真实的感受,因而瞎子摸象,无补费精神。元好问所谈的是诗歌创作,但对于美感来说,也是一样的。

美感的起点是感受。西湖的美,我们可以听他人的介绍,看报刊的描述,但始终隔了一层。我们要真正领会西湖的美,必须亲身到西湖去,让湖光山色迎面扑来。我们有了亲身的感受,方才景物兴会,沁人心脾,自然入妙。王羲之说:"群籁虽参差,适我无非新。"我们以自己的感觉器官,直接面对大自然,不时有新鲜的感觉,因而不时有美的发现和美的体验。人的感受总是新的,总是不断有新的创造和发现,因而人的美感也总在不断地发现和创造之中,不断地有新鲜的美感。到西湖十次,就应当有十次新鲜的美感。当一个人失去了感受的能力,或者他的感受不再新鲜,而变成了陈腐的老一套,那么,他也就失去了美感。

有感受,就有感情。心应于物,情随之生。我们在感受大千世界过程的当中,常常是情意满怀,感慨无限。刘勰说:"登山则情满于山,观海则意溢于海。"(《文心雕龙·神思》)钟嵘说:"气之动物,物之感人,故摇荡性情,形诸舞咏。"(《诗品序》)都是从心物感应、情景相生的角度,来说明感受与感情的关系。唯有真感受,才能有真感情。王国维所说的隔与不隔,其中的关键,就在于有没有真感受和真感情。"大家之作,其言情也必沁人心脾,其写景也必豁人耳目。其辞脱口而出，无矫揉妆束之态。以其所见者真，所知者深也。"(《人间词话》)这就是说，我们写的东西，要能够诉之于人的感情，引起人的美感，首先必须自己要有真切的感觉。例如我们读朱自清写的《绿》，仿佛全身心都浸透在绿色之中。朱自清之所以能达到这样的审美效果，那是因为他全身心地感受到了梅雨潭的"绿"。他的眼中心中，所感无不皆绿，所以宣之于手中笔中，也就无不处处皆绿了。

中国古代的艺术创作，非常重视切身的感受。在感受的过程中，自我的感情与外物相呼应，融化到外物中，然后不仅描摹外物的形，而且体会外物的神，情化于景，景皆成情。《乐府古题要解》谈到伯牙学琴于成连，讲了下面一个故事：

> 伯牙学琴于成连，三年而成。至于精神寂寞，情之专一，未能得也。成连曰："吾之学不能移人之情，吾之师有方子春在东海中。"乃赍粮从之。至蓬莱山，留伯牙曰："吾将迎吾师！"划船而去，旬日不返。伯牙心悲，延颈四望，但闻海水汩没，山林睿冥，群鸟悲号。仰天叹曰："先生将移我情。"

这是说，你要获得音乐的美感，具有感染力，专靠技巧是不行的。你要在感受自然的当中，产生出真挚的感情，然后美感才会沁入你的肺腑，发自你的内心。

音乐如此，绘画亦然。中国古代画家十分强调"外师造化"。这里所说的"外师造化"，其实就是感受自然。画家到了自然中，生活于自然，融化于自然，自然成了画家的骨肉。画家心中有了自然，自然也就奔赴到画家的笔下，形神毕肖地展现在画家的纸上。石涛说他画山水："吾写此纸时，心入春江水。江花随我开，江水随我起。"苏东坡谈文与可画竹:"其身与竹化,无穷出清新。"这都是强调对于自然的感受,感受到了心与物化、情随景生的时候,也就是美感诞生的时候。

在对美的感受中,我们的心理功能最初表现为直觉。照克罗齐的讲法,直觉是"对于个别事物的知识"。那就是说,它不涉及事物间的关系、概念,而只专注在事物本身的形象上。形象是直觉的对象。克罗齐说:"婴儿难辨真和伪、历史和寓言,这些对于他都无分别。这事实可以使我们约略明白直觉的纯朴心境。"[1]根据这样的理解,直觉还是一种单纯的感觉活动,我们以我们的感觉器官直接面对外物。但它不同于感觉的是,感觉主要是一种生理活动,直觉则已经是一种心理活动,它把我们所感觉到的外物,经过心灵的综合作用,表现为形象。这形象,一方面是物质的感性形式,另一方面却是心灵的情趣表现。正因为这样,所以直觉是一种心理功能。哲学史上,一直有贬低直觉和抬高直觉的两种讲法。19世纪中叶以后,不少哲学家和美学家,高唱直觉的赞歌,认为它的作用有时超过了理性。叔本华就说:"人类虽有好多地方只有借助于理性和方法上的深思熟虑才能完成,但也有好些事情,不应用理性反而可以完成得更好些。"[2]他所指的,就是直觉。此后,克罗齐、柏格森等,都是著名的直觉论者,他们都认为艺术的美感主要在于直觉。

从艺术创作和欣赏的经验来看,也确实证明了直觉的重要性。直觉的特点,首先是感受的直接性。我们面对美的事物,常常都是开门见山,一见钟情。钟嵘说:"观古今胜语,多非补假,皆由直寻。"说明了美感不绕弯路,不矫揉造作,都是当下所感,直抒性

---

[1] 克罗齐:《美学原理 美学纲要》,外国文学出版社1983年第1版,第9~10页。
[2] 叔本华:《作为意志和表象的世界》,商务印书馆1982年版,第100页。

灵。其次，感受的突然性，是直觉的另一个特点。心与物会，石击火生，突然而来，突然而去。正因为直觉有这种来去无踪的突然性的特点，所以怎样善于把握直觉，也就成了诗人艺术家创作过程中的一个重要问题。苏东坡说他写诗，有如"追亡逋"一样，正是这个意思。第三，直觉还有专注性的特点。那就是说，在直觉中，我们凝神观照，目不旁涉，全身心扑到审美的对象上。庄子在《达生》中所说的"佝偻者承蜩"："虽天地之大，万物之多，而唯蜩翼之知。"很好地说明了这个问题。最后，直觉还有透明性的特点。那就是说，直觉所面对的，虽然是局部的、个别的、具体的感性形象，但它却在直观的感性形式中，对对象进行整体的领悟和把握，从而把感性的经验与超感性的经验统一于一瞬，使我们恍然大悟，通体透明。到了这时，像陶渊明所说的"此中有真意，欲辩已忘言"，一切，都变得玲珑透彻，不言而自明。

正因为直觉有以上的一些特点，所以常常被神秘化，认为是可遇而不可求的。我们说，直觉外表神秘，其实是有规律可以探寻的。首先，它的获得，有待于真积力久，有待于平时的修养和积累。不是陶渊明，不可能有"采菊东篱下，悠然见南山"的直觉。其次，自觉本身在不断地深化和完善。一些艺术家和诗人修改作品的例子，足以说明这一点。因此，直觉作为心理的感受来说，是突然而来，不假思索；但作为艺术创作的过程来说，它却是经过不断的努力，不断地在深化和完善。最后，直觉也不是固定不变的，而是不断地在转换和流动。随着这一转换和流动，它不断地与现实生活发生新的联系，从现实生活中取得新的意义。直觉的魅力，或许也就在于此。我们读李商隐的诗，一个直觉的意象接着一个直觉的意象，像骊龙戏珠，婉转不绝，因而感到特别的美。因此，作为美感心理功能之一的直觉，它的活动也不能不受到心理活动规律的制约。

二、知觉与表象

美感开始于感受与直觉,而在知觉和表象中,则得到进一步的发展。知觉与直觉的不同,主要有两点:(1)直觉虽然已经有了心灵的综合作用,但它所感受的,主要是一些分散的、个别的印象。知觉则把这些印象,加以区分和概括,形成完形的整体。(2)直觉排斥概念,完全专注于对象的外观形象,知觉则开始有了概念的活动,把一定的概念赋予事物的感性形象,从而把感性形象提升到一定的理性上来认识。例如一棵古松,直觉只是感受到古松的形象,专注在古松的颜色、形状等感性因素上面;而知觉则一方面能有意识地区分古松与其他各种树的不同,另一方面又能把古松的各种感性属性、特征等统一起来,使我们不仅感觉到而且意识到这是一棵古松。因此,知觉是感性与理性的统一,是概念在感性形象中的活动。但因为它始终离不开感性形象,所以它又不是清晰的概念的认识。当感性形象从客观的物质存在,转化为内心的印象或意象,变成内心的形象,这时便出现了表象。

正当知觉和表象从客观转向主观,从无情无义的物质世界转向充满了人的感情的心灵世界的时候,我们的美感活动转过来把人的主观感情赋予客观世界,使客观世界从沉睡中惊醒起来,充满了生命,变成了人化的世界。就在这个人化的世界中,知觉和表象像魔术师的魔杖,处处点石成金,把本来生野的、对人的感情没有反应的自然,变成充满了人情味的、与人的感情相呼应的自然。于是,山欢水笑,云腾风啸,美感的泉源滔滔不绝,从四面八方向我们奔凑而来。例如黄山的一堆乱石头,既没有意义,也没有感情,可是知觉和表象把它们统一起来,却形成了天狗望月、猴子观海以及介子推背母等生动的形象。一堆堆乱石头，就这样，成了美感的对象了。文学艺术的创作，差不多都经过知觉和表象的对于客观世界这一转化。中国古代所说的"心物感应"，也主要是通过知觉和表象对于客观世界的"感应"，来达到心物之间的交流。

在美感的活动中，知觉和表象对于客观世界的转化，主要表现在下列几个方面。

（1）完形作用。格式塔心理学，又称完形心理学，主要因为它强调"完形"。所谓"完形"，指的主要是知觉对于客观外物的"形"所起的"组织"和"建构"作用。照格式塔心理学看来，知觉在组织和建构外物的"形"的时候，既不是对于客观事物的"形"的摹写，也不是个别的感知逐渐增多，然后相加或拼凑而成的全体。不是这样的。它是在知觉的瞬间，就把握客观事物完整的形象。阿恩海姆谈到视知觉时说："视知觉不可能是一种从个别到一般的活动过程，相反，视知觉从一开始把握的材料，就是事物的粗略结构特征。"例如"一个幼儿还在他能够把这只狗同另一只狗区别开来之前，就已经能够把握狗的完形特征了"[①]。这就是说，视知觉不是一点一点地，或者一部分一部分地来把握客观事物，而是当成一个整体，从完形上来把握客观事物。因为是从完形上来把握，所以客观事物就成为一个有机的整体，生气勃勃地展现在我们的面前。它的各个部分，不再是独立地参加到整体中来，而是作为有机的组成部分，消融到整体当中来。

我们的美感活动，通过知觉和表象来把握审美对象时，所把握的也是完形。例如游山玩水，一路青山绿水、花草树木。我们的知觉，固然一方面把它们相互区分，哪些是山，哪些是水；但另一方面，却又把它们统一起来，形成整体的感觉印象，也就是完形。是

[①] 阿恩海姆：《艺术与视知觉》，中国社会科学出版社1984年版，第53页。

这些完形，构成了一个一个的风景点，或者说景观。我们所说的风景，所指的就是这些景观。因此，风景虽然离不开自然的山水，但它却又不是自然的山水；而是自然的山水，经过知觉的整理、组织和建构后，在表象中所重新呈现出来的完形。知觉在整理和建构的过程中，不仅保留客观对象的形，也就是景；而且渗透进主观的各种心理感受，也就是情。这样，在构成风景的完形中，既有景，又有情，它是情景的交融。"红杏枝头春意闹"，这句诗由七个字组成，但它不是七个字分成七次来形成这句诗的美感。如果这样，这句诗的美也就消失了。它的美，在于七个字在同一的瞬间，把主观上所感受到的"闹"的感情，逼真地反映到客观的红杏枝头上，然后突现出"红杏枝头春意闹"这样一个情景交融的"完形"的感觉形象。"完形"，也可以说就是情景交融的、灌注了生气的、从而充满了生命的感觉形象。知觉与表象在美感活动中，就是要发挥"完形"的作用，创造充满了生命的感觉形象。

（2）选择作用。阿恩海姆在《视觉思维》中，一再谈道："视觉是一种主动性很强的感觉形式"，"积极的选择是视觉的一种基本特征"。[①]那就是说，知觉不是被动地反映客观世界，而是主动地选择客观世界。华东师大编的《心理学》，谈到知觉的这种选择作用时，曾画了下面一个图：

[①]《视觉思维》，光明日报出版社1986年版，第64、65页。

在这个图中，你把视觉注意到白色上，图像是一个白色的花瓶；你把注意力集中到黑色上，它又成了两个黑色的人面侧像。因此，人的知觉是随着对客观世界不同方面的选择，而构成不同的表象的。人生活在大千世界中，处处都在根据自己的处境，自己的需要，以及自己感情的爱好，对客观世界进行各种各样的选择，从而感受到千姿百态的美，产生出无穷无尽的美感。韩愈所看到的桂林山水，是"江作青罗带，山如碧玉簪"。李义山所体认到的嫦娥，是"碧海青天夜夜心"，是永恒的寂寞。李白的诗"寒山一带伤心碧"，山怎么会寒？碧怎么会伤心？这都是他们从自身的处境和切身的感情出发，他们的知觉和表象对于客观世界所作的积极的选择。在这种选择面前，人完全是自由的，他人可以同意或不同意，但却不能妄加干涉，横说是非。

（3）意向作用。选择是有一定的意向的。这一意向，经常决定于个人的生活经验与爱憎的感情。我们进行美感活动的时候，常常受到意向的影响。例如仰观白云或者观看墙上的隙缝，它们时而如马，时而如牛，这就和我们的意向有关。我们想它们怎么着，它们就怎么着。有的意向是自觉的，有的意向是不自觉的。黄山的猴子观海，我们开始看去，并没有知觉；可是有人一提，我们有了意向，再来观赏，果然活生生的，就像猴子观海。文学艺术当中，更是有多少这样的以虚为实、幻假成真的作品！它们都是根据作者的意向，把我们的感情引向他们的所爱所憎，从而让我们为古人担忧，为不相干的人伤心！齐白石所画的算盘，不过是算盘，既无所谓好坏，也无所谓美丑。然而我们看到了那带有意向的题词："欲人钱财而不施危险，乃仁具耳，"那一颗颗黑色的算盘珠子，好像立刻变成了滴滴的被剥削者的血泪，我们美丑的感情，随之油然而生！因而我们的美感活动，常常与知觉的意向分不开。

总之，知觉和表象是从现实生活通向美感世界的桥梁。它们把冷冰冰的现实世界转化为充满了感情的人的世界，把客观对象从有限的物质形式转化为丰富多彩的自由创造。人类的美感活动，是通过知觉与表象的桥梁，从感性走向理性，从有限走向无限，从物质走向精神。然后，又把它们联系起来，成为感性与理性相统一、有限与无限相统一、物质与精神相统一的自由的感性形象。

三、记忆和联想

在知觉和表象的基础上，记忆和联想，进一步开拓了美感的时间和空间领域。

动物已有记忆。但动物的记忆，既不成系统，又不能保存。只有人，才能把自己从感觉印象中得来的知觉与表象，转化为信息，经过改造，贮存到大脑皮层中。旧的知觉表象与新的知觉表象，相互重叠组合，然后转化为记忆和联想，转化为生生不已的审美意象。美感的天地，就这样从主体与客体、刺激与反应的简单过程，向着时间与空间两方面拓展，层层创新，显示出无穷的魅力。

> 何当共剪西窗烛，却话巴山夜雨时。

李商隐的《夜雨寄北》，从眼前的"巴山夜雨"，想象到将来回忆中的"巴山夜雨"，从而使眼前的"巴山夜雨"，增添了无限的情意。韦应物《寄李儋元锡》：

> 去年花里逢君别，今日花开又一年。
> 世事茫茫难自料，春愁黯黯独成眠。

花开花落，人事沧桑。回忆往事，能不黯然惆怅？阿恩海姆说："眼前所得到的经验，从来都不是凭空出现的，它是从一个人毕生所获取的无数经验当中发展出来的最新经验。"①正因为这样，所以回忆中所蕴藉的是一个人一生的经历和感情。凡是有回忆的地方，他就感到有情有义，感到美。所谓"处处寻往迹，有处特依依"。这"依依"的情，是和对于"往迹"的回忆，联系在一起的。"如果一个人失去了记忆，他将会发生什么情况呢？他将既不能学习，又不能劳动，甚至不能形成最简单的熟练。"②这样，一切都对他失去了兴趣，他又还有什么美感呢？因此，记忆这一心理功能，对于美感的形成，是至关重要的。很多著名的艺术作品，如《红楼梦》，如《复活》，如李商隐的《无题》诗，等等，都是回忆在诗人心灵中的积淀和升华。华兹华斯曾说："诗起源于在平静中回忆起来的情感，"我认为是颇有道理的。一个真正的艺术家，他应该像黑格尔所说的"看得多，听得多，而且记得多"③。

有了记忆，一方面能把过去的经验复活过来，另一方面则把相关的经验联系起来，这就构成了联想。英国经验派的霍布士、洛克等，都非常重视联想。他们提出的"观念的联想"的理论，认为由于观念的联想，许多本来各不相关的表象，走近拢来，构成亲切相近的审美意象。一些诗人艺术家的创作，都和联想分不开。例如李商隐的《锦瑟》：

锦瑟无端五十弦，一弦一柱思华年。

---

① 阿恩海姆：《艺术与视知觉》，中国社会科学出版社1984年版，第58页。
② 波果斯洛夫斯基等主编：《普通心理学》，人民教育出版社1979年版，第227页。
③ 黑格尔：《美学》第1卷，商务印书馆1979年版，第357～358页。

> 庄生晓梦迷蝴蝶，望帝春心托杜鹃。
> 沧海月明珠有泪，蓝田日暖玉生烟。
> 此情可待成追忆，只是当时已惘然。

这里所写的是一种"悼亡"的感情。诗中每一句所描写的意象，和其他各句都不相干。但诗人经过联想，把它们串联起来，却共同表现了"对于死亡消逝之后，渺茫恍惚，不堪追索的情境的悲哀"[①]。诗人的情感，许多不便直说。情感的自发，不能成为艺术，像黑格尔说的"把痛苦和欢乐满肚子叫出来也并非音乐"。诗人的情感，要经过回忆的滤斗器，要经过间接的意象来比拟，要转化到客观的景中使人观照，这就是说，要经过联想，把诗人直接的情感转化到客观的景中，使人品尝。常建："曲终人不见，江上数峰青。"王昌龄："撩乱边愁弹不尽，高高秋月照长城。"这样一些著名的诗句，历来都得到人们的赞赏，其中的秘密，就在于诗人的联想，把情感转化到景的当中，使情客观化，从而因景生情，这情格外具有数说不尽的感染力。

康德因为反对美与概念的联系，联想涉及概念，所以他不主张联想，而认为真正的自由美，就在单纯的形式上，以后一些形式主义者，也都不强调联想。但是就是康德，他在自由美之外，另外提出了依存美。这依存美，不是和观念的联想密切不可分吗？一些形式主义者，他们的形式经常含有某些暗示，某些隐喻，不也和联想有关吗？因此，要完全排斥联想在美感中所起的作用，也是不可能的。

联想的范围非常广阔，有由此及彼的近似联想，有以此喻彼的

[①] 朱光潜：《朱光潜美学文集》第1卷，上海文艺出版社1982年版，第94页。

相似联想，还有以此衬彼的对比联想。近似联想，也称接近联想。彭立勋同志引了李白《宣城见杜鹃花》一诗："蜀国曾闻子规鸟，宣城还见杜鹃花。一叫一回肠一断，三春三月忆三巴。"然后说："诗人在宣城见到美丽的杜鹃花，联想到在蜀时常见的子规鸟。杜鹃花盛开的时候，正是子规鸟啼的时候。这时间上的接近使诗人产生了接近联想，引起了他对蜀中故地的回忆和眷念，形成一种特有的美的享受。"①这一分析，我认为还是比较恰当的。

相似联想，相当于我国古代的比、兴。皎然在《诗式》中说："取象曰比，取义曰兴，义即象下之义。凡禽鱼草木人物名数，万象之中义类同者，尽入比、兴。"那就是说，天地万物，根据义类相同的，从一类事物联想到相同或相似的事物，从而联类无尽，意兴无穷。例如秦观的《浣溪沙》："自在飞花轻似梦，无边丝雨细如愁。"飞花与梦，丝雨与愁，虽然物类不同，但在轻和细之上，有其性质上的相近，因而巧妙地加以联想，就觉得灵犀一点，增加了无穷的美感。

至于对比联想，则是以相反之物来相互衬托。例如陶渊明："万物皆有托，孤云独无依。"从万物的"有托"，联想到孤云的"无依"，这一"无依"，就显得格外触目，格外深永。又例如陆机："女萝亦有托，蔓葛亦有寻。伤哉客游士，忧思一何深？"这里所要写的，是客游士的悲哀。为了衬托这一悲哀，他写女萝的有托，蔓葛的有寻，从而突出客游士的无托无寻，因而显得格外悲哀。俗话说，要得甜，加点盐。对比联想，就是把我们引到反面，再从反面的衬托，使我们更加赏识到我们所要赏识的美。

---

① 彭立勋：《美感心理研究》，湖南人民出版社1985年版，第86页。

四、想象

李商隐《暮秋独游曲江》："荷叶生时春恨生，荷叶枯时秋恨成。深知身在情长在，怅望江头江水声。"荷叶的春生秋枯，这是自然规律，与人何干？然而人之所以为人，就在于有情。他偏要在荷叶的春生秋枯中，情意缱绻，抱恨无端。郭熙的《林泉高致》："春山澹冶而如笑，夏山苍翠而欲滴，秋山明净而如妆，冬山惨淡而如睡。"山不过是山，有什么"澹冶""苍翠""明净""惨淡"，以及"如笑""欲滴""如妆""如睡"的？然而人正是以有情的眼光，来看天地万物，以至目之所见、耳之所闻，无不处处充满了感情。美感的活动，就是一种感情的活动。

感情的活动不是循序渐进的，而是突然的、跳跃式的。那就是说，它和想象伴随在一起。感情的逻辑，就是想象。因为美感离不开感情，所以美感也离不开想象。想象一方面联系于知觉和表象；另一方面又不受知觉和表象的限制，而可以任意地创造出新的知觉和表象。如果说，联想是知觉和表象相互间的联系，把不同的事物和观念联系在一起；那么，想象则进了一步，它在已有的知觉、表象及其相互联系的基础上，重新予以组合和安排，不仅创造出新的知觉和表象，而且赋予它们以新的形式和意义。例如孙悟空，一个筋斗十万八千里，这在现实生活中无论如何不可能，但在想象中却可能。人不会飞，但在想象中却可以飞。想象不仅是脱缰的马、出笼的鸟，可以自由地驰骋翱翔，而且可以化无为有，地下天上，到处纵横。美感的生动性和自由性，以及它那不羁的创造性，应当说，都来自想象。

但是，这并不是说，想象都是无稽的、毫无根据的。阿恩海姆说:"富于想象力的形象,并不是去歪曲真理,而是对真理的肯定。"又说:"实际上,正是在处理那些最普通的对象和最为老生常谈的故事时,艺术想象力才最最明显地表现出来。"①那么,无羁的想象怎么能说是对真理的肯定?怎么能在"最普通的对象和最为老生常谈的故事"当中表现出来呢?我认为这里的关键,在于合情合理。想象是按照感情的逻辑来反映现实和肯定真理的。情之所往,情之所钟,虽然不一定合乎事实,但却合乎真理。这一情形,我们可以从下列几个方面来谈:

第一,感情的移入。当一个人感情横溢,但现实生活中得不到满足时,他会通过想象,把自己的感情移入到对象中,在虚拟的状态中得到满足。罗密欧在黑夜之中去看朱丽叶,他看到窗子里的光,就把朱丽叶想象成为早晨的太阳,把朱丽叶的一双眼睛,想象成为黑夜中的两颗明星。感情好比火,想象好比风,风愈扇而火愈旺。普通的现实生活和老生常谈的故事,就因为移入了感情的火,加上想象助威助势的风,就变得炽炽烈烈,不可收拾了。

第二,形象的改变或夸大。为了适应感情的需要,我们在审美欣赏的时候,常常把普通事物的形象加以改变或夸大。例如李白的"蜀道之难难于上青天",就是有意识地把"蜀道之难"的形象,着力加以夸大,从而充分表达诗人所感受到的"蜀道之难"的感情。李商隐的许多七言律诗,写的都是普通的爱情,但作者并不把它们当成普通的爱情来描写,而是把眼前的一些生活情景和形象加以改变,使它们变成迷离扑朔的暗喻或象征。这样,读者读起来,一方面增加了感受和理解的难度;但另一方面,却又给读者的想象以广阔的自由的天地。这样,读起来,反而有无穷的回味与魅力。

---

① 阿恩海姆:《艺术与视知觉》,中国社会科学出版社1984年版,第197页。

第三，幻想。幻想不是想象，但想象却离不开幻想。幻想有两种，一是设身处地，以假当真。演员演戏，小说家写小说，就常常在幻想之中把自己变成人物或角色，然后生活于其中。巴尔扎克写小说，就常常真假不分，以幻当真。正因为这样，所以他在实际生活中所表现不出来的感情，却可以在创作中充分发泄和倾泻。二是情之所至，化无为有。所谓化无为有，不是无中生有。无者，指的是情。于事则无，于情则有。因其有情，像汤显祖的《牡丹亭》："一往而生，生者可以死，死者可以生。"这里的死死生生，都是深情所至，遂至幻梦成真，化无为有。多少痴情男女，不在幻想之中，追慕他们所思所爱之人？而文学艺术，不也常常以幻想的形式，来描摹现实与人生？王尔德说，艺术是"谎言"，"美而不真"。离开了真来谈美，固然有其片面性；但如果我们完全否定了艺术中幻想的成分，一切必须像事实一样真，不也同样片面吗？

五、思维与灵感

美感是感觉和感情，而不是思维和理解。但思维和理解，却有助于感觉和感情。"沧海月明珠有泪，蓝田日暖玉生烟。"这里，沧海、月明等，都不是一种单纯的感觉，而是渗透着有意识的理解。审美的思维，就是一种有意识的经过了理解的感觉。有的审美对象，我们感觉到它，也就理解到它，因而很快地就进入审美的境界。例如王之涣的《登鹳雀楼》："白日依山尽，黄河入海流。欲穷千里目，更上一层楼。"但是，有的审美对象，我们虽然感觉到了它，却不一定能够理解，这时，我们的审美活动就受到了阻碍。必须等我们经过思维的活动，理解到了它，它的美的秘密才会向我们打开。例如刘禹锡的《乌衣巷》："旧时王谢堂前燕，飞入寻常百姓家。"如果你对"王谢"不理解,你就不可能欣赏到这首诗的美。因此,思维也是美感的心理功能之一。有了思维,美感就不仅是一种感性的活动,同时也是一种理性的活动。

思维在美感中的作用,首先是了解和熟悉感受外界的符号和信息。任何审美的对象,都是通过一系列的符号和信息,把它的美传达给我们的。如果我们对这些符号和信息全无所知,那么,我们将会视而不见,听而不闻,感受不到外在世界的美。例如我们看外国的原版电影,我们不懂外语这一符号和信息,尽管它的情节很生动,对话很优美,我们看了也莫明其妙,或者看了等于不看,什么美感都产生不出来。但是,如果有了同声翻译,我们弄懂了它的语言符号,这时,美感的信息源源而来,我们会为它的情节而激动,为它机智的对话而击节赞赏。我们会对它的美不美,作出评价和判断。电影有语言符号的问题,其他音乐、绘画等,无不有语言符号的问题。不懂得音乐的语言符号,不懂得声音和旋律,你怎么能够欣赏音乐?不懂得绘画的语言符号,不懂得光线和色彩,你又怎么能够欣赏绘画?因此,熟悉和理解美感的符号和信息,是非常重要的。

其次,专业知识的积累和丰富,是思维在美感中所起的另外一个作用。唐诗美,可是要能欣赏唐诗的美,必须要有相关的专业知识。例如王维的《息夫人》:"莫以今时宠,能忘旧日恩。看花两眼泪,不共楚王言。"这里有一个历史的典故:楚王灭息,强娶息夫人,息夫人终生不与语;有一件时事:宁王见饼师之妻美,娶而归己,也是不与言笑。这一个典故和一件时事,如果我们不知道,怎么能够欣赏这首诗的美呢?元好问说:"诗家总说西昆好,独恨无人作郑笺。"这也是说,李商隐的诗再好再美,但如果没有人帮我们解释,我们弄不懂其中的暗喻和象征,弄不懂作者为什么要这么写,我们也就不能欣赏它的美,至少是不能充分欣赏它的美。因此,有关的专业知识，对于美感的产生也是很重要的。一些专业性和技术性较强的审美对象，尤其需要有专业的训练，才能真正赏识其个中的滋味。

第三，美感还是一个开掘、研究和发展的过程，这里面也需要思维的作用。对于达·芬奇的《最后的晚餐》，就有过许多专门的研究。随着研究的深入，我们对于它的美的欣赏也才愈来愈深入。唐朝大画家阎立本，久闻张僧繇之名，专门到荆州去观摩和学习他的画。但到了荆州之后，初观张僧繇的壁画，觉得不过尔尔，认为徒有虚名。第二天再去看，领会深了一些。第三天，击节赞赏，"留恋十日不能去"，寝卧其下，进行临摹。这说明了美感不单纯是一种形象的直觉，它同时更是一种思维的深化，它有一个理解和欣赏的过程。

但是，美感的思维，不是抽象的逻辑思维，而是与具体的形象相结合，并渗透了感情的形象思维。苏姗·朗格在《艺术问题》一书中说，科学和艺术都离不开"抽象"，"一切真正的艺术都是抽象的"。[①] 接着，她又说：

> 但是，艺术中的抽象过程却又完全不同于科学、数学和逻辑中的抽象，艺术中抽象出来的形式不是那种帮助我们把握一般事实的理性推理形式，而是那种能够表现动态的主观经验、生命的模式、感知、情绪、情感的复杂形式，这样的形式不能通过逻辑中使用的渐进式概括手法得到，这就使得整个艺术的发展和它使用的一切技术与推理性思维的发展及其使用的技术有了根本的不同。……

---

① 苏姗·朗格：《艺术问题》，中国社会科学出版社1983年版，第156、168~169页。

> 一件艺术品是一种特殊的事物,而且永远保持着这种特殊性,它是"这一个",而不是"这一类",它是独特的,而不是样板性的……
>
> 艺术家所面临的问题,就是对某种特殊的事物加以抽象的处理,使它以某种具体的形式呈现出来。①

苏珊·朗格的这些讲法,使我们认识到,虽然美感也是一种思维,也有抽象,但它所面对的,始终是"这一个",是"特殊的事物",是以"具体的形式呈现出来"的。它从形象开始,经过形象,而又归结为形象。不仅形象性和直观的感性特征,始终是它的特点,而且它始终离不开主体的感性经验,始终渗透着主体的感情色彩。理化为情,情又融为理,它和专讲逻辑道理的理性思维,无论内容和形式,都是不同的。

由于美感的思维是从形象到形象,而又饱含着感情,所以它就不是"渐进式的概括手法",而是有如从一个山峰到另一个山峰一样,它采用的方式往往是飞跃式的或爆发式的。看到庐山的瀑布,就想到"疑是银河落九天";看到春花开放,就想到"春心莫争花共发,一寸相思一寸灰"。这种思维,离不开眼前的直观,具有很大的直觉性;它又善于从一个形象捕捉到另一个形象,具有很大的联想性和想象性;同时它还经常突然而来,具有极大的偶然性和突然性;它看似不可理喻,不可解释,具有相当的神秘性。这种思维,一般称之为灵感。其最初的意思,是说它不是人力所为,而是神灵的启示。柏拉图在《伊安篇》中,最早提出了这一讲法。他说:"凡是高明的诗人,无论在史诗或抒情诗方面,都不是凭技艺来做成他

---

① 苏珊·朗格:《艺术问题》,中国社会科学出版社1983年版,第156、168~169页。

们优美的诗歌，而是因为他们得到灵感，有神力凭附着。"[1]近代的美学家和心理学家，有的用无意识，有的用精神病，甚至有的用疯狂来解释。总之，他们都把灵感当成是非理性的，不能用正常的思维的规律来解释的。我国古代，很少有对于灵感的理论解释，但事实上却承认灵感的存在。他们有的把它归之于梦，有的归之于神，而神与梦又是相互联系的。例如谢灵运的"池塘生春草，园柳变鸣禽"；钱起的"曲终人不见，江上数峰青"。这些在正常情况下不易写出的好诗，他们就归之于梦，归之于灵感。对于这一现象，我们应当怎样看呢？我们说，人类的思维，都有由渐进到突进、由量变到质变的爆发过程，也就是说，都有灵感。科学家的发明，哲学家的思考，都有豁然贯通、突然顿悟、思想闪光的时候，因此，也都有灵感。美感的思维，艺术家的创造，由于面对的都是具体的形象，都是触景生情，所以灵感更是连珠炮似的，一个接一个。诗人写诗，握笔苦思，一句都写不出；可是蓦然回首，佳句却连篇而来。画家画画，兴到神到，一笔下去，踌躇满志；可是再要画一次，却再也没有那样的神采飞扬，气韵生动，因为他的灵感已经过去。因此，灵感是美感思维的一种特殊的心理功能，客观存在，我们不仅不应当否定，而且应当十分珍视。

但是，灵感之来，又并非神灵梦呓，它是我们长期实践、辛勤劳动的结果。它是思维的一种突变形式，真积力久，猝然迸发。因此，它也是血汗的耕耘所绽开出来的花，所结出来的果。如果谢灵运不作诗，不是诗人，不是长期从事诗歌的创作，他无论怎么做梦，也梦想不到"池塘生春草"的佳句。因此，我们虽然不反对灵感，但却反对为灵感而灵感。至于用不正当的物质手段，如喝酒、

---

[1] 柏拉图：《文艺对话集》，人民文学出版社1963年版，第8页。

抽大烟等，去刺激灵感，那更是歪门邪道，我们坚决反对。李白"斗酒诗百篇"，可是喝酒的人很多，又有哪一个只因为酒喝得多，就成了李白？这样，天才的灵感来自辛勤的劳动，是思维深化和成熟的标志，而不是什么无所事事的"白日梦"。

六、通感

荀子在《正名》中说，人有各种各样的感觉器官，去感知各种各样的外物。不同的感觉器官，感知不同的外物，他称这为"当簿其类"。也就是说"缘耳而知声可也，缘目而知形可也"。如果不是这样，而是用耳朵去听形，用眼睛去看声，那就不行了。庄子在《天下》中，也说过类似的话："譬如耳目鼻口，皆有所明，不能相通。"这都是说，各种感觉器官是有分工的，我们不能把它们混在一起。各种美学著作，差不多都是从不同的感觉器官，来对人类的美感和艺术，进行分类。元周德清说"十里松声画难描"（《红绣鞋·郊行》），这就是根据不同的感觉器官对于不同的艺术，所提出的不同要求。莱辛的《拉奥孔》，更因此写了一部专著，来对诗画作出不同的界定。

但是，人是一个有机的生命整体。各种感觉器官虽有分工，但它们之间并不是相互割裂，互不相通。以为光线或声音，可以单独地或纯粹地被视觉或听觉所感知，而不和其他方面的感官发生关系，这是不可能的。根据心理学家的实验，给人戴上一副光线颠倒的眼镜，于是整个世界在他面前颠倒过来了。视觉发生了这一变化，他的其他感官也随之发生混乱。脚老是踩不到要走的地方，手老是摸不到要摸的地方。等过了一个礼拜，受验者习惯了，各种感官配合好了，一切似乎正常了。这时，再把他的眼镜取掉，恢复他原来的正常状态。但是，他却重新经历一次混乱的状态，他因为已经习惯于把不正常当成正常，所以正常反而成了不正常。要经过一段时间，他的各种感官才会恢复正常，重新协调。因此，一种感官的变化，常会引起其他感官的变化。我们平时是在大脑神经中枢分析器的指挥下，同时发挥各种感官的作用，相互协作，相互沟通，然后才能生活和工作的。这样，各种感官不仅有区别、有分工，它们之间还有协作，还有相互影响和相互沟通，这就是通感。早在古希腊时，亚里士多德已经看到了这一现象，说："如没有具备相应的感官，我们怎能认识各种不同感觉的各类事物？可是，如果像复杂的声调可由适当的通用字母（注音）组成一样，一切事物所由组成的要素苟为各官感都能相通的要素，那么我们应该就能（看音乐或听图画）。"[①] "各官感都能相通"的通感，在我们的美感活动中，可说到处都在发挥作用。

　　首先，我们感受客观现实的美，不是从某一种感官出发，而是从整体的人出发。是人的感觉在人对现实的审美关系中，发现和欣赏美的。我们欣赏美时，差不多所有的感官都调动了起来。例如暮春三月，我们来到春光明媚的大自然：眼睛看着旖旎的风光，耳朵听着鸟鸣水潺，鼻子嗅着花香草香，我们感情奔溢，手舞足蹈。我们所有的感官都投了进去，所有的感官都活跃了起来，共同演奏一曲感官的交响乐。自然美是这样，综合艺术也是这样。它们打破了各种感觉器官的界限，共同统一起来，去欣赏同一的对象。戏剧、电影等，都是这样的综合艺术。

　　其次，为了更好地更充分地欣赏美，一种感觉器官不够用，常常需要借助其他感觉器官的帮助和补充。例如绘画，这是视觉

[①] 亚里士多德：《形而上学》，商务印书馆1959年版，第30～31页。

艺术，主要用眼睛看。但杜甫看画时却说："元气淋漓幛犹湿"。这"湿"，就不是眼睛所能感觉得到的，而是用触觉来补充。白居易"举头忽看不似画，低耳静听疑有声。"（《画竹歌》）这也是用听觉来补充视觉，以便更好地欣赏绘画的美。至于杜牧"天阶夜色凉如水"，夜色的凉是既不能用视觉看，也不能用听觉听，而只能借助于触觉了。

第三，联想或想象的心理活动，更常常使我们的美感，从一种感觉器官过渡或扩大到另外的一种感觉器官。这在欣赏音乐的时候，特别明显。《礼记·乐记》描写歌声时说：

故歌者，上如抗，下如坠，止如槁木，倨中矩，句中钩，累累乎端如贯珠。

《正义》解释说："声音感动于人，令人心想形状如此。"这是把听觉的形象想象为视觉的形象。《老残游记》中，王小玉说书一段，更是充分发挥了视觉的想象，来形容听觉的优美。它形容王小玉声音的高，"忽然拔了一个尖儿，像一线钢丝抛入天际"。然后，随着泰山峰峦的起伏，声音抑扬跌宕，一层层地高上去。最后，声音"陡然一落，又极力骋其千回百折的精神，如一条飞蛇在黄山三十六峰半中腰里盘旋穿插，顷刻之间周匝数遍。"就这样，我们通过视觉形象的联想和想象，把听觉的美充分地描绘和刻画了出来。

第四，各种感觉器官的交互作用，常常可以产生一种特殊的审美感受。例如"红杏枝头春意闹"，这里的"闹"字，很难用视觉或听觉来说明。它们既是视觉，又是听觉，而且还不止于视觉和听觉。它们与触觉、味觉都有关系。又例如严遂成的"风随柳转声皆绿"，也是利用了各种感觉器官的通感作用，创造出了声、色相错，具有动态感的鲜明画面。我们有时说,天鹅绒般的噪音,或者光辉的喜悦,以及其他一些类似的形容词,我们都是在利用这一种感觉以加强另外的一种感觉,从而使它们在相互作用中增强感觉的情调和色彩,丰富美感的内容。

罗丹说:"绘画、雕塑、文学、音乐,彼此的关系比常人设想的更要接近。它们都是表现站在自然前面的人的感觉。"而这一人的感觉,不是孤立地分裂为视觉、听觉、味觉、触觉等,而是交织在一起,成为生命的整体感觉,也就是成为通感。

但是,苏姗·朗格说:"只有通过探求各类艺术的差异,才能真正找到而不是猜测出它们的共同之处。"[1]我们的各种感觉器官,虽然它们之间有联系,有"通感",但它们的"通感"是建立在它们之间的差异之上的。我们只有找到了各类感觉器官本身的特点,找到了它们各自不同的审美特点,我们才能谈"通感"。"通感"是美感的一种辅助的心理功能,而不是主要的心理功能。

---

[1] 苏姗·朗格:《艺术问题》,中国社会科学出版社1983年版,第13页。

说丑

美向着高处走,不断地将人的本质力量提高和升华,以至超出了一般的感受和理解,在对象中形成一种不可企及的伟大和神圣的境界,这时就产生了崇高。美向着低处走,愈走愈低微卑贱,以至人的本质力量受到窒息和排斥,而非人的本质力量却以堂皇的外观闯进了我们审美的领域,这时,它在对象中显现出来的就不是美,而是丑。丑是美的对立面。

丑的美学意义是多方面的。首先,就在于它是美的对立面。天下任何事物都是对立面的统一:没有黑夜,就不可能有白天;没有地狱,就不可能有大堂;没有丑,也就不可能有美。中国古庙中,大雄宝殿上,佛像无限慈悲,庄严肃穆,看起来非常美。但这一美的形象是建立在人间广阔的苦难之上的,它是以人间的丑作为反衬的。其次,世界的发展有待于丑的刺激。恩格斯说:"在黑格尔那里,恶是历史发展的动力借以表现出来的形式。这里有双重的意思,一方面,每一种新的进步都必然表现为对某一神圣事物的亵渎,表现为对陈旧的、日渐衰亡的、但为习惯所崇奉的秩序的叛逆;另一方面,自从阶级对立产生以来,正是人的恶劣的情欲——

贪欲和权势欲成了历史发展的杠杆。"①恩格斯的这段话，从历史发展的必然性，说明了"恶的必需"，说明了恶和丑是刺激人们前进的重要动力。歌德在《浮士德》中，很好地阐发了这一思想：

> 人们的精神总是易于弛靡，
> 动辄贪爱着绝对的安静；
> 我因此才造出恶魔，
> 以激发人们的努力为能。②

第三，审丑历来都是人们审美活动的一个重要方面，因此，历来的文学艺术都有表现奇丑怪异的杰作。原始艺术和现代主义艺术，固然充满了以丑为美的审美现象，就是古典艺术，也不乏歌颂丑的例子。例如李贺的"牛鬼蛇神"，不就很明显吗？《沧浪诗话》说："长吉之瑰诡"，"天地间自欠此体不得"。第四，现实生活中的丑，经过艺术家的灵心点化，转化成为艺术中的美，成为抨击丑的巨大的艺术力量，那更是文艺复兴以来，西方艺术的一个重要特点。

因此，丑不仅是丑，它伴随着美，与美共同演奏了人间欢乐与痛苦的二重奏。像美不是固定的、形而上的一样，丑也不是固定的、形而上的，它随着社会历史的发展和变化而发展和变化。在动态的时空结构中，由于时代和社会的不同，丑的审美价值和意义也就不同。大致说来，丑的历史发展可以分成三个阶段：（1）原始时代。丑以怪诞凶恶的面貌出现，但这一怪诞凶恶在当时并不被认为

---

① 《马克思恩格斯选集》第4卷，人民出版社1966年版，第233页。
② 歌德：《浮士德》第1部，人民文学出版社1959年版，第18页。

是丑，而被认为是美，或者美丑混杂，美丑不分。（2）古典时代。从古希腊到19世纪。这时高唱美的赞歌，美丑分明，美就是美，丑就是丑。（3）西方现代主义时代。一方面回到了原始时代，美丑不分；另一方面，又进一步有意识地发现丑，表现丑，把丑当成美，丑成了美。正因为这样，所以有的同志把古典时代的美学称为"美学"，而把西方现代主义时代的美学则称为"丑学"。对于这三个时代"丑"的不同发展，我们下面分别作一些简单的描述。

原始时代人们占支配地位的思维意识是宗教意识。主体不仅没有独立性，而且与客体不分，一切模糊、混乱，充满了神秘感和恐怖感。整个世界到处潜藏着恶意的精灵或鬼神。正因为这样，所以神秘性、怪诞性和为了宗教的需要而采用的仪式性，成了原始艺术的基本特点。丑恶的形式常常与宗教的神圣感结合在一起，以至美丑不分，美丑混淆。有的写实性很强的原始艺术，如洞壁艺术，它们把动物的形象刻画得毛发毕现、惟妙惟肖。但它们这种写实，本身就是出于神秘的交感巫术的需要。也就是说，他们把动物刻画得逼真，目的是为了掌握动物的灵魂，以便归他们支配。朱狄同志说："在原始艺术中，它所再现的对象的意义往往会超出它的物质存在，而与巫术、宗教以及其他的社会力量联系在一起，艺术家企图通过他的象征符号去表现他所要表现的意义。"[①]正好说明了这一点。

由于原始艺术要采用超人间的神秘形式来表现宗教意识，所以他们的艺术与审美的活动关系不大，而是与图腾、祖先崇拜、神灵崇拜等密切相关。这样，为了宗教信仰的神秘需要，他们采用了扭曲、变形、怪诞、凶恶等艺术形式。这些形式，从文明人的角度来看，不仅奇特，而且可怕；不仅不美，而且丑。例如面具，"它是

[①] 朱狄：《原始文化研究》，三联书店1988年版，第455页。

一种常人没有的面孔，它要引起的是陌生感而不是亲切感，因为面具所代表的不是人的表情，而是神秘世界中某种神灵所可能有的表情。正因为它要引起陌生感甚至恐惧感，因此它是不受人脸五官比例的支配的"①。

我国古代的蛇身人面像，埃及的狮身人面像，以及黑格尔《美学》中所谈的象征型的艺术，如千手佛、千眼佛等，它们的基本特点是，人的形象还没有独立起来，人还没有明确地肯定自己的本质力量，以至人和动物混淆在一起，甚至动物的形象支配了人的形象。在这种情况之下，美丑之间就缺乏一条明确的分界线，从而美丑不分，美丑混淆。

到了古希腊，情况发生了根本的改变。热尔曼·巴赞说："希腊人粉碎了巫术的桎梏"，"人类不再是神的创造物，而开始以其自己的形象创造神"。②那就是说，人的本质力量开始获得了独立自主性，不是非人的神创造人，而是人按照自己的形象来创造神。人的本质力量进入到神的形象中，成为理想的人，成为雅典娜、阿波罗、阿佛洛狄忒等光辉的美的形象。公元前5世纪，正当希腊文化艺术发展的高峰期，著名的政治家伯里克利说："我们是爱美的人！"柏拉图把美看成是最高的理念，赞美对于美的追求和向往，可说代表了这种爱美的精神。从古希腊一直到19世纪，探讨美的本质和理论，一直是美学研究的中心课题。追求美和为美献身，也一直成为人们终生奋斗的理想。这时，美丑分明，美占据着绝对的支配地位。至于丑，则作为附庸、反衬和阴影，而出现在美的左右。正因为这样，所以比起大量有关美的理论来，有关丑的美学理论不

---

① 朱狄：《原始文化研究》，三联书店1988年版，第500页。
② 热尔曼·巴赞：《艺术史》，上海人民美术出版社1989年版，第84页。

是太多。不过,虽然这样,我们仍然可以在西方的古典时期,发现一些有关丑的理论。例如亚里士多德在《诗学》中,即曾谈到丑。他说:

> 喜剧是对于比较坏的人的模仿,然而,"坏"不是指一切恶而言,而是指丑而言,其中一种是滑稽。滑稽的事物是某种错误或丑陋,不致引起痛苦或伤害。现成的例子如滑稽面具,它又丑又怪,但不使人感到痛苦。①

这里,亚里士多德联系喜剧来谈丑,认为喜剧所模仿或描写的就是丑,它错误或丑陋,但不给人带来痛苦或伤害。

公元1世纪,普卢塔克的《怎样学习诗歌》一书,探讨了以下问题:丑在进入艺术之后,是否保留其丑的本质?现实中丑的东西,经过艺术的模仿之后,能否变成美的东西?他的回答是否定的,丑在艺术中不能变成美。但是他又说,模拟的美妙技术,如口技模拟尖叫的猪,却可以使人兴趣盎然。奥狄浦斯母亲伊俄卡斯达的尸体,本来是很丑的,但经过雕刻家的手,却可变得很美,这就因为"现实中的丑经艺术刻画后可以变得为人们所接受"②。

3世纪的普罗提诺,认为物体之所以美,是"由于分享了来自神那里的理性"。对于一件没有形式的事物来说,由于它"缺乏理性和理型,它就是丑的,并被排斥在神和理性之外,它是绝对地丑的了"③。以是否分享了神的理性,来判定一件事物是美还是丑,很自

---

① 亚里士多德:《诗学》,人民文学出版社1962年版,第16页。
② 吉尔伯特,库恩:《美学史》,上海译文出版社1989年版,第137页。
③ 引自《西方文论选》上卷,上海译文出版社1979年版,第138页。

然地把美学的研究导向了神学的研究。

中世纪的奥古斯丁,认为上帝热爱秩序并创造了秩序。在努力仿效上帝的统一性时世界取得了多样性的统一,或者说取得了和谐。这和谐就是美。在这和谐的整体里,丑占什么地位呢?他认为丑都是相对的。个别的东西看起来是丑的,但从整体来看,它衬托出整体的美。"比如,罪恶,一经得到惩治,就会成为正义美的一部分。"[①] "即使在微小而又卑劣的动物(如跳蚤)身上也可以看到精巧的结构,来进一步证实他关于世界已达审美完善的论点。"[②] 因此,在奥古斯丁看来,在这个上帝所创造的和谐的美的宇宙中,丑不是主要的,它只是美的较低级的陪衬。

18世纪的英国经验主义者休谟,用快乐或痛苦的感情来区分美和丑,说:"美是一些部分的那样一个秩序和结构,它们由于我们天生的原始组织,或是由于习惯,或是由于爱好,适于使灵魂发生快乐和满意。这就是美的特征,并构成美与丑的全部差异,丑的自然倾向乃是产生不快。因此,快乐和痛苦不但是美和丑的必然伴随物,而且还构成它们的本质。"[③]

此外,德国理性主义者鲍姆加登,从感性认识的完善或不完善,来区分美和丑。哲学家斯宾诺莎则强调美和丑的相对性,认为:"最美的手,在显微镜下看,也会显得很可怕。当我们近距离看的时候,我们以为是美的,其中很多原来是丑的。所以,事物就其本身来看,或者把它们归于神的时候,那就既不是美的,也不是丑的。"(《通信集》)

[①] 吉尔伯特、库恩:《美学史》,上海译文出版社1989年版,第181页。
[②] 同上,第181页。
[③] 休谟:《人性论》上册,商务印书馆1980年版,第334页。

美和丑，怎样在艺术中表现？莱辛在《拉奥孔》中，根据不同艺术的特点，对此作了深刻的分析。他认为诗歌的描写，把题材由空间转向时间，所以"常由形体丑陋所引起的那种反感被冲淡了，就效果说，丑仿佛已失其为丑了"。而造型艺术不然，它把丑在空间上都展示出来，从而愈显其丑。正因为这样，所以维吉尔可以描写拉奥孔的号啕痛哭，而希腊雕像则把这一痛哭转化为静穆的忍受。因此，"就它作为模仿的技能来说，绘画有能力去表现丑；就它作为美的艺术来说，绘画却拒绝表现丑"[1]。这样，莱辛总结出一条规律："美就是古代艺术家的法律；他们在表现痛苦中避免丑。"这一规律，也可以说是古典时代的美学关于丑的一个总的看法：艺术应当表现美。为了美，丑要让路。即使写到丑，也只是美的陪衬，或者对立面。丑的存在，是为了更好地突出美。

可是，这一古典时代的美学关于美丑的看法，到了19世纪，却受到了冲击。首先是以雨果为代表的浪漫主义者，他们在美之外，提出了对于丑的呼唤。雨果在1827年发表的《〈克伦威尔〉序》中，说古代的人，面对着使人陶醉的大自然，他最初的话语只是一种赞美歌。但到了近代，人接近现实的真实，"她会感到，万物中的一切并非都是合乎人情的美。她会发觉，丑就在美的旁边，畸形靠近着优美，丑怪藏在崇高的背后，美与恶并存，光明与黑暗相共"[2]。正因为这样，所以近代人在美之外发现了丑。当然，这并不是说古代就没有丑，但"古代的丑怪还是怯生生的。并且总想躲躲闪闪。可以看出它还没有正式登台，因为它在当时还没有充分显示

---

[1] 莱辛：《拉奥孔》，人民文学出版社1977年版，第135页。
[2] 雨果：《〈克伦威尔〉序》，《十九世纪西方美学名著选》（英法美卷），复旦大学出版社1990年版，第373页。

其本性。"近代却不同，近代的丑怪具有广泛的作用，"它无处不在：一方面，它创造了畸形与可怕；另一方面，它创造了可笑与滑稽。"正因为这样，所以近代的戏剧能够描写广阔而又复杂的人生。

其次，创作态度与浪漫主义者不同的现实主义作家，他们也注意到了丑，也把丑作为他们描写的重要题材。司汤达、梅里美、巴尔扎克、福楼拜、左拉等，都高度赞扬无情的真诚，要以科学那样坦率的态度去描写生活的真实。那么，什么是生活的真实？这就是我们观察得到的生活的各个方面：善与恶，美与丑。作家应当有强大的胃口，去面对生活中最丑恶的东西。关于这点，契诃夫有两段话，讲得很好：

> 有些人越是熟悉生活中的肮脏，反而变得越纯洁。政论家、律师、医生等，摸透人类罪恶的全部秘密，却并不以不道德出名；现实主义作家常常比寺院方丈更有道德。
>
> 认为文学的职责就在于从坏人堆里挖出"珍珠"来，那就等于否定文学本身。文学之所以叫做艺术，就因为它按照生活的本来面目描写生活。它的任务是无条件的、直率的真实。把文学的职责缩小成为搜罗珍珠之类的专门工作，那是致命打击，如同您叫列维坦画一棵树，却又吩咐他不要画上肮脏的树皮和正在发黄的树叶一样。我同意"珍珠"是好东西，不过要知道，文学家不是糖果商贩，不是化妆专家，不是给人消愁解闷的；他是一个负着责任的人，受自己的责任和良心的约束。①

因此，无论浪漫主义者或是现实主义者，都以生活的真实和生

---

① 契诃夫：《契诃夫论文学》，人民文学出版社1958年版，第35页。

活的丰富性与复杂性的名义,肯定了文学艺术应当描写丑,肯定了丑在美学中的重要地位。但是,他们在基本的观点上,却仍然没有超出古典时代的范围:丑不是美,丑可以是描写的对象,但却不是歌颂的对象。他们的目的,主要是通过了解丑来克服丑。车尔尼雪夫斯基说:"了解丑之为丑,那是一件愉快的事。"①

19世纪中叶以后,以陀思妥耶夫斯基和波德莱尔开其端倪的现代主义文学艺术,却一反古典时代崇美抑丑的做法,他们大唱丑的赞歌,宣传丑的美学。或者说,他们力图使美学变成丑学。陀思妥耶夫斯基的《地下室手记》,开头就说:"我是个有病的人……我是个凶狠的人。"在《罪与罚》中,他描写人的犯罪和犯罪意识,并将之美化。在《白痴》中,"白痴"成了绝对美好的人物。波德莱尔的《恶之花》,书名就告诉我们,他所要歌颂的,是恶,是丑,他所献出的是"病态的花"。他说:

> 正是恶魔,拿住操纵我们的钱,
> 我们从可憎的物体上发现魅力;
> 我们一天天堕入地狱,每日每日,
> 没有恐惧,穿过发出臭气的黑暗。②

到了20世纪,对于丑的偏爱,更成了现代主义的一个重要特色。丑从各个方面,渗透进了人们的审美意识和文学艺术。形体被扭曲,形式是古怪而又荒诞的;他们所感觉的世界,也不是正常的世界,而是在哈哈镜中被变了形的世界;他们所表现的内容,是非

---

① 车尔尼雪夫斯基:《文学论文选》,上海译文出版社1984年版,第118页。
② 波德莱尔:《恶之花》,人民文学出版社1987年版,第4页。

理性的反人性的本能和潜意识。传统美学以为美的，他们都弃而不顾。丑在传统美学中只是一种否定的力量，而到了20世纪现代主义的美学中，则丑与荒诞代替了崇高与滑稽，成为非理性的审美理想的标志。

李斯托威尔说：丑"所引起的是一种不安甚至痛苦的感情……一种带有苦味的愉快，一种肯定染上了痛苦色彩的快乐。它主要是近代精神的一种产物"①。为什么说丑是近代精神的一种产物呢？分析起来，主要有下列几点原因：

（1）近代自然科学发达，一方面打破了上帝创世的神话，另一方面也打破了理性万能的讲法。人是从动物发展起来的，他因为理性而超越了动物。但人毕竟是从动物发展起来的，他不仅没有，而且也不可能完全摆脱动物，他身上有许多动物的，也就是非理性的东西。正是这些非理性的东西，构成了人身上反人性的本质力量。弗洛伊德对于人类潜意识的研究，就是探讨这种反人性的本质力量。这样，恶并不完全来自外界，人自己的身上就具有恶的根源。人的本质力量不一定都是美的，他有丑的一个方面，那么，我们有什么理由反对丑呢？过去古典时代的文学艺术家，他们专门描写美，或者描写美对于丑的斗争，他们没有揭示出丑的本质，他们不说歪曲了生活与人性的真实，至少是反映得不全面。今天在自然科学的面前，我们赤裸裸地面对着自己的丑恶的本质，我们就应当还丑以真实的面貌，将之加以真实的表现。

（2）英雄们的业绩所造成的后遗症。19世纪和20世纪都是"英雄"辈出的时代，但也是人类遭灾遭难的时代。拿破仑、俾斯麦、希特勒这些"英雄"，为了他们的"胜利"和"桂冠"，发动战争，

---

①李斯托威尔：《近代美学史评述》，上海译文出版社1980年版，第233页。

制造分裂，把人类陷入巨大的苦难，真可说是"圣人不死，大难不止"。痛定思痛，人们不能不感到空虚、恐惧和荒唐，原来人类历来所说的理想、伟大、光荣，竟只是少数野心家用来坑害亿万人民的美丽谎言！在血淋淋的现实面前，人们不能不感到幻灭，变成空虚。于是，人类的价值观念，包括美丑、善恶与是非，不能不受到怀疑与诘难。原来以为美的，是不是真美？原来以为丑的，是不是真丑？就是在这种价值观念转变的情况下，人们内心传统的美的殿堂遭到摧毁，而把丑当成新的桅杆树立起来。这种对于丑的崇拜，是对于英雄业绩的幻灭所产生的一种后遗症。

（3）20世纪后工业化的西方社会，出现了种种的畸形和矛盾：一方面，生产高度丰富化、社会化，应有尽有；另一方面，生活却高度个人化、孤独化，人与人之间，老死不相往来。住在十里洋场的高楼大厦里面，每个人却感到极端寂寞和孤独。吉阿康麦谛一座名叫《市镇广场》的雕塑，非常典型地表现了现代人的这种孤独感。

吉阿康麦谛的《市镇广场》

四个男女的形象，像电线杆子一样地瘦长。他们共同站在广场上，却各不相干，互不交往，彼此显得非常隔膜。另外，拿旅游业来说，近代旅游事业可说非常方便和发达。中国到日本，不过两个多小时；再加十来个小时，也就到了美国。人变成了地行仙，说到哪里就到哪里。但是，和古代旅游事业比较起来，它却失去了人情和风土，失去了幻想与浪漫的抒情味道。古代的人一次旅游，有那么多令人眷恋的地方。而我们今天，到哪里就到哪里。与邻座同坐几个小时，甚至连招呼都不打一个。大家来去匆匆，快是快了，但却兴味索然。在这种情况下，从理智上来说，世界被人掌握了；但从感情上来说，世界却对人生疏了。在一个生疏的、非人的世界中，人除了找到怪诞、恐怖、痛苦与心灵的分裂之外，他又能找到什么呢？他要求感情和心灵的刺激！对于感情和心灵的刺激来说，丑更胜于美。这样，仅仅为了刺激，为了证明自己的存在，人们就宁愿追求丑。所谓饱暖思淫欲，这是就物质生活说的；对精神生活来说，则是饱暖思丑怪。就是在这个意义上，丑成了近代精神的一种产物。

根据以上的几点，我们是不是能说，20世纪是丑的时代？现代主义的美学是宣扬丑的美学？我看不能这样说。我们只能说，20世纪给丑的表现创造了机会，它让丑从被否定的地位走上了它应该得到的地位。那也就是说，丑到了20世纪，引起了人们的注意，在文学艺术中得到了表现。至于这一表现，是应该受到肯定，还是应该受到否定？我看我们不能再用"是或不是"的公式来简单地加以回答。20世纪，人们的现实生活已经变得如此多元化和复杂化，我们再不能用单一的框框来加以规定和说明了。黑色幽默派的作家约瑟夫·海勒写的《军规第二十二条》，当中规定，主人公尤索林在战争中只要飞行四十次，就可以了。但第二十二条又规定，飞行员一定要服从上级，否则一定要受惩罚。这样，大队指挥官可以命令他无限地飞下去。同时，这条军规还规定，只有精神错乱的疯子，才可以提出申请停飞；但它又规定，如果在危险到来时，你以发病为借口申请停飞，说明你不是疯子，得继续飞下去。面对着不可逾越的荒唐的军规，人们陷入了一种无穷无尽的圈套。现实生活就是这样的圈套，人走入了一个无法解脱的"异化"的世界。尤内斯库的《秃头歌女》，描写一对男女，同乘一列火车到伦敦，忽然发现他们原来是夫妻；但才说是夫妻，却又推翻了他们是夫妻的关系。到头来，他们弄不清他们究竟是什么关系。在这样一个混乱、颠倒而又荒谬的世界中，能有什么绝对的善恶和美丑？又能用什么"是或不是"的标准来加以简单的肯定或否定呢？

正如19世纪和20世纪的"英雄"，他们一方面是现代科学的产物，能用科学来制造杀人的舆论和武器；另一方面，他们又是荒谬的产物，自以为他们的杀人是多么伟大和崇高。20世纪的现代主义，也是一方面利用现代科学来挖掘和剖解人类的心灵，擘肌分理，探幽阐微；但另一方面，他们又把人类带进了卑微和荒谬的死胡同，杳无希望，毫无作为。就在这种情况下，他们宣扬和渲染丑和丑学，并利用现代科学的成果来装点和粉饰丑和丑学。对于这样的丑和丑学，我们一方面要承认他们揭示人类卑微和阴暗面的成绩，让人类不要满足于自我吹嘘的美梦；另一方面，我们更要严肃地提醒他们：不要忘记自己是人，不要像猪猡掉在泥淖中淹没自己，我们要前进，要超越。我们不但要承认自己的渺小和丑，更要追求那闪烁着人性光辉的伟大和美。人生的征途，可以充满丑；但人生的目的，却应当是美。电视在国际趣闻的节目中，曾经报道英国有一种丑的比赛：每个参赛的人尽量装出丑相，以博取胜利。这些丑相都是极其难看的，它们都是为丑而丑，没有任何的美学价值和意义。我们在文学艺术中，不需要有任何的这种出丑或装丑！

李斯托威尔说："那么多的当代艺术，就因为对丑的病态追求而被糟蹋了。"这句话，讲得很好。我们可以对丑进行研究，但不要成为嗜痂成癖的爱丑专家，被丑所糟蹋。我们在接受西方现代主义所开拓的丑的美学范畴的同时，一定不要忘记与丑的斗争。怎样斗争？在文学艺术创作的过程中，有两个问题值得我们注意：一是生活丑与艺术美的问题，二是作家如何才能描写丑的问题。第一个问题，说的是生活中的丑经过艺术的表现，变成了美。李白说："丹青能令丑者妍"（《于阗采花》），就是这个意思。一般喜欢举罗丹刻的《老妓》，来说明这个问题。老妓名叫欧米哀尔，年轻时非常美，以至诗人维龙歌颂她，称之为"美丽的欧米哀尔"。到了罗丹，却将之雕刻成一个年老色衰、干瘪丑陋的"老妓"。而记录罗丹关于艺术的谈话的葛赛尔，看了这个雕像，却禁不住惊呼："丑得如此精美！"诗人所歌颂的"美丽的欧米哀尔"，变成了丑陋的"老妓"；而丑陋的"老妓"到了罗丹的手上，却又"丑得如此精美"，变成了艺术中的美。当中几个转折，说明了生活丑与艺术美之间的曲折关系。首先，艺术的美不美，不在于生活是丑或美。生活的美可以成为艺术的美，生活的丑也可以成为艺术的美。正因为这样，所以年轻美貌的欧米哀尔和年老色衰、变丑了的欧米哀尔，都可以成为艺术描写的对象，都可以成为艺术的美。其次，生活中的丑成为艺术中的美，不是丑变成了美，而是生活中的丑经过艺术的表现，变得更丑了。年老的欧米哀尔，"肉体受着垂死的苦痛"，"发现自己活像一具尸体而感到恐怖"，罗丹在雕像中深刻地揭示了欧米哀尔老年的这种丑，引起人们心灵的震颤，从而不能不惊叹于他艺术表现的精美绝伦，不能不赞叹他艺术的美。因此，生活中的丑到了艺术中，不是变美了，而是暴露了它丑的真实面目，让人真实地认识它丑的本质。变美的不是丑本身，而是艺术。第三，生活中的丑不仅不以丑的面目出现，而且作乖弄丑，花枝招展，把自己打扮得似乎很美。不知道真情的人，常常为丑所惑。即使身在局中的人，也会当局者迷，弃美而就丑。可是艺术却把生活如实地客观地写出来，使当事人变成旁观者。旁观者清，自然比较能够辨别美丑了。艺术强大的教育作用,就在于它能够通过烛照美丑,来明辨是非,把生活中被颠倒了的美丑重新颠倒过来。

至于作家如何才能描写丑的问题,首先是一个熟悉的问题。谁最熟悉丑呢?表面看起来,似乎应当是本身就是丑恶之人。他朝夕与丑为伍,懂得丑的里里外外和各种歪门点子。但是,作家描写现实生活,除了有深入了解的一面之外,还要有超脱与超越的方面。那就是说,他还要与生活保持距离,还要远远地高过于生活。只有这样,他才能用自己的心灵的火,把现实生活燃烧起来,使现实生活通体放出光辉。丑恶之人虽然熟悉丑,但他既不能超脱,更不能超越。他以丑为美,耽溺于丑,喜爱丑,这样,他反而写不出丑之所以为丑。文学艺术不仅是现实生活的反映,而且是现实生活的反思;不仅是现实生活的反思,而且是现实生活的反悔。丑恶之人,他差不多都是"常有理",他干丑恶之事,干得心安理得,他既不能反思,更不能反悔。正因为这样,所以他陷溺在丑里面,安于丑而不能自拔。叶赫留道夫的忏悔,使他走向"复活";而丑恶之人从来不知道忏悔,所以他虽然身在地狱里面,但终因缺乏菩萨的心肠,所以始终不能超度众生,让地狱之中升起朵朵莲花!因此,丑恶之人不能描写丑。

能够描写丑恶的人不是丑恶的人,而是与丑恶作斗争的人。一方面,由于经历与工作的关系,他与丑打交道,熟悉丑;另一方面,他的秉性清廉,不仅不甘与丑为伍,而且深恶而痛绝之。这样,久而久之,他把丑恶烂熟于心,必欲铸为形象,公之于世,暴之于众。吴敬梓的《儒林外史》是这样写出来的,果戈理的《死魂灵》也是这样写出来的。作者所写的是一幅群丑图。他们有意识地写他们的丑,让他们拼命地表现自己。就在拼命地表现自己的当中,他们丑态毕露,自己否定了自己。丑在文学艺术中的美学价值和意义，就在于自己否定自己。作者描写丑，而又让丑自己否定自己，这里，除了需要作者高度地熟悉生活、熟悉业务之外，还需要有一支大胆的笔，有一颗火热的心。只有这样，他才能把对于丑的憎恨变成灵魂的闪光。他把他所刻画的，都变成自己人格力量的印证，本质力量的对象化，成为他的心血的结晶。"出淤泥而不染，濯青涟而不妖。"周敦颐《爱莲说》中的这两句话，很好地表达了丑的描写者的志气和胸襟。只有具有这种志气和胸襟的人，才能描写丑。

美感教育与人的心理气质和精神面貌的转移

马克思说，人和动物不同，人的活动都是有意识的生命活动。因为人的活动是有意识的，所以都自觉或不自觉地具有一定的目的。像美感这种高级的精神活动，更必然具有一定的目的。那么，什么是美感活动的目的呢？这就是美感教育。

美感教育又称审美教育，或者简称美育。它和德育、智育、体育等一样，都在于把人提高。但德、智、体等育，是通过学习、训练和实际的操作等方式，来提高人的知识和才能，提高人的道德修养，提高人的体质。它们教育的方式，不仅是外铄的，由外面强加上去的；而且是实际的，具有实际的功利目的。可美感教育不同了。它虽然也要把人提高，但它提高人，既没有实际的功利目的，也不需要实际的学习、训练和操作，它只是一种精神上的陶冶和感染。首先，它是无形的。它没有任何形式上的规定和束缚，它只是自然而然，让你不知不觉地受到教育。例如天气晴朗的时候，你到阳光下去散散步，到西湖边上去转两圈，你只要眼睛看看，耳朵听听，你就浑身舒服，精神焕发。鲁迅曾用游泳来作比譬，说美感教育有如游泳："游泳既已，神质悉移。"（《摩罗诗力说》）中国古人更曾用风来作比譬，说："草上之风必偃。"（《论语·颜渊》）那是说，风是无形的，看起来什么都没有，但风一吹，百草偃伏，百花盛开。因此，美感教育是以无形的方式，来陶冶人的精神，转移人的气质。其次，美感教育还是不可抗拒的，使人不得不然的。我在《谈谈审美教育》一文中，曾经谈到过自己的一次体会：

> 1937年，抗日战争刚刚爆发的时候，我在初中读书。一天，来了两位抗敌宣传队的队员。他们把全校同学召集在一起，不讲任何一句话，只是唱《流亡三部曲》。先唱《松花江上》，全场唏嘘，无不痛哭。又唱《打回老家去》，全场的情绪立刻为之一振，所有的同学都沸腾了起来，恨不得立刻杀上战场。这是四十七年以前的事了，但它给我的印象是那样深，以至当时不能抗拒，现在也不能忘记。①

这样的经验和体会，我想差不多每个人都可能有。我们到电影院去看电影，或者到剧场去看戏，看到滑稽的场面，不是每个人都忍俊不禁，不得不笑吗？而看到悲伤的场面，不是每个人又情不自禁，不得不哭吗？因此，美感教育的力量是不可抗拒的，不由自主的。这和听大报告不一样。听大报告，老师的话左耳灌进去，右耳溜出来。第三，美感教育还是非常愉快的，不仅用不着强制或勉强，而且是心甘情愿，乐而忘返。孔子说："知之者不如好之者，好之者不如乐之者。"（《论语·雍也》）美感教育就是使人"乐"的教育。当人们"乐在其中"的时候，他陶陶然，融融然，转移了自己的心理气质，改变了自己的精神面貌，他自己还不知道。而且，当人们处于快乐的状态的时候，他们的身心是自由的，他们能够自由地发挥他们的才能，因而，他们作为人的本质力量，能够自由而又

---

① 引自蒋孔阳《美学与文艺评论集》，上海文艺出版社1986年版，第135页。

充分地表现出来。这时,他们就成了全面发展的人,完整的人。因此,美感教育的目的,最后还在于培养人,发展人,使之成为身心健康的完美的人。

正因为美感教育有以上的一些特点,所以历代的政治家和思想家,都十分重视。柏拉图认为,培养人的身体的是体育,培养人的心灵的是音乐。正因为他十分看重音乐(包括文学艺术)对于人的影响,所以他在《理想国》中,对于那些亵渎神圣、挑动感情的文学艺术,特别反感。他要把诗人和艺术家,驱逐出他的"理想国"。可是,他又不能不对儿童进行教育。于是,他在《法律篇》中,对文学艺术作了种种的规定,然后按照执法者的需要,又把文学艺术重新请了回来。亚里士多德不同,他认为文学艺术模仿现实,不仅可以帮助人"求知",得到"快感",而且可以"宣泄"和"净化"人的感情。这样,美感教育所起的主要是积极的正面的作用。罗马时代的贺拉斯,主张把娱乐与教育统一起来,"寓教于乐"。文艺复兴时代的达·芬奇和莎士比亚,把文学艺术比作镜子,认为人们在镜子中观照自己,可以得到教益。18世纪的启蒙运动者,他们"启蒙"的主要目的,就是要用文学艺术来照亮人们的眼睛,打开人们的心灵,使人们从愚昧走向光明,从坏人变成好人。狄德罗、莱辛的美学思想,主要就是用文学艺术来进行启蒙和教育的思想。康德把美看成是"道德的象征",并说:"对于自然的美具有一个直接的兴趣,时时是一个良善灵魂的标志。"[1]黑格尔认为:"审美带有令人解放的性质。"[2]这些,都说明了他们对于美感教育的重视。然而,真正把美感教育作为自己美学思想的中心,并写了《审美教育书简》的专

---

[1] 康德:《判断力批判》上卷,商务印书馆1964年版,第143页。
[2] 黑格尔:《美学》第1卷,商务印书馆1979年版,第147页。

著的,还是席勒。他把美感教育看成是政治解放和人类自由的一个重要途径,并认为被资本主义社会分裂了的个性,只有经过美感教育,才能重新走向统一和完整。那也就是说,只有在文学艺术的美感活动中,人才是真正的完整的人。

中国古代,一直把文学艺术与政治伦理联系得比较紧,正因为这样,所以十分重视文学艺术的美感教育作用。所谓礼教、诗教、乐教,成为中国美感教育的传统。但也正因为这样,所以我国古代对于美感教育的理解似乎比较狭窄,变成了政治伦理方面的教化和风化了。不过,虽然这样,我国仍然具有丰富的美感教育的思想。其中最有代表性的人物,一是古代的孔子,二是现代的蔡元培。孔子这个人,一生不得意,但他以快乐的态度对待人生,对待学问和工作。他很喜欢音乐,喜欢游玩。他的教育思想是"兴于诗,立于礼,成于乐"。他"乐山乐水","依仁游艺"。他把教育与"弦歌"联系在一起,他绝粮断炊,但仍"弦歌不衰"。正因为这样,所以孔子的教育思想能够经久不息。至于后世的儒家,一天到晚讲天理、人欲的区分,其实是违反孔子的意思的。蔡元培的功劳,则在于他输入了西方的美学思想,联系中国的实际,用来大力提倡美感教育。他认为人生有各种重要的问题,过去无从解答,因归之于宗教。但宗教以"激刺感情"为主,演成教派,相互攻讦,造成许多弊端。而"纯粹之美育,所以陶养吾人之感情,使有高尚纯洁之习惯"[①]。它无私无利,对于现实世界,既不厌弃,又不执着,只有一片浑然的美感,陶然自乐。因此,应当大力提倡。就在蔡元培的大力提倡下,我国的民风民俗,有了很大的转变。

[①] 蔡元培:《以美育代宗教说》,《蔡元培美育论集》,湖南教育出版社1987年版,第46页。

当然，历史上也有不重视美感教育的时期，那就是停滞或倒退的时期。例如中世纪，他们认为肉体束缚了灵魂，因此，重灵轻肉，反对与肉体有关的一切感官欲望，反对一切现世的享乐。他们把与感官相联系的文学艺术，看成是装成夜莺的魔鬼，看成是"甜蜜的毒药"。但是，虽然这样，他们为了宣传上帝和教义，又不得不借重文学艺术，因此，他们也有他们为神学服务的美感教育。我国十年动乱时期，"四人帮"把美和艺术看成是资产阶级的东西，看成是"毒草"，横加摧残。以致十年当中，十亿中国人民，只有八部"样板戏"。但八部"样板戏"的存在，也说明了一个问题：即使是"四人帮"，他们也不得不要文学艺术，不得不通过文学艺术，来进行他们的所谓"三突出"的美感教育。

历代为什么这样重视美感教育呢？这就因为美感教育在人类的社会生活中，占有极其重要的地位，起着极其重要的作用。首先，人生每天二十四小时，八个小时睡眠，八个小时工作，八个小时休息和娱乐。我们从小就学会唱一首歌，大意是，工作时工作，娱乐时娱乐。身体健康，心情快乐。这说明了休息与娱乐的重要性，它不仅占有了人生三分之一的时间，而且给人生带来快乐。在休息娱乐时，德育、智育、体育和劳育都不是主要的，主要的是美育。下棋、游戏、散步、写字、画画、听戏、看电影电视等等，这些都是美育。因此，美育在人生中占了很大的一个比重，起着很重要的作用，我们不能不管。其次，马克思和恩格斯说，分工给人类带来了奴隶制，但也给人类带来了进步和文明。正是由于分工，一部分人有了"闲暇"。一个人有了闲暇，他可以荒唐、堕落，干很多不光彩的事。例如统治阶级的腐朽生活，就是例子。但一个人如果精神高尚，有修养，他有了闲暇，他就可以像亚里士多德所说的，俯仰于这样的宇宙之间,乐此最好的生命……无往而不盎然自适。[①]人类的文化,高尚的情趣,创造发明等,都是这种闲暇所创造出来的。社会愈发达,闲暇的时间愈多。发达国家的工作时间由每周六天缩短到五天,每天由八小时缩短到六小时,就是例子。因此,有同志说:"闲暇时间是伴随着社会的进步而增加的,社会拥有闲暇时间的多少是衡量发达程度的一杆标尺。"[②]这闲暇时间和闲暇文化,正是美感教育发挥作用的地方和对象。闲暇时间愈来愈多,说明美感教育也愈来愈重要。第三,古话说:君子"有所不为"。人生在世,有许多机会和选择。选择什么,不仅决定于一个人的才能,也决定于一个人的兴趣和人品。你选择什么,说明了你是一个什么样的人。这样,在取舍去就之间,大有考究。一个人,应当有所为,德、智、体育,都是教人以有所为的。但是,一个人,不能样样都要,样样都干,他必须有所不为。美育,则是教人以有所不为的。一个人受到了美的熏陶,他的人品和性情,必然有所自爱和自好,像古代传说中的凤凰一样,非梧桐不栖,非醴泉不饮。这样,他也就自然耻于去干那些人所不屑的事情了。在有所为的当中,一个人创功立业,奉献于国家与社会;而在有所不为的当中,则表现了他的高风亮节和铮铮铁骨。我觉得一个完整的真正的人,既要有所为,又要有所不为。比较起来,有所为靠自己的努力,比较容易办到;而有所不为,常常要受到各种牵制,如家属和亲友的牵制等,似乎更难些。美育所要致力的,就是要培养一个人有所不为的品格。因此,在培养人的上面,美育的担子更要艰巨一些。

[①] 亚里士多德:《形而上学》,商务印书馆1959年版,第248页。
[②] 孙廷华、胡延照:《加强对闲暇时间与闲暇文化的研究》,《上海文化发展战略研究》,上海人民出版社1987年版,第262页。

美感教育不仅不同于德、智、体、劳等育，而且也不同于艺术教育。艺术教育是要培养艺术人才，培养音乐家、画家等，因此，它着重在艺术才能和艺术技巧等方面的训练。美感教育则不同，它只是通过艺术等的美感活动和审美方式，来提高人的素质和修养，来转移人的心理气质，改变人的精神面貌，从而达到全面培养人的目的。因此，美感教育和艺术教育，虽然都离不开艺术，但它们的目的和方法却是各不相同的。

或许有同志说，像心理气质和精神面貌这一类的东西，无影无形，不可捉摸，我们怎么能够对它们进行教育呢？即使进行，有无成效，能否转移，又有谁能知道呢？我们说，精神文明建设之所以难抓，原因在此；然而，精神文明建设之所以不能不抓，原因也在此。美感教育作为精神文明建设的一个重要环节，我们要抓好它，必须首先认识它的重要性和特点。我们知道，天地之间有高山和大海，这是实的；有天空，这是虚的。必须虚实结合，然后才能构成宇宙。人也这样，身体发肤，血液经络，这是实的，属于生理现象；至于精神面貌，气质修养，则是虚的，属于心理状态。一个人要真正成为一个人，必须实与虚相结合，生理与心理相结合，物质与精神相结合，缺一不可。排球运动员，他要打好球，取得胜利，当然必须首先有坚强的身体，其次有高度熟练的技巧，但是，仅此不够，他还必须有良好的竞技状态和心理素质。这良好的竞技状态和心理素质是虚的，不是实的，在赛场上派不上实际的用场。可是，一个运动员要是离开了它，一定要失败。一个人在社会生活中，尤其如此。他如果要成为一个完整的全面发展的人，首先，他必须有健康的身体；其次，他必须有专门的知识和技能；第三，他必须有良好的道德和品质。这些，都是实的，都有实实在在的标准可以考核。但是，作为一个活生生的人，他还必须有虚的一个方面。是这虚的一个方面,使他不仅有形,而且有神;不仅是一个善于处理现实生活和社会生活的人,而且是一个具有独特的风趣和高尚的情操的人。这独特的风趣和高尚的情操究竟是什么,谁也说不出个所以然来。但是,它像春风存在在大地上一样,确确实实地存在在人们的身上。这种风趣和情操,就是一个人心理气质和精神面貌的具体表现。美感教育所要做的,就是通过心理气质和精神面貌的转移,来培养出人们独特的风趣和高尚的情操。

我国古代的艺术教育,除了重视艺术技巧方面的教育之外,还非常重视艺术教育之外的美感教育。它不仅要培养艺术家的才能,而且要培养艺术家的心理气质和精神面貌,培养他们的风趣和情操。伯牙学琴于成连,三年,技术都学到了,但是,成连不满足,他把伯牙送到大海上,让大海的波涛和群岛的悲号来转移伯牙的性情,说是"移情"。这"移情",事实上就是美感教育,就是心理气质和精神面貌的转移。有了这一转移,伯牙的琴艺大进,写出了《水仙操》等名作。中国古代的画家,他们"外师造化,中得心源",也是一种技术训练之外的美感教育。他们外师造化,就是要朝夕与山川相处,与大自然融为一体,从而,不仅能写出山川之形,而且能传出山川之神,写出山川之心。

正因为这样,所以美感教育不是一句空话,转移人的心理气质与精神面貌也不是一句空话。它们虽然是虚的,但却的的确确在人们的生活中发生作用。不过,人的生活是十分广阔的,人的心灵也是十分广阔的,人的风趣和情操更是丰富多彩、十分广阔和复杂的。为了培养人们高尚的风趣和情操,我们一不能简单化,而必须多样化;二不能勉强,掺杂半点人工的痕迹,而只能自自然然,听其自由自在;三不能限制,横加干涉,而只能开放,让它凭自己的兴趣去选择;四不能明言,而只能暗示,让人们在不知不觉中默默地受到感化。孔子说:"天何言哉!天何言哉!"(《论语·阳货》)进行培养人的美感教育,就要像上天作育万物一样,他生长和培育了万物,但却默不吱声,无为而无不为。

精神来自物质,心理来自生理,我们的美感教育虽然属于精神和心理的范围,但它却建筑在物质和生理之上。因此,让我们从物质和生理入手,来探讨美感教育是通过一些什么样的途径,来转移我们的心理气质和精神面貌的。这牵涉到多方面的问题,我们不想一一都谈,主要的只谈下列三点。

第一,从生理的兴奋和快感,转移到心理的恬适和愉悦。我们是通过感觉器官来与外界建立审美关系的。因此,外物必须首先适应我们的感觉器官,然后才能够美。西方从古希腊时候开始,就已经在重视感觉器官和美的关系。我国历代"感物斯应"的美学思想,也是从感觉器官出发的。但是,感觉器官的刺激,可以给我们带来兴奋和快感,但兴奋和快感,却不一定等于美。这样的例子很多。例如大喊大叫,可以是高度的兴奋和快感,可是你把它引进交响乐中,它却变成了破坏性的噪音,你能说美吗?苏姗·朗格说:"一个号啕大哭的儿童所释放出来的情感要比一个音乐家释放出来的个人情感多得多,然而当人们步入音乐厅的时候,绝没有想到要去听一种类似于孩子的号啕的声音。"[①]一些低级文明的社会,喜欢鲜艳的色彩,强烈的声音,剧烈的舞姿;"四人帮"的时候,喜欢高音喇叭;凡此,都说明了愈是低级的审美观点,愈是把生理的感官刺激,把兴奋和快感,当成美。美感教育就是要提高人们的审美能力和鉴赏水平,使之从生理的快感和兴奋,转移到心理的恬适和愉悦,变成一种精神上的享受和满足。就拿人类最基本的生理欲

[①] 苏姗·朗格:《艺术问题》,中国社会科学出版社1983年版,第23~24页。

望——食、色——来说，它们在美感的熏陶中，也升华了，变成了人类理想的美食和爱情。钱中文同志在《文学原理　发展论》中就说："就拿诗歌中的爱情来说，这时的爱情的歌唱，已不是一种原始的野性的呼喊，一种性感的赤裸裸的表达。这时的爱情描写与咏唱，成了一种美好的理想，生活追求的象征，性的要求被掩盖了，升华为一种人们所宝贵的感情。"[①]《红楼梦》和《金瓶梅》，所写的都是儿女之情，都是男女间的关系；但由于《金瓶梅》主要只停留在生理感官的满足上，而《红楼梦》却升华到了心理的品位和愉悦，所以《红楼梦》的审美价值远远超过了《金瓶梅》。

不仅这样，到了高级的文明社会，我们已从欣赏实际的事物，发展到席勒所说的"外观"。这一"外观"，照我们理解，是由声音、颜色、形状等所构成的"外观"世界。由于这个"外观"世界，是由一些声音、颜色、形状等形式因素所构成的，它们虽然反映了客观世界和客观生活，但并没有任何客观世界与客观生活的实际内容，它们满足不了我们生理上的任何需要，它们只是供我们观赏和品味，让我们在心理上得到快乐，在心理上构造一个恬适而又愉悦的境界。正是这种恬适而又愉悦的境界，转移了我们的心理素质和精神面貌，使我们不知不觉之间提高了做人的水平和修养。席勒说："对待现实不关心，并对外观发生兴趣，这是人性的真正扩大，并且是走向文化的一个决定性的步骤。"[②]正好说明了这一点。

第二，从个别性的感受和形象，转移到普遍性的观照和沉思。美感活动的对象，都是个别的形象。个别的形象，就其优点来说，

[①] 钱中文：《文学原理　发展论》，社会科学文献出版社1989年版，第54页。
[②] 席勒：《审美教育书简》第二十六封信，引自蒋孔阳《德国古典美学》，商务印书馆1980年版，第188页。

是形态生动，容易打动人的感情。但就其缺点来说，则是受到个别性的局限，个别只是个别，既超脱不了时间和空间的限制，也超脱不了环境的限制。黄山的迎客松，在黄山的特定的环境下，有其特定的美学意义；但一旦离开黄山，它就只是一棵松树，再没有多大的意义了。单纯的个别的东西，是引不起我们多大的兴趣的。美感活动的特点，则在于通过个别的形象，像黑格尔说的，从大量的偶然中捡回必然，从个别的细节上升到普遍的旨趣。也就是说，美感活动的对象，虽然仍然只是个别的形象，但这一个别的形象，却已经上升到人人都能欣赏的普遍性的高度，具备了普遍性的意蕴。布莱克的诗句"从一粒沙里看一个世界"，正好说明了这一个别性与普遍性的统一。在美感活动中，个别性虽然上升到了普遍性，但它又并不离开个别性，它的普遍性正蕴藏于个别性之中。它是在个别性的当中，体会和观照到普遍性，因而引起了对于普遍性的沉思。这种观照和沉思，不是理论上的分析，不是知性上的论证，而就是对个别的感性形象的直观，在直观中所引起的浮想联翩。

这种从个别形象上升到普遍性的观照和沉思，在美感教育中，至少可以从两个方面来转移人的心理素质和精神面貌。首先，雪莱在《诗辩》中说，诗"让心灵容纳许许多多未被理解的思想组合，从而唤醒心灵，并扩大心灵的领域。诗揭开帷幕，露出世界所隐藏的美，使平常的事物反而像是不平常了……人们一度对这些事物静观默想，便在自己的心灵上永远留下含义优美而又高贵的纪念碑"[①]。这是说，在文学艺术的审美活动中，在对个别形象进行具有普遍性意义的观照和沉思的时候，人们的心灵苏醒了，扩大了，它使平凡的事物变成了不平凡；它揭开了世界的帷幕，显示出那平时

[①] 引自《西方文论选》下卷，上海译文出版社1979年版，第54页。

不为人所注意的美，从而在心灵上留下优美而又高贵的"纪念碑"。纪念碑，是说再也忘记不了。例如杜甫的《旅夜书怀》："星垂平野阔，月涌大江流。"普通的星空和平野，普通的月亮和大江，大家看惯了，不以为意；但诗人却以自己独特的想象和感情色彩，把它们联系起来，揭示了它们的普遍性的意义，从而塑造为永恒的形象；这时，它们就变得不普通，不平凡，变得意蕴深长。它们不仅深深地刻印在读者的心灵上，而且不知不觉之间转移了读者的心理气质和精神面貌。其次，西方从古希腊开始，即有诗歌能不能反映普遍的真理、达到最高的智慧的争论。柏拉图认为诗歌模仿现实，只是现实的影子，反映不出客观的真理。亚里士多德则从本质与现象的统一、个别性与普遍性的统一上，说明诗歌能够达到哲学的最高智慧，达到真理。我同意亚里士多德的说法。不过，诗歌所达到的智慧，是从具体形象中闪耀出来的智慧；诗歌的真理，是直观个别形象的真理。那也就是说，诗歌和其他的艺术，所描写的都是具体的个别的生活形象，但由于诗人和艺术家心灵的渗透，把它们提升到普遍性的高度，从而引起哲理的观照和沉思。例如孟郊的"慈母手中线，游子身上衣。临行密密缝，意恐迟迟归"。这里，它所写的是个别的慈母和游子，但他所表现的却是天下的父母的心，天下的游子的意。直观个别，但却神游九天，从个别飞跃到普遍性的真理，人的精神境界因此提高一步，这就是美感活动之所以能够转移人的心理气质和精神面貌的原因。

第三，从功利性的占有和享受，转移到超功利性的旷达和赏玩。人生在世，一要生存，二要发展。要生存，就得有衣食住行；要发展，就得争取功名富贵。这衣食住行和功名富贵以及与之相关的能够给我们带来实际利益的东西，我们一般称之为功利性。英国功利主义者边沁和约翰·穆勒，继承了历代功利主义的理论，将之系统化，形成了一套完整的"功利原则"。他们认为人类行为的标准，都是谋求利益，得到快乐。"最大多数人的最大幸福"，是最高的标准。在个人利益与社会利益之间，个人利益又是基础，每个人都努力谋求个人的利益，个人利益的总和也就构成了社会利益。因此，每个人为自己的自私行为，结果却是为了大家。所谓"我为人人，人人为我"，其根本的动力，还在于自私和自利。

关于功利主义在经济学和道德上的是非和价值，我在此地不拟评论。从美学上来说，则从苏格拉底开始，就认为美不是有用，美感不是快感。英国经验派和康德，更把有没有功利性，当成区分美感活动与非美感活动的重要标志。反功利性和反功利主义，成了西方美学一个重要的传统。我国的王国维和蔡元培，接受了这一美学的传统，引进来，也就大力宣传美感的非功利性。例如王国维，他在《红楼梦评论》中，就认为美感应"超然于利害之外"："虽有殉财之夫，贵私之子，宁有对曹霸、韩之马，而计驰骋之乐？见毕宏、韦偃之松，而思栋梁之用？求好逑于雅典之偶，思税驾于金字之塔者哉？"蔡元培更从美的无私性和普遍性上，来申论美感的非功利性。他说：

> 食物之入我口者，不能兼果他人之腹；衣服之在我身者，不能兼供他人之温；以其非普遍性也。美则不然。即如北京左近之西山，我游之，人亦游之；我无损于人，人亦无损于我也。隔千里兮共明月，我与人均不得而私之。中央花园之花石，农事试验场之水木，人人得而赏之。埃及之金字塔，希腊之神祠，罗马之剧场，瞻望赏叹者若干人，且历若干年，而价值如故。各国之博物馆，无不公开者。即私人收藏之珍品，亦时供同志之赏玩。各地方之音乐会、演剧场，均以容多数人为

快。所谓独乐乐不如与人乐乐，与寡乐乐不如与众乐乐，以齐宣王之悟，尚能承认之，美之为普遍性可知矣。且美之批评，虽间亦因人而异，然不曰是于我为美，而曰是为美，是亦以普遍性为标准之一证也。美以普遍性之故，不复有人我之关系，遂亦不能有利害之关系。①

因此，作为实用的物，差不多万物皆有功利性；但作为观赏的美，则万物皆从功利性中解脱出来，不带功利性。这一讲法，差不多已成为古今中外的通论。那么，它对不对呢？我们根据马克思主义的观点，主要谈几点看法：（1）美感的非功利性，应以万物的功利性为基础。叔本华说，国王与乞儿从窗口看夕阳，都没有功利性，都可以感到夕阳的美。我们说，不然。国王没有衣食之虑，迫害之苦，他看夕阳，可以感到美；但乞儿不同，他缺衣少食，忧心忡忡，他哪里有心思去欣赏夕阳之美？因此，必须先有了基本的功利性的保证，然后才有非功利性的美感。（2）人有了基本的生存的保证以后，他的兴趣和乐趣，就可以从占有和享受中解脱出来，转移到无所谓的旷达和赏玩中，怡然自乐也可以，与他人同乐也可以。这时，物我的界限，人我的界限，都涣然冰释。平时的名缰利锁，钩心斗角，全部转化为旷达的心境和赏玩的态度。我们陶冶于这样的美感的境界中，自然会提高我们的修养和素质。（3）美是多种多样的，美感也是多种多样的。有的美，特别是自然的美，比较恬静，能够把我们转移到旷达的心境和赏玩的态度中去；但有的美却不这样，它们引起我们激烈的感情冲动和内心的斗争。例如我在

---

① 蔡元培：《以美育代宗教说》，《蔡元培美育论集》，湖南教育出版社1987年版，第46页。

前面谈的，1937年我在初中时听到的流亡歌曲，就是例子。有的同志看《白毛女》，要拔枪打死扮演黄世仁的演员，也是很好的例子。这些例子说明了从美感活动中转化出来的感情，并不全都是恬静的，它们也有非常激烈的一面。不过，就是这些非常激烈的感情，它们要成为美感，也必须从个人狭隘的功利观念中超脱出来，把自己提升到作者所要表现的比个人功利更为伟大的带有普遍性的美丑善恶的标准之上。正因为这样，所以美感活动能够超脱而且必须超脱日常生活中的功利和是非之上，但却超脱不了心灵上和道德上的功利和是非。一部艺术作品，如果失去了道德上和良心上的是非标准，它所写的一切，都将变得毫无价值和意义。小孩看戏，他缺乏各方面的判断标准，但最起码的好人和坏人的界限，他必须弄清楚。从这个意义上说，美感可以超脱物质上的功利，但却超脱不了精神上的功利。美感教育，它要转移人的心理气质和精神面貌，事实上，这本身就是一种精神上的功利活动。

上面，我们从三个方面探讨了美感教育转移人的心理气质和精神面貌的途径。现在，我们再来探讨一下美感教育的进行，需要采取一些什么方式。人生天地之间，到处都是美，到处都在感受和欣赏美。就在感受和欣赏的过程中，我们受到了美的熏陶和教育。大致说来，主要有三种不同形态的美，那就是自然美、社会美和艺术美。因此，我们接受美感的教育，主要也有三种方式，那就是自然、社会和艺术。

首先，是自然美。自然美蕴藏于大自然之中，只要我们面对大自然，陶冶于大自然，就可以受到自然美的教育。孔子"乐山乐水"，还停留在"比德"的阶段。屈原遭放逐，流亡于江湖之间，个人的悲怨与山川的秀丽交融在一起，山川成了抒发个人感情的最早象征。到了魏晋，人的自我开始觉醒，人的本质力量开始在自然景物上得到开展,因此,自然美开始作为独立的审美形态在中国美学史上出现。自此以后,自然美成了陶冶性灵和培育知识分子心态的一个重要方面。但古时,一方面由于人们超越功名利害的本质力量还没有完全展开,另一方面则由于自然条件本身的限制,如交通困难等,因此,欣赏自然美受到了一定的限制。现在可不同了,道路四通八达,自然美的资源不断得到开发,加上人要从社会的桎梏中解放出来的要求和愿望,愈来愈强烈,因而自然美成了现代美感教育的重要方式之一。

其次是社会美。人是社会的动物,生活于社会中,正像鱼生活于水中一样。鱼离不开水,人离不开社会。社会的各种关系,不仅像网一样构成了人的生活环境,而且像空气一样包围着人,无处不在。这样,社会美对于人的教育和影响,就非常之大。马克思说:"社会……是人们交互作用的产物。"[①]因此,社会离不开人与人的关系,离不开人们生活的环境,离不开人与人之间的各种组织和活动,离不开文化的遗产和传统,等等。适应这些,社会美也是各种各样的,十分丰富和复杂的。它有属于个人的心灵美、形体美,有属于人与人之间的语言美、服装美,有属于群体活动的环境美、人情美,等等。它们都不是人们自由选择的结果,而是在社会历史和经济发展的基础上,客观地形成起来的。因此,社会美一方面具有历史继承性,过去的审美观点无所不在地影响着现代人的审美观点;另一方面,它又是社会的群体产物,群众的爱好和趣味常常支配着一个时代的风尚。社会在不断前进,时代的风尚也在不断地变革和创新。这样,怎样正确地引导社会美的健康发展,实在关系到一个时代和社会精神文明的方向。

---

① 《马克思恩格斯选集》第4卷,人民出版社1972年版,第320页。

最后，最重要的美感教育方式是艺术美。这是因为艺术是人们在现实生活的基础上，所进行的自由创造。它一方面标志了一个时代精神文明发展的最高水平，另一方面则积极地有意识地要把人们的审美意识引导到一定的方向和理想。因此，如果自然美和社会美是客观现成的美，那么，艺术美虽然也是客观的，但却是最能体现人类不断自我创造和自我发展的美。也正因为这样，所以在全面地培养人、提高人的上面，艺术美起着特别积极的重要作用。关于这个问题，我想谈几点意见。

第一，文学艺术是生活的反映，但不是机械地被动地反映，而是渗透了作者的心灵和心情，经过作者的熟悉、认识和理解，和着作者的血汗和爱憎，而后反映出来的。这样反映出来的生活，不仅反映了生活本身的面貌和特征，而且反映了作者本人对生活的感情体验，反映出了作者本人所品味出来的生活的意义和味道。因此，文学艺术当中所反映的生活，像粮食和水经过酿造，已经变成了酒一样，它有更为丰富和更为引人的意义和味道。它是一种有意味的生活。①就是这种有意味的生活，它使读者如饮醇酒，如对名花，如沐春风，不知不觉地受到陶冶，转移了他们的心理气质和精神面貌，从而使他们受到了美感的教育。

第二，文学艺术不仅要反映出生活的意味，而且要反映出生活的真实。大千世界，芸芸众生，真真假假，虚虚实实，一个人要明辨生活的美丑是非，善恶曲直，可真不容易啊！"不识庐山真面目，只缘身在此山中。"我们多少人生活在生活中，但就是看不到生活的真实。托尔斯泰所写的《安娜·卡列尼娜》，当中的加列宁，看起

---

① 克莱夫·贝尔提出"有意味的形式"，我们认为只看到一个方面。另一个方面，或者最主要的一个方面，应当是"有意味的生活"。

来，有地位，有声望，彬彬有礼，对安娜似乎也相当不错，而且他们已经有了一个小孩。然而，安娜为什么那么不喜欢他，抛开他而与旁人私奔呢？这在现实生活中，是不大容易理解的。读完了《安娜·卡列尼娜》，我们才恍然大悟。原来加列宁是个行尸走肉的伪君子，他的礼貌和温雅，正是他缺乏感情的具体表现。爱情是建立在感情之上，而不是建立在地位和声望之上的。小说揭示了生活的真实，揭示了加列宁的缺乏感情，我们自然会对安娜的出走和最后遭到不幸的命运，感到同情了。《红楼梦》中的薛宝钗和林黛玉，在现实生活中，肯定喜欢薛宝钗的人要远远超过林黛玉。薛宝钗那样深于人情世故，那样善解人意；而林黛玉则任性、尖刻甚至小心眼儿，以至袭人等固然不喜欢她，就是憨厚的史湘云也认为薛宝钗要比林黛玉好。《红楼梦》的艺术力量，就在于它透过生活的表面，写出了生活的真实。生活的真实是林黛玉的所作所为，都出自真情；而薛宝钗的所作所为，则是为了达到一定的目的而故意做出来的假意。这样，在生活中被颠倒了的美丑，重新被颠倒了过来。文学艺术的教育作用，就在于它能使我们从生活中的"当局者迷"，清醒过来，变成"旁观者清"。也就是说，文学艺术能使我们认识生活的真实，分辨生活中分辨不清的美丑。

第三，文学艺术的美感教育作用，还在于它是人们感情的宣泄和流露，是一个时代人们共同的"心声"。在生活中，每个人都有自己的秘密，都有不肯告人的爱憎和愿望。能够谈悄悄话和知心话的人，十分难得。正是这种无可奈何而又无处宣泄的感情，在文学艺术中找到了寄托。因此，人们真心地喜爱文学艺术，恨不得把自己最隐秘而又恨不得一吐为快的感情，在文学艺术中尽量倾吐出来。伟大的文学家和艺术家，由于他们有深厚的思想和真挚的感情，因此，他们写出来的作品，能够牵动千万人的心，能够打动亿万人的感情。"恰似一江春水向东流","剪不断,理还乱","春蚕到死丝方尽,蜡炬成灰泪始干"等名句,之所以能够传诵千古,还不是因为它们扣动了千百万人的心弦,诉说了人们诉说不完的感情吗?至于那些表现了时代的共同的"心声"的作品,更是浩浩荡荡地形成了一支时代的"主旋律",成为整个时代和整个社会的共鸣。《义勇军进行曲》不就是最突出的例子吗?

但是,哀乐由乎人心,人心来自生活。真正能够激动人们感情的文学艺术作品,还是那些来自生活的深处,而又反映了生活的真实的作品。生活的苦乐,人心的向背,这才是文学艺术之所以能够产生出转移人们的心理气质和精神面貌的美感教育作用的根本原因。

第四,人两脚踏地,两眼朝天,他的生活既是现实的,又是理想的。文学艺术就是搭在现实生活与理想之间的桥梁。它通过对现实生活的忠实描写,来表达人类对理想的追求和向往。这个追求和向往,不是直接表现在议论上,而是表现为艺术家对于人物的感情态度和价值判断。安娜·卡列尼娜,托尔斯泰本来准备把她写成一个荡妇;但在写作的过程中,他发现是婚姻成了安娜自身生命力和人性健康发展的禁锢,因此,她的出走是道德的,而她的婚姻则是非道德的。由于感情态度和价值判断的这一转变,结果托尔斯泰把安娜完全写成了一个另外的人,令人同情和喜欢的人。美学评论中,有一种"自传说",说作家写作,常常是在写自己;作品中的第一正面主人公,常常就是作者自己。这种说法,从题材与素材方面来看,不一定可靠,因为作者不一定把自己的经历和生活都写进作品中去;但是,从感情态度和价值判断上来看,则不能不说是事实,因为作者总是不知不觉地通过他的主人公,来表示他对世态和人生的种种看法,来说明他所追求的美学理想。不仅作家这样,就是读者在读作品或观戏的时候，也常常不知不觉地把自己和主人公联系起来，把主人公当成正义和理想的化身，从而使自己的感情和价值判断，得到合理而又合情的宣泄。古人说，见贤思齐，见不贤而又自省。文学艺术的美感教育作用，就在于它根据一定的感情态度和审美价值的判断，把生活的美丑显示给人，让人们衡量一下自己，衡量一下他人，然后知道应当怎样做人。

有人说，艺术家是人类灵魂的工程师。从艺术能够转移人的心理气质和精神面貌、改造人的灵魂、提高人的素质方面来看，我认为这一提法，应当说是正确的。它说明了艺术所起的美感教育作用。但是，西方现代主义的一些美学家，他们反对这一说法，他们认为艺术只是艺术，只是一种语言的结构，只是一种文本，一种形式或符号，此外再不是其他。这种讲法，看似有几分道理，但事实上，如果你把作品中的生活内容和思想内容抽掉，把作者的审美态度和审美评价抽掉，变成一种单纯的叙述语言，变成一种纯形式的结构，我看谁也不要读你的作品。不仅这样，而且即使是曲折的爱情故事和惊险故事，它们本来应当有几分吸引人的魅力。但是，如果作者完全以不动心的态度来描写，完全不表示任何是非观点和审美评价，而只是一些惊险的情节、痛哭流涕的场面等，读者一定会马上失去阅读和观看的兴趣，认为这只是一些胡闹和堆砌。正好像小孩看动画片，如果分不清好人和坏人，失去了对好人命运的同情和关怀，他就看不下去一样。因此，真正的文学艺术作品，它们的审美价值和艺术价值，始终是和它们所起的美感教育作用，相互联系在一起的。感情的内容和审美的理想，方才是能够点燃人们心灵的火炬。陶冶人们健康的感情，培养人们高尚的理想，这就是美感教育所要追求的目的。

中西艺术与中西美学

中国人与西方人,长相不同。一个中国人和一个西方人走在一道,我们一眼看去,就知谁是中国人,谁是西方人。艺术不是生理的长相,但却是一个民族精神的长相。一个民族的精神生活与精神面貌,就是通过艺术表现出来的。因此,由于各个民族的精神生活与精神面貌不同,它们的艺术也就迥然各异了。拿一幅中国的水墨山水画与一幅西方的油画风景画,放在一起,不用比较,我们就知哪是中国画,哪是西方画。听音乐,各个民族的差异也十分明显。宽衣博带,坐在苏州式园林的水榭或亭子里,烧一炉香,泡一壶茶,轻轻地抚弄着古琴或古筝,唱一曲《春江花月夜》或《游园惊梦》,这是中国古代士大夫典型的艺术享受。反过来,穿着大礼服,打好领带,带着自己的妻子或情妇,坐在包厢里面,欣赏贝多芬的交响曲,或者观看莎士比亚的悲剧,则是西方人典型的艺术享受。

正因为中西的艺术相差如此之大,所以他们的审美意识、审美趣味和美学思想,就不可能完全一致了。他们的差别很大。面对这一差别,我们怎么办呢?这里,有三种不同的态度:

(1)排斥。认为既然中西不同,那就你走你的阳关道,我走我的独木桥,各行其是。鸦片战争以后,西方先进的东西大量涌进来,我们早就应该厉行改革,现代化。但是,以慈禧为首的清朝反动派，采取了排斥的态度，阻碍了现代化。民国以后，北洋军阀和蒋介石，一方面依附外国的势力，另一方面却又排斥西方先进的东西，再一次阻碍了现代化。解放以后，在党的领导下，我们本来可以正确地对待中西文化交流的问题，可是由于"左"的错误和"四人帮"的干扰，现代化继续受到阻碍。因此，历史的实践证明：当一种新的先进的文化从外面进来的时候，我们不是正确地加以引进、消化和借鉴，而只是盲目地采取排斥的态度，是没有不失败的。

（2）照搬。"五四"以后，有一种讲法，认为中西之分，实乃古今之异。因此，为了要现代化，必须以西方之今，来否定中国之古。正是在这种思想指导之下，所以他们主张"全盘西化"。西方的东西，不管三七二十一，不分青红皂白，一齐照搬。五四时期，一方面"疑古"，一方面大量接受西方的东西，如科学与民主等，就是这种态度的具体表现。应当说，这样做，在当时的历史条件下，是起了巨大的进步作用的。没有五四，不可能有中国的今天。但是，移花接木，尚需考虑本国的土壤，何况文化？离开了中华民族文化固有的传统，盲目照搬外来的东西，必然无从生根，更谈不上开花结果。因此，五四以来，虽然有"全盘西化"之说，但一些有识之士，在接受西方文化的同时，无不在探讨中华民族文化本身的特征，希图按照本民族特殊的方式，来接受西方的东西，进而把二者结合起来。

（3）比较。鸦片战争以来，我国就面临现代化的问题，也就是从落后变成先进的问题。但是，如何现代化呢？这里有三层意思：一是适应一时的需要，把对我有用的东西拿过来，如洋务运动的"船坚炮利"，就是如此。但这一做法，实践证明，只能走向殖民化，而不能走向现代化。二是对西方的东西，进行吸收和消化，以变成我们自己的东西。如吃西餐，目的是长我们自己的血肉。五四以来，一些先进之士，在这方面已经做了不少工作，但做得还不够，今后还应当继续做。三是从当今世界水平的高度，来对中西进行比较的研究。经过比较，发现我国与当今世界先进水平的差距，从而探索达到这一先进水平的道路。应当说，这是现代化的真正含义。但要对中西进行认真的比较，必须具备两个条件：第一，对中西都作过相当深入的研究和了解，知道各自的长处和短处。这样，我们既不会愚昧无知，盲目排斥；也不会无所选择，照单全收。我们会根据自己的情况，取长补短，排斥应当排斥的，接受应当接受的。第二，具有独立自主的精神，能够用当代世界的眼光，对西方的东西发表我们自己的见解；同时用现代科学的方法，对我国优秀的传统，进行清理、整理和解释，然后向世界介绍，推向世界，纳入世界的范围。这样，我们再不是以一个陌生者的身份，站在世界的门外；也不再是以一个落后者的身份，捡拾他人的牙慧。我们将以独立自主的精神，把我们具有独特民族风格的艺术和美学思想，贡献到世界先进的行列。只有这时，我们才谈得上现代化。因此，比较本身虽然不是现代化，但要现代化，却必须经过比较的研究。通过比较，我们可以知道如何克服本民族的片面性、狭隘性和落后性，以及如何适应世界先进的潮流，用当代世界的精神来焕发我们民族潜在的创造能力和思维能力，使我国优秀的民族传统重新得到发扬光大，从而唤醒广大人民奔向觉醒和解放的大道。五四是我国第一次的解放和现代化的运动，1949年新中国的建立是我国第二次的解放和现代化运动。但这两次，由于我们对中西都缺乏应有的了解和认识，加上其他的一些干扰，我们的解放不彻底，我们的现代化受到了阻碍。党的十一届三中全会，实行对内搞活、对外开放的政策，正式提出现代化是我国社会主义建设的宏伟目标，只有这时，我国全民族的意志和精神，才像放了闸的洪水，奔向我国现代史上第三次的解放和现代化的运动。这一次，有党中央的领导，有全国人民上下一致的要求，必然会根本改变我国的面貌，使我国在精神文明和物质文明建设的两个方面，都能真正实现现代化。

正是在这样的历史背景和时代感的需要上，我们提出要对中西艺术和中西美学，进行比较的研究。我们比较的目的，一方面是更好地认识西方从古到今的艺术和美学思想，以便他山之石，可以攻玉；另一方面，则是要用世界的眼光，来重新认识中国古代的艺术和美学思想，以便挖掘出民族的"根"，发扬其固有的优点，克服其不能适应当代世界的缺点，从而走向世界，独树一帜。正因为这样，所以我们进行比较研究，一不能盲目崇外，二不能炫耀"国粹"，我们要以马克思主义的观点，实事求是，进行具体的分析。这里，我们应当注意两点：

（1）不能绝对化，专门求异。普列汉诺夫在《没有地址的信》中，曾经谈到对立的原则，也谈到对比的原则。对立的原则是专门求异，而且把异对立起来：你认为美的，我偏认为丑。英国资产阶级革命时的复辟派，就是这样对待当时的革命派清教徒的。我们有的同志，在进行比较研究时，也喜欢把中西对立起来，处处求异。他们忘记了，完全不同的东西是没有办法进行比较的。黑格尔在《小逻辑》中就说，一匹骆驼与一支钢笔，没有任何共同的东西，因而也没有办法进行比较。必须在具有相同的基础或某些相似之处的东西之中，才能进行比较。正因为这样，所以我们不能搞对立的原则，而只能采用对比的原则，那就是说，我们要在同中才能求异。中国人是人，西方人也是人。中国有艺术，西方也有艺术。我们是把我们共同都具有的艺术拿来进行比较，而不是把中国的艺术拿来和西方的火车进行比较。唯其都是艺术，所以必然有相同的东西，具有共同的规律。中国有诗歌、绘画、音乐，西方也有诗歌、绘画、音乐。中国的艺术，中国人能欣赏，外国人也能欣赏。梅兰芳的京剧，到了莫斯科，斯坦尼斯拉夫斯基就大加赞赏。中国的敦煌莫高窟、云冈石窟，外国人也莫不赞不绝口。反过来，苏联的芭蕾舞到上海演出，法国的绘画到上海展出，也赢得了广大中国观众的称赞。因此，中西艺术虽然各自具有不同的民族特点，表现出不同的精神面貌，差异很大；但它们毕竟都是生活在同一个星球上的人的产品，都是艺术，有许多共同的地方，所以我们能够进行比较。比较的目的，一方面是异中求同，在各自不同的特殊规律中探寻彼此共同的规律。因为有共同的规律，所以艺术才能超越国界，相互交流、学习和借鉴。但是，另一方面，我们还要同中求异。那就是说，虽然中西艺术都是艺术，都是人类精神生活的反映，但毕竟因为民族不同，传统不同，因而它们又各自具有自己的特殊规律。我们要相互尊重，按照各民族艺术发展的特殊规律，来吸收和消化外来的东西。只有这样，我们才能既不孤立于世界，又能以自己独特的面貌走向世界，独树一帜，自成体系。总之，在对中西艺术进行比较时，我们不应当绝对化，说异就全异，说同就全同。而应当异者说异，同者说同。在同中要发现异，在异中又要探求同。从同与异的对比中，探寻我国艺术现代化的独特道路。

（2）不能片面化，只计一点，不及其余。这一点，我觉得在我们目前所进行的比较研究中，比较普遍和突出。有些同志，为了强调中西的差异，往往抓住一点，加以夸大。例如谈中西的绘画，喜欢强调中国的绘画是线条的艺术，西方的绘画是块团的艺术。这一讲法，有没有根据呢？当然有一定的根据。中国书画不仅同源同法，而且用的工具都是毛笔，所以很自然地重视线条，通过线条来塑造形象。西方绘画受雕塑的影响比较大，重视色彩与光线，因此他们通过块团的涂染来塑造形象。但是,这并不等于说,西方绘画就完全不用线条,用了线条就是中国画。希腊的瓶画,达·芬奇、布莱克等的一些画,丢勒、贺尔拜因等的一些画,以及现代西方的一些绘画,都很讲究线条。毕加索的《街头艺人》《穿着百衲衣的丑角》等,都是线条画的。最近来上海展出的法国近代艺术中,至少布拉克的《头顶供品篮的少女》这一幅画,是用线条画出来的。在美学理论上,早在古希腊时,柏拉图就已经谈到了用线条来造型的美。他说:"我说的形式美,指的不是多数人所了解的关于动物或绘画的美,而是直线和圆以及用尺、规和矩来用直线和圆所形成的平面形和立体形。"①英国的贺加斯,在他的《美的分析》一书中,也非常强调线条的美。因此,中西绘画虽然有重视线条与重视块团的差别,但完全用这一点来解释,至少是不全面的。

此外,在中西美学思想的比较研究中,近年来还出现了下列的种种讲法,如:中国讲究言志,西方讲究模仿;中国讲究传神,西方讲究逼真;中国讲究致用,西方讲究非功利;中国讲究写意,西方讲究写实;中国强调表现,西方强调再现;中国强调神韵、意境,西方强调形象、典型;等等。这些讲法,都是根据中西艺术的实际情况概括出来的,应当说都有一定的道理。但是,如果仔细分析一下,就会发现这些讲法都带有不同程度的片面性。拿言志与模仿来说,中国美学思想,从春秋战国一直到清末民初的章太炎,的确都是主张"诗言志"的。《左传》襄公二十七年,文子告叔向说:"诗以言志";《尚书·尧典》说:"诗言志";《庄子·天下》说:"诗以道志";《荀子·儒效》说:"诗言是其志也";《诗大序》,讲得更为清楚,说:"诗者,志之所之也。在心为志,发言为诗。"根据这

---

① 柏拉图:《文艺对话集》,人民文学出版社1963年版,第298页。

样一些讲法,所以许慎的《说文》,给"诗"下定义时,就说:"诗,志也。"近人杨树达,更说:"盖诗以言志为古人通义,故造文者之制'诗'字也,即以言志为文。"①

这样,把"诗言志"当成中国古代美学思想的一个重要特点,并不是没有根据的。但是,问题是:

第一,中国古代美学思想并不仅仅是"诗言志",它也有"模仿"和"缘情"等讲法。例如,《易系辞传》:"圣人有以见天下之赜,而拟诸其形容,象其物宜,是故谓之象。"《礼记·乐记》:"礼乐偩天地之情,达神明之德……是故大人举礼乐,则天地将为照焉。"郑玄注:"偩,犹依象也。"这都是从模仿方面来谈的。以后唐代的元结、白居易,宋代的陆游,明清的叶燮、叶昼、金圣叹等,也都程度不同地谈到了模仿。这说明,中国古代的美学思想,并不是完全没有模仿的理论。

第二,西方的美学思想,从古希腊开始,的确强调模仿。赫拉克利特、德谟克里特、柏拉图、亚里士多德、贺拉斯、达·芬奇、莎士比亚、狄德罗、康德、黑格尔、别林斯基等,他们有的是唯心主义,有的是唯物主义,他们的美学观点不仅不同,而且相互对立,但主张文艺是模仿,则差不多是一样的。正因为他们都强调模仿,所以"镜子"说在西方很流行。柏拉图有文艺是镜子的讲法,奥古斯丁和达·芬奇也有不同的"镜子"的讲法,列宁在谈到托尔斯泰时,也说托尔斯泰之所以伟大,是在于他的作品是俄国农民生活的一面镜子。但是,我们能不能因此就说,西方美学思想就讲模仿而不讲言志呢?我看不能。文学艺术是人的主观对于客观现实的反映,作家艺术家所反映的现实,绝不是客观自在的现实,而是作

---

① 杨树达:《积微居小学金石论丛》(增订本),中华书局1983年版,第26页。

家艺术家主观的心灵所感受和理解到的现实。这样，现实本身就渗透了作家艺术家主观的"志"，主观的思想感情。因此，不同的作家艺术家在反映同一的现实的时候，必然将会流露出不同的思想感情，也就是表现为不同的"志"。亚里士多德在谈模仿时，就说悲剧把人模仿得好一些，喜剧把人模仿得坏一些；埃斯库罗斯按照现实本来的样子模仿现实，索福克勒斯则按照应当的样子模仿现实。这种种差别的出现，就与作家艺术家的"志"有关。他们为了表现不同的"志"，常常模仿不同的现实，并把现实模仿成不同的样子。米开朗基罗在梅提契的墓前，雕刻了名为《朝》《夕》《昼》《夜》的四个云石雕像。它们无疑都可以说是对于现实的模仿。但是，"《朝》是深思的，《夕》是哀倦的，《昼》是愠怒的，《夜》是昏睡的"[1]。又不能不说它们表现了艺术家的"志"。丹纳说："米开朗基罗的典型是在他自己心中，在他自己的性格中找到的……在备受奴役的缄默之下，他的伟大的心灵和悲痛的情绪还是在艺术上尽情倾诉。"[2]正因为这样，所以他会在那座取名《夜》的雕像的座子上，刻下下面一段话：

> 睡眠是甜蜜的，
> 成为顽石更是幸福，
> 只要世界上还有罪恶与耻辱，
> 不见不闻、无知无觉，是最大的快乐，
> ——不要惊醒我吧！[3]

---

[1] 迟轲：《西方美术史话》，中国青年出版社1983年版，第105~106页。
[2] 丹纳：《艺术哲学》，人民文学出版社1963年版，第21页。
[3] 同[1]，第106页。

这样，你还能说米开朗基罗的艺术，只是模仿，而不同时也是"言志"吗？歌德在《自然的单纯模仿·作风·风格》一文中，虽然对"以最准确的笔触，忠实而勤奋地去摹写自然的形体和色彩"的"自然的单纯模仿"，并不完全反对，但他所最推崇的却是"风格"，也就是有了作家艺术家"显出自己的趣味"的"风格"。①黑格尔在《美学》中，更直截了当地说："我们不能把逼肖自然作为艺术的标准，也不能把外在现象的单纯模仿作为艺术的目的。"艺术的目的，应当是绝对理念的感性显现：一方面，有外在的感性表现；另一方面，则是"诉诸内心生活的"，是心灵化了的。正因为这样，所以在黑格尔看来，艺术不是"单纯的外在自然"，而"是一个问题，一句向起反应的心弦所说的话，一种向情感和思想所发出的呼吁"②。至于现当代的西方艺术和美学，那与模仿就更没有多大的关系了。他们要冲破模仿外在现实的一切形式，取得主观意念、思想和感情的直接表现。

因此，我们把中国的美学思想简单地归结为"言志"，把西方的美学思想简单地归结为"模仿"，不说是错误的，至少是片面的。其他传神与逼真、致用与非功利、表现与再现、写意与写实等对比的研究，都可以这样看。从个别的情况来看，它们都是正确的；但从整体的情况来看，又并不尽是如此。我们应当从整体上，来把握和比较中西的艺术和中西的美学。中西的美学思想，来自他们不同的艺术实践；他们不同的艺术实践，来自他们各自民族的精神生活与精神面貌；而他们的精神生活与精神面貌，又来自他们不同的生活方式。这样，从生活方式到精神生活与面貌，从精神生活与面貌到

---

① 歌德：《文学风格论》，上海译文出版社1982年版，第6页。
② 黑格尔：《美学》第1卷，人民文学出版社1958年版，第90页。

艺术实践，再从艺术实践到美学思想，这应当是我们比较研究中西艺术与中西美学所应当采取的一条道路。

现在，我们就想以艺术为中介，来探讨一下中西的艺术是怎样从他们各自不同的民族生活中产生和发展起来，反映他们不同的精神生活与面貌，从而形成他们各自不同的美学思想与美学体系。

这里，我还想补充一点，那就是我们学习美学的同志，既要懂得中国美学，也要懂得西方美学。特别是学习中国美学的同志，应当先懂一点西方美学。我这样说，并不是否定中国美学史的特殊性，更不是否定中国古代美学思想中丰富而又宝贵的遗产，我只是从我国目前美学界的实际情况出发，提出这么一点想法。首先，美学作为一门学科，是从西方输入进来的，美学研究的对象、范围以及一系列的名词、概念、术语和范畴等，差不多都是从西方输入进来的。这样，如果我们对西方美学一无所知，我们将如何去研究美学？又将如何在中国古代浩如烟海的著作中，去发掘出哪些是美学思想以及哪些不是呢？其次，对于一些中国古代美学名词、术语的理解，有了西方美学思想的修养，我们将能更为深入地理解和更为准确地运用。这里又有许多情况：第一种是我国古代的一些名词、术语，如形象、典型等，它们的含义已经和今天不同。我们有了西方美学的准备，就不会把它们与今天的用法混同起来。第二种是一些美学上的名词、术语，虽然古代早有，但今天已经为西方传来的名词、术语所代替了。在这种情况下，我们固然要保持它们本来的面貌，作为研究的对象，但却不能把它们广泛地运用到我们今天来。例如韩非所说的"意度"、王充所说的"准况"、刘勰所说的"神思"等，都是想象之意。如果我们不学西方美学，不用西方传来的"想象"一词，而去用"准况"与"神思"等词，那岂不是舍易就难，自讨苦吃吗？当然，我这样说，并不是要把王充的"准况"改成想象,而只是说,我们在今天,不要用"准况"来代替已经为大家所普遍运用的"想象"。第三种情况,是我国古代的一些名词、术语,言简意深,韵味无穷,在过去有生命,在今天仍然有生命,如"气""气韵""意境"等。这些名词、术语,毫无疑问,应当吸收到今天的美学思想中来。但是,怎样理解和运用这些名词、术语呢?我认为如果我们学一点西方美学,用西方美学来加以对比,我们就将更容易理解。从以上三种情况来看,可见只就名词、术语的理解和运用来说,学不学点西方美学,就将大有差别。那么,我们有什么理由不先学一点西方美学呢?

此外,更重要的是,从思维方法上来看,西方美学更有值得我们借鉴和学习的地方。康德把人的思维能力分成感性、知性和理性三种。感性是以客观对象为根据;知性是根据逻辑的顺序进行具体的分析;理性则是指对整体的把握。因为西方的思维方法,着重从感性到知性再到理性,所以他们着重从客观的对象出发,经过逻辑分析和综合,以达到体系的建立。逻辑分析和体系建立,也就成了西方美学思想在方法上的一个显著特点。从柏拉图、亚里士多德开始,一直到今天,莫不如此。我国古代则不然。我们看重感性,不是看重客观对象,而是看重主观对于客观的感受;我们看重理性,强调道与自然,强调整体的把握,但我们所强调的,不是体系的建立,而是物我两忘、天(自然)人契合。至于知性的分析,则我们不仅不重视,而且认为是形下之器,不足为贵。这样一来,我们在心物感应之际,冥思夐造之时,常常强调一时的感触兴发。这样,从好的方面来说,是能够天机触发,灵思妙悟,胜语百出。有的话和有的观点,不仅讲得非常深刻,富有极大的启发性;而且非常生动,富有生气,感人至深。但从坏的方面来说,则是道心微茫,不可究诘。你说它好,可是究竟好在什么地方?这好从何而来?却又说不出个所以然,而只能说:"此中有真意,欲辩已忘言。"既然不能言讲,于是只好用譬喻,用妙悟。但无论怎样譬喻,无论怎样妙悟,终不免以玄解玄,愈解愈玄,最后只能归之于不可理喻,一切皆玄。这可说是中国美学思维最大的特点,但也是它最大的局限。由于中国古代的美学思维具有这样的特点和局限,所以它虽然充满了智慧和闪光,但却免不了朦胧和模糊。为了克服这一局限,我们有必要向西方美学思想学习和借鉴,用西方美学思想的思维方法,来增强我国美学思想的逻辑性和系统性,并运用这种逻辑性和系统性,来对中国古代的美学思想作出清晰的解释和系统的阐述。正因为这样,所以我认为学习中国美学史,应当先学一点西方美学,然后在中西美学思想的相互比较当中,来开掘和整理中国古代的美学思想。

马克思主义美学思想体系的建立

谈到马克思主义的美学思想体系，我们将要碰到两种不同的观点：一种认为，马克思主义是一种"自明的真理"，不待论证，就自然而然是正确的、绝对的。这种讲法，本身就不符合马克思主义。马克思说，真理占有我，而不是我占有真理。这说明了，马克思并不认为真理在他手上，他只是探讨真理，服从真理。他十分赞赏黑格尔真理是过程的讲法，因此他无意于把自己的思想体系封闭化，当成是最终的真理。他认为现实生活处于不断地自我否定的过程中，不断在重新建构，不断在进行新的创造，因此，真理也应当不断地发展，不断地吸收新的营养以丰富自己。马克思主义之所以具有不朽的生命力，就在于它能够适应现实的变化和发展而变化和发展。任何要把马克思主义当成僵化的教条的做法，都是违反马克思主义的。

另一种则认为，马克思和恩格斯都没有写过有关美学的专门著作，他们有关美学和文学艺术的言论，都不过是零星的感受，片言只语，不成系统，因此，谈不上什么美学体系。对于这一讲法，我们也不能同意。我们说，一个人有没有美学思想体系，不在于他言论的多少和有没有专门的著作，而在于他是否形成了一套完整的哲学思想体系，并从这一体系出发，来观察和探讨美、艺术和美学上有关的问题。中外许多的美学思想家,都没有专门的美学著作,都只是对美和艺术发表过一些零星的见解,但因为这些见解,和他们整个的思想体系联系在一道,从而自成格局,自发光辉,在美学思想发展的历史上,占了一席地位。比较起来,马克思和恩格斯,不仅提出了一整套完整的哲学思想体系,辩证唯物主义和历史唯物主义;而且他们运用辩证唯物主义和历史唯物主义的观点和方法,对美和艺术等问题,作出了独创性的划时代的解释,从而把美学理论推进到一个新的阶段——马克思主义的阶段。这样,马克思和恩格斯,虽然的确没有写过专门的美学著作,但我们能否认他们创立了崭新的马克思主义美学思想体系吗?

那么,有同志说,马克思和恩格斯既然建立了崭新的美学思想体系,它究竟新在哪里呢?对于这个问题,我认为应当联系整个美学思想史的发展来看,看看马克思在人类美学思想发展的过程中,提出过什么新的"逻辑起点"?作出过什么新的贡献?这是一个大的问题。我目前的知识能力和思维能力,都还不足以担负回答这一问题的重任,此地,我只能够谈一点自己的感想。

西方传统的美学,一般都是从客观出发,来探讨美的本质问题。像我们前面所说的,有的把美当成是客观的物质形式,有的把美当成是客观的精神属性。到了康德,他自称掀起了一场"哥白尼式的革命"。这个"革命",主要是他从先验的主观唯心主义出发,把美学研究从客观世界转移到主观世界,转移到主观的鉴赏能力和主观的审美心态。"主观的合目的性",成了他的美学的一个中心命题。正因为这样,所以一般把康德看成是近代美学的转折点。康德以后,西方美学不是受自然科学和实证主义的影响,继续走客观的路;就是受德国浪漫主义和叔本华、尼采的唯意志论的影响,强调主观的重要性。19世纪以后,主观的影响,在西方美学中,一直超过客观的影响。这都是康德强调主观,开启了西方美学对于主体性的重视的结果。但是,康德看问题还比较全面和辩证,他在强调主观的同时,并没有忽视客观。在他看来,主观性不是个人的任意性,而是主观上的合目的性,主观上令人感到美的,都是普遍令人感到合目的的,普遍令人感到美的。因此,对他来说,主观性实际等于普遍性。而普遍性在康德看来,是人人相通的,是客观存在于所有的人当中的,因此它又是客观的。这样,主观性=普遍性=客观性,这在康德的哲学和美学中,是一个十分重要的概念。它证明了人的审美能力,既合乎先天的理性原则,又合乎客观的普遍规律。人类关于感情的审美判断力,既联系于主体,又联系于客体;既联系于特殊的个别,又联系于普遍的一般;既是感性的,又是理性的。看起来,康德是主观、客观都照顾到了;但很明显,他所强调的是主观,他用主观来吞并了客观。康德在美学史上的地位,就在于他把美学研究引向了主观的方面。

马克思的不同凡响,他在人类美学思想发展中的历史地位,是他在康德的基础上,开辟了新路子,揭开了新篇章。他把美学研究从康德的重主观的方向重新转移到重客观的方向。不过,这个"客观",已不是西方传统美学所说的"客观",而是从辩证唯物主义和历史唯物主义的观点所理解的"客观"。这个"客观",和人的劳动实践分不开。有了劳动实践,人才从自然中生成起来,脱离自然和动物,进入社会和历史。也就是说,"客观"是由人的实践的感性活动,所创造和形成起来的"人类社会或社会化了的人类"。这样,美学研究的逻辑起点,既不是客观的物质世界和精神世界,更不是主观的心意状态,而是社会化了的人的审美实践活动。

马克思的这一转变,是从《1844年经济学—哲学手稿》开始的。在《手稿》中,马克思从劳动出发,探讨人及其社会的本质。

他认为资产阶级国民经济学提出劳动价值的理论，这是正确的，是他们的贡献。但是，他们只看到劳动，而看不到劳动的人，因而"把劳动者只是看作劳动的动物，只是看作仅仅具有最必要的肉体需要的牲畜"。反对他们的做法，马克思探讨了人的劳动不同于动物的劳动的本质差别，他在劳动的经济价值之外，发现了劳动的人的价值。正是这种人的价值的发现，使人在劳动实践过程中，能够创造性地把人的本质力量转移到客观世界中去，使客观世界成为人的自我实现和自我创造的对象。不仅这样，而且随着这一人的价值的发现，马克思在文艺复兴时期所发现的自然的人和个性的人之外，发现了作为"社会关系的总和"的人。文艺复兴时期，针对中世纪的禁欲主义和专制主义，他们大声疾呼，提倡具有本能欲望的自然的人和具有独立反抗精神的个性的人。所以文艺复兴以来，文学艺术所描写的美的形象，大多是这种具有自然欲望和个性鲜明的形象。他们尽了他们的历史责任。马克思之所以能够超越他们，是他通过劳动实践的观点，在自然的人和个性的人之外，另外发现了社会化了的人。这种社会化了的人，是自然和人的统一，是感性和理性的统一，是个性和社会规范的统一；他既符合人类本能欲望的需要，又适合社会价值规范的要求。因此，他再不是分裂的、片面化的人，而是全面的、完整的人。马克思主义的美学思想体系，就建立在这种全面的完整的人的身上。马克思主义的美学理想，就是追求人的全面的发展。

就这样，马克思主义美学不仅有一套完整的思想体系，而且有一个新的逻辑起点。它从人的审美关系和审美实践活动出发，追求人的全面发展和全面解放。基于此，马克思展开了一系列的"劳动创造了美""人也按照美的规律来塑造""美是人的本质力量的对象化"等观点。这些观点，统一于辩证唯物主义和历史唯物主义，应当说，很自然地成为我们建设马克思主义美学思想体系的重要根据。在当前大好的形势下，我们应当高举马克思主义的旗帜，沿着社会主义精神文明建设的道路，为建立具有中国特色的马克思主义的美学思想体系而努力！

论美与劳动

马克思在《1844年经济学—哲学手稿》中,直接谈到美的,总共只有两处:一是"劳动创造了美",二是"人也按照美的规律来塑造物体"。这两句话,都涉及了美与劳动的关系。我国目前的美学界,除了美学对象、审美欣赏以及各门艺术的美学特征等问题之外,差不多主要的就是环绕着《手稿》的学习,对美与劳动的关系问题展开讨论。其中讨论得最多的,就我所知,是下列三方面的问题:(1)美的规律是什么?它与劳动有什么关系?(2)异化的劳动能不能创造美?(3)日月星辰之类的自然美,是不是人类的劳动创造的?对于这些问题,我的学习很不够。但是,为了和同志们一起把讨论引向深入,我也不揣浅陋,提出一些不成熟的看法,请同志们指教。

一、美的规律与劳动的关系

马克思在《1844年经济学—哲学手稿》中说:"人也按照美的规律来塑造物体。"这是最新的刘丕坤同志的译文。其他还有各种译文。最早的是何思敬同志的译文:"人类也依照美底规律来造形;"

其次是曹葆华同志的译文:"人也依照美的规律来造成东西的;"①另外还有朱光潜同志的译文:"人还按照美的规律来制造。"②尽管对这句话有各种译法,但"美的规律"的提法却是共同的,大家都这样译。因此,马克思明确地提出了"美的规律"的说法,应当是肯定的,没有异议的。那么,什么是"美的规律"呢?它与人类的劳动又有什么关系呢?这就各人有各人的理解了。目前我所看到的,主要有下列几种讲法:

(1)蔡仪同志在《马克思究竟怎样论美?》一文中说:"事物的美不美,都决定于它是否符合于美的规律。那么美的规律就是美的事物的本质,或者说是美的事物的所以美的本质。"③因此,他把美的规律等同于美的本质。但是,本质要表现于现象,于是,蔡仪同志进一步说:"美的规律要求事物的本质和现象的关系","这就是以非常突出的现象充分地表现事物的本质,或者说,以非常鲜明、生动的形象有力地表现事物的普遍性"。而这,就是典型。因此,在蔡仪同志看来:"美的规律就是典型的规律,美的法则就是典型的法则。"④

(2)朱光潜同志在《马克思〈经济学—哲学手稿〉中的美学问题》一文中,引了恩格斯《劳动在从猿到人转变过程中的作用》中的一句话:"我们对自然界中的整个统治,是在于我们比其他一切动物强,能够认识和正确运用自然规律。"然后,他就用"能够认识和正确运用自然规律"一句话,来解释美的规律。但究竟什么是美的规律,他并没有明确地加以解说,而只是引用了文艺创作的例子,

---

① 《马克思恩格斯论艺术》,人民出版社1960年版,第226页。
② 朱光潜:《美学拾穗集》,百花文艺出版社1980年版,第111页。
③ 《美学论丛》第1辑,中国社会科学出版社1979年版,第50页。
④ 同上,第53~54页。

认为文艺创作都是按照美的规律来进行的。因此，他说，"美的规律"是非常广泛的，也可以说就是美学本身的研究对象。①

（3）李泽厚同志没有直接解释美的规律。他是在《〈新美学〉的根本问题在哪里？》一文中，引到马克思的这句话时说："人类从动物式的肉体的物质需要的直接束缚下解放出来，能够掌握规律……，这也就是能使自然界在自己的支配之下的生产，是认识了必然的生产，是自由的。只有这种实践才能日益冲破现实对实践的限制，克服它对实践的否定（敌对）态度，而迫使它肯定着自己，使其'造形'肯定着人们的实践（生活），这样的造形也就是美的。"②这段话的意思是说，人以自由的实践，在掌握客观自然规律的过程中，"到处都看得见人们本质力量的对象化"，从而达到客观的合规律性与主观的合目的性的统一，这就是美的规律。

（4）朱狄同志在《马克思〈1844年经济学—哲学手稿〉对美学的指导意义究竟在哪里？》一文中，针对蔡仪同志的文章，强调地指出："正如《手稿》并非是美学著作一样，马克思是从人类最基本的实践活动出发来讲美的规律的，而并非是从审美活动出发来讲美的规律的。这里所指的'生产'，并非指艺术生产，而是指物质生产。在这种意义上马克思所说的'按照任何物种的尺度来进行生产'，'用内在固有的尺度来衡量对象'，重点都是讲主体而并非讲客体，都是指人类的实践活动是区别于动物的一种有意识的活动，正因为有了这样一种基础，所以人才能按照美的规律来塑造物体。"③朱狄同志没有给美的规律下定义，但他强调从实践出发，强调从生

---

① 朱光潜：《美学拾穗集》，百花文艺出版社1980年版，第85页。
② 李泽厚：《美学论集》，上海文艺出版社1980年版，第148页。
③ 《美学》第3期，上海文艺出版社1981年版，第96页。

产劳动来谈美的规律，则是很明显的。

（5）陈望衡同志的《试论马克思实践观点的美学》一文，也是与蔡仪同志商榷的。他明确地指出："马克思所说的'美的规律'指的是：通过恰当的感性形象充分体现出人的自由意志，显示人的本质力量。它是客体的感性形象与主体的自由而自觉的类的特性的完美统一。"①

（6）周来祥同志在《马克思论集》一文中说："人类的生产劳动，是把客观规律性和人的目的性辩证地、生动地体现在劳动过程中，现实地、客观地凝结在对象化的世界——劳动产品中。美的规律也就是这种客观必然性和人的目的性和谐统一的规律。"②

除了以上六位同志之外，当然还有其他一些讲法。但因我的孤陋寡闻，没有见到，也就不一一备录了。这六种讲法，我认为都各有其正确的地方。例如蔡仪同志说：美的规律就是"美的事物的所以美的本质"。我想这句话是完全正确的，谁也否定不了的。因为一件事物如果不符合"所以美的本质"，怎么能够是美的呢？但是，这句话虽然正确，却很空洞，因为它没有交代怎样才算"所以美"。蔡仪同志为了弥补这个缺点，他提出了"典型的规律"。不过，美的东西可以是典型的，但典型的东西能够都是美的吗？苏格拉底曾说：他的脸孔最符合脸孔的"普遍性"和"本质特征"，大鼻子、大眼睛、大嘴巴，这应当是符合蔡仪同志典型的理论的了，但能说这样的脸孔是美的脸孔吗？因此，我认为蔡仪同志关于美的规律的讲法，比较难于说明客观的事实。

其他五位同志的讲法，虽然各有差异，但基本上都是从劳动实

---

① 《美学》第3期，上海文艺出版社1981年版，第110页。
② 《美学评林》第1期，山东人民出版社1982年版，第8页。

践出发，联系人类劳动的实践来谈美的规律的。我过去也曾写过一篇《人类也依照美的规律来造形》①的短文，也是联系人类的劳动实践来谈美的规律的。现在读了同志们的文章，进一步学习了《手稿》，我想再谈一些意见。

第一，马克思的《经济学—哲学手稿》，的确像朱狄同志所说的，不是美学著作。他谈美的规律，也不是谈美本身的规律，而是要用美的规律来说明劳动的规律。他在谈美的规律这一段话中，所说的是人类的生产劳动与动物的生产活动的根本差别。比较了这种差别之后，然后总结起来，他认为"人也依照美的规律来塑造物体"。这就是说，人的劳动是依照美的规律来进行的，而动物的活动则不是依照美的规律来进行的。因此，美的规律应当是人类的生产劳动所独具的特点。不仅这样，马克思还说："劳动创造了美。"那就是说，人类不仅依照美的规律来劳动，而且美本身就是人类在劳动实践过程中创造出来的。美与人类的劳动具有密切的联系，我们既不能离开人类的劳动来谈美，也不能离开人类的劳动来谈美的规律。有的同志要在人类社会出现之前去找美，认为动物也有美，动物的活动也符合美的规律，我们认为这是不符合马克思的原意的。

第二，人类是怎样依照美的规律来劳动和生产的呢？马克思是从人和动物是两种不同的"类的存在物"谈起的。那就是说，人和动物是两种根本不同的族类。"动物是和它的生命活动直接同一的。"那也就是说，动物并没有意识到自己的生命活动。它从母胎生出来，是怎么样就一直是怎么样，它完全过着本能的生活。有人说动物也有意识，也有思维。例如：人要杀牛，牛会掉泪；在马戏团里面，鳄鱼会飞腾，会钻火圈；狗和猴子会打躬作揖，会演算术，如1+1=2、

---

① 《马列文论百题》，陕西人民出版社1982年版，第10页。

2+2=4；等等。看起来，似乎动物也有思维。但经过向马戏团的同志调查，证明狗和猴子演算术，完全是根据条件反射的原理来进行训练的，当中没有任何的思维活动。至于翻筋斗、钻火圈等，那更完全是一种条件反射，属于本能的范围，与有意识的思维无关。因此，对于动物来说，它的生命和客观世界，完全是混合的、同一的，它分不清主观与客观，它完全在给它所规定的环境里生活。正因为这样，所以它只能根据"物竞天择"的原则，去适应环境对它的选择，听任自然的淘汰。反过来，它自己却不能有任何的选择。北美有一种鹿，怀孕之后，必须到阿拉斯加的北面去分娩。不管冰河的阻塞，不管任何自然的障碍，它们都盲目地本能地向着北面跑。路上一批批地死去，可是只要不死，它们还是向着北面跑。这是它们类（物种）的天性给予它们的命运，它们无从逃避，更无法改变。可是人却完全不同了。人是有意识的。"有意识的生命活动直接把人跟动物的生命活动区别开来。"① 正因为人是有意识的，所以他能意识到自己是人，意识到自己是一种"类的存在物"。狗就意识不到自己是狗，意识不到自己是一种"类的存在物"。正是这种"类的存在物"的意识，使人除了动物性之外，同时具有了社会性的特点。有了社会性的意识，人才开始把自己和其他的动物区别开来，和整个外在的世界区别开来。这时，他有了主体和客体的区分，有了对象。他不再是本能地按照环境所给予他的命运来生活，而是要把周围的环境，把整个世界，都当成对象来加以改造。他通过自己的劳动实践，不仅给自己"创造一个对象世界"，"劳动的对象是人的类的生活的对象化"，② 而且他还要"在他

---

① 马克思：《1844年经济学—哲学手稿》，第50页。
② 同上，第51页。

所创造的世界中直观自身"①。那就是说,他不仅有意识地生活着、劳动着;而且还在劳动中观赏着自己的产品,感受到自己劳动的胜利和喜悦。就在这时,人和世界的关系,从单纯的实用关系同时发展到审美的关系。美就是这样诞生出来的。美的规律也就这样与人类的劳动实践同时形成起来。那也就是说,当人类能够依照美的规律来进行劳动的时候,人的劳动就和动物的劳动发生了根本的质的区别。

第三,人类的劳动之所以能够"依照美的规律来塑造物体",根本的原因,是人类的劳动具有两个特点:(1)自由。那就是说,人在掌握外界规律的同时,他可以不受外界自然的限制。恩格斯在《劳动在从猿到人转变过程中的作用》一文中说:人类的劳动在从动物转变过来的过程中,"有决定意义的一步终于完成了:手变得自由了"②。手变得自由了,眼睛变得自由了,耳朵变得自由了,一句话,人自由了。这时,他就可以不再受自然的支配,反过来,他要"支配自然界"③。这时,他的劳动不再是本能性的,而是创造性的了。美的规律之所以是美的规律,就在于能够自由地对待客观世界,自由地依照客观世界的规律来创造客观世界。(2)自觉。那就是说,人意识到自己是在劳动,以及为什么要劳动。他在劳动中,具有明确的愿望和目的。马克思在《资本论》中谈到人类的劳动时,说:"他不仅造成自然物的一种形态改变,同时还在自然中实现了他所意识到的目的。这个目的就给他的动作的方式和方法规定了法则(或规律)。他还必须使自己的意志服从这个目的。"④人类自

---

① 马克思:《1844年经济学—哲学手稿》,第51页。
② 恩格斯:《自然辩证法》,人民出版社1963年版,第138页。
③ 同上,第145页。
④ 根据朱光潜同志的译文,见《美学拾穗集》,百花文艺出版社1980年版,第98~99页。

觉地按照一定的目的来劳动，并按照一定的目的来制订劳动的方式和方法，应当说，这就是人类劳动的规律。人在按照这一规律来进行劳动的时候，必然要引起自然界的改变，并"迫使自然界服务于他自己的目的"①，这样，自然界打上了人的"意志的印记"②，人的全部本质力量在自然界中实现出来，自然界成了人的本质力量的对象化。美的规律，正是人的本质力量对象化的规律。因此，人的劳动的性质，决定了他是"依照美的规律来塑造物体"的。

第四，那么，联系人类劳动规律的特点，究竟什么是"美的规律"呢？要说明这个问题，我们最好把马克思的原话全部引出来。马克思说："动物只是按照它所属的那个物种的尺度和需要来进行塑造，而人则懂得按照任何物种的尺度来进行生产，并且随时随地都能用内在固有的尺度来衡量对象；所以，人也按照美的规律来塑造物体。"③在这里，马克思三次用了"尺度"这个词。因此，要懂得这句话的意思，"尺度"是一个关键。朱光潜同志把"尺度"译为"标准"。蔡仪同志则解释说："所谓'尺度'，就它的原意说，本来是测定事物的标准；而在这里，若用普通的话来说，相当于'标志''特征'或'本质'。所谓'物种的尺度'则是该种事物的'普遍性'或'本质特征'。"④

其实，"尺度"这个词，是从古以来就有的。中国古代的"律历度数"，指的是"尺度"；今天的"度量衡"，指的也是"尺度"。它是人根据客观事物本身的规律，所总结出来的测量客观事物的标准。例如量布用尺，称米用秤，这都是衡量客观事物数量、大小、

---

① 恩格斯：《自然辩证法》，人民出版社1963年版，第145页。
② 同上，第145页。
③ 马克思：《1844年经济学—哲学手稿》，第50～51页。
④ 《美学论丛》第1辑，中国社会科学出版社1979年版，第51页。

轻重的尺度。因此，尺度来自客观事物的本身，它具有客观的规律性，不以人的意志为转移；但是，它又是人在实践经验中所测量出来的，因此，它又离不开人。离开了人，尺度也就没有了意义。正是这种人在劳动实践过程中从客观事物本身的规律中所测量出来的"尺度"，在西方美学史中，经常和美联系起来研究。例如柏拉图在《蒂迈欧篇》中就说："一切良好的是美的，而美的就是没有失去尺度的。"亚里士多德在《诗学》中，也是用与"尺度"有关的体积的大小、事物之间的安排、整一性与和谐等，来说明美。中世纪把美学附属于神学，认为美是神创造的，但神所创造的美也没有离开一定的"尺度"。奥古斯丁就说："理智转向眼所见境，转向天和地，见出这世界中悦目的是美，在美里见出图形，在图形里见出尺度，在尺度里见出数。"[①]文艺复兴时期的画家丢勒说："我认为适度的对象就是美丽的。虽然另一些不合尺度的对象能唤起惊奇，但他们毕竟都是令人不愉快的。"笛卡儿在谈到书简的美时，也说："这种美不在某一特殊部分的闪烁，而在所有部分总起来看，彼此之间有一种恰到好处的协调和适中，没有一部分突出压倒其他部分，以至失去其余部分的比例，损害全体结构的完全。"

古典主义者讲究"适中""合式"，经验主义者讲究均衡、比例等，都是联系一定的"尺度"[②]来谈美。

因此，从西方美学的历史来看，可见美与尺度有密切的联系。首先，尺度是事物之间一定的关系和比例。符合这个关系和比例的就美，不符合这个关系和比例的就不美。其次，尺度与具体事物的

[①] 引自朱光潜《西方美学史》上册，人民文学出版社1963年版，第129页。
[②] 此地所引用的有关西方美学史上关于"尺度"的解释，曾参考曹俊峰同志《论美的规律和审美》一文（未发表）。

形式和形象有关，它是具体的，而不是抽象的。离开了事物具体的形式和形象，不再存在什么抽象的尺度。

懂得了尺度在西方美学史上的意义，我们再回过头来，看看马克思是怎样运用"尺度"一词的。第一，马克思正是采用西方美学史中一贯把美与尺度联系起来的办法，通过尺度来说明美的规律的。第二，马克思讲美的规律，指的是"塑造物体"或"造形"，这也是从尺度与具体事物的形式或形象的联系来谈的。第三，马克思指出，人的劳动有两种尺度。这两种尺度统一起来，方才形成美的规律。哪两种尺度呢？第一种尺度，是"任何物种的尺度"。这是和动物的尺度相对立的。动物只有一种尺度。那就是说，动物只能按照它本身所属的那一个物种的尺度，来进行生产。例如：蜜蜂造窝，它就只知道造窝；蜘蛛织网，也就只知道织网。这造窝或织网，都是由它们的物种所规定的，它们祖祖辈辈这么干，完全是本能的，只知其然，而不知其所以然。人就不同了，人能按照"任何物种的尺度"来生产。那就是说，不论任何事物，人只要掌握了它的规律，就能够按照它的尺度来生产。桌子是一种物种，木匠掌握了桌子的尺度，就可以生产桌子。床是另一种物种，木匠掌握了床的尺度，又可以生产床。不仅这样，木匠还可以学铁匠，学裁缝，学种田，学读书，学打仗。任何一样的物种，人都可以根据它的规律，掌握它的尺度，从而把它生产出来。正因为这样，所以"动物的生产是片面的，而人的生产则是全面的；……动物只生产自己本身，而人则再生产整个自然界"①。

第二种尺度，是"内在固有的尺度"。蔡仪同志认为这一尺度与第一种尺度并没有什么差别。他说："'物种的尺度'和'内在的

---

① 马克思：《1844年经济学—哲学手稿》，第50页。

尺度'，无论从语义上看或从实际上看，并不是说的完全不同的两回事。物种的特征既有外表的也有内在的。"[1]因此，在他看来，只有外表的特征与内在的特征的差别，此外，再没有什么差别。可是，朱狄、陈望衡、周来祥等同志却有另外的讲法。例如陈望衡就说："物种的尺度"是属于物的，而"'内在固有的尺度'这一句的主语应该是人"，因此，"'内在固有的尺度'应理解为人的尺度。""'物种的尺度'讲的是客体的特征，'内在固有的尺度'讲的是主体的特征，两者的结合，才能构成'美的规律'"[2]。

我基本上同意陈望衡等同志的意见。因为在这一段话中，马克思先讲了动物，接着再讲人。在讲人的时候，两句话他是连在一道讲的："而人则懂得按照任何物种的尺度来进行生产，并且随时随地都能用内在固有的尺度来衡量对象。"这里，"按照任何物种的尺度"的是人，"能用内在固有的尺度"的也是人。前句话指的是人的劳动，应当符合"任何物种的尺度"，也就是说，应当符合不同的客观事物的规律性。客观事物的规律性，是美的规律的基础。只有符合了客观事物的规律性，才能按照美的规律来制造。后一句指的是人在劳动时，应当根据自己本身的，也就是主体的规律性来衡量对象。这一主体的规律性，就是马克思在《资本论》中讲的，人在劳动时，根据他的目的来给他劳动的方式和方法所规定的法则。因此，"内在固有的尺度"是和人的目的性分不开的。人的劳动是自由而又自觉的，因此，他劳动时是有意识地根据他的目的和要求，按照客观事物的规律性来衡量客观世界、改造客观世界，从而不仅引起客观世界自然形态的变化，例如把木头做成桌子，而且能够实现自

---

[1]《美学论丛》第1辑，中国社会科学出版社1979年版，第51页。
[2]《美学》第3期，上海文艺出版社1981年版，第108页。

己预期的目的,把桌子做成自己希望做的桌子,在桌子的上面看到自己本质力量的实现,从而称心满意,感到了劳动的胜利和喜悦。就这样,劳动不仅给他创造了物质上的财富,而且给他带来了精神上的享受。人就是这样依照美的规律,通过劳动塑造了物体,创造了美。

总结以上所说,我认为马克思所说的"美的规律",至少包含下列几层意思:

(1)按照美的规律来塑造物体是人类劳动的一个基本特点。我们不能离开人类的劳动实践,来抽象地孤立地谈美的规律。

(2)美的规律应当符合不同客观事物本身的规律。桌子的规律不同于床的规律,雕塑的规律不同于文学的规律,它们应当各自有各自的美的规律。因此,美的规律是丰富多彩的,不能机械雷同。机械雷同的东西,是违反美的规律的。动物之所以不能按照美的规律来生产,就因为它只有那么一种刻板的生产方式。而人的生产是自由的,多种多样的,因而人的生产是按照美的规律来进行的。

(3)美的规律与人类劳动实践的目的性是密切联系在一起的。唯其有目的性,所以才谈得到实现目的;唯其能够实现目的,所以才会在劳动中发挥自己全部的本质力量;唯其能够发挥自己的本质力量,所以劳动对于人来说,才是一种创造性的活动;唯其是一种创造性的活动,所以劳动才不是强迫的,而是充满了个性特征,充满了兴奋和喜悦;唯其充满了个性特征,充满了兴奋和喜悦,所以令人赏心悦目,所以美。

(4)美的规律是具体的,不是抽象的。只有在"塑造物体"或"造形"中,才谈得到美的规律。因此,把美的规律运用到抽象思维当中去,或者运用到精神与概念中去,都是格格不相入的。数学家看到数学的公式,可以心花怒放,神采飞扬,但那只是他个人对于自己成果的陶醉,他没有办法叫不懂他的公式的人,也同他具有同样的感情。可是具体的实践活动就不同了。木匠按照美的规律制造了一张美的桌子,看到的人都会啧啧称赞。因此,美的规律应当从具体的物质形式或形象中体现出来,发出色彩与声音的光辉。

把以上几点再归纳一下,我认为美的规律应当是:人类在劳动实践的过程中,按照客观世界不同事物的规律性,结合人们富有个性特征的目的和愿望,来改造客观世界,不仅引起客观世界外在形态的变化,而且能够实现自己的本质力量,把这一本质力量具体地转化为能够令人愉悦和观赏的形象。由于人类的劳动过程,是人与自然相互交往和相互影响的过程,因此,哪里有人与自然(现实)的关系,哪里有劳动,哪里就应当有美的规律。

二、异化劳动与美的创造

人的劳动是依照美的规律来塑造物体的,美是人的劳动所创造的。那么,异化劳动呢?异化劳动能不能创造美呢?对于这个问题,我国目前的美学界基本上有两种看法:一种是不同程度地反对异化劳动能够创造美;另一种是认为异化劳动也能够创造美。

朱光潜、李泽厚、蔡仪三位同志,他们是我国三派美学观点的代表人物,但他们在反对异化劳动能够创造美这一点上,却大同小异,基本上相同。例如朱光潜同志在《马克思的〈经济学—哲学手稿〉中的美学问题》一文中,就这样说:"在私有制之下,不但自然离开人(劳动者)而异化掉了,人本身的本质力量也离开人而异化掉了,结果是人在饥饿线上挣扎,穷人和富人都让唯一的占有感觉或占有欲吞噬了人的全部本质力量,一个个都变成极端贫穷、极端自私的人。"①在这种情况下，异化劳动当然不利于美的创造。

李泽厚同志在《美学三题议》中，谈到自然美时，说："在阶级社会里，劳动成果被剥削，劳动本身也歪曲为敌对自己的'疏远化'的活动……因此，自然作为肯定劳动实践的现实，作为劳动活动的对象化的自由形式，作为劳动实践的历史成果，对社会普遍地必然地具有娱乐观赏关系的大自然的形式美，对劳动者就反而是异己的，没关系的，不成为美。"②

蔡仪同志，那更彻底了。他在《马克思究竟怎样论美？》一文中说："由于私有制，劳动者和劳动产品是疏远化了的，是矛盾的，和劳动对象的自然是敌对的。"③在这样的情况下，还要说异化劳动能够创造美，那是"对于剥削和剥削制度的赞美，是对于劳动者的欺骗，是对于旧秩序的辩护"④。

然而，和以上三位同志的意见不同，朱狄同志在《马克思〈1844年经济学—哲学手稿〉对美学的指导意义究竟在哪里？》一文中，却明确地肯定了异化劳动能够创造美。他说："马克思认为即使在异化劳动中创造出来的美也是实存的，就像宫殿一样，它耸立在历史的道路上。它的美是具体的，并不仅仅是对过去的一种感伤的回忆。"⑤

另外，我经常接到一些青年同志的来稿，他们用大量的事实证明异化劳动也能够创造美。由于他们的文章都没有发表，我不便引用。但从他们那里，我感到了我国青年人当中，蕴藏着一股强大的

---

① 朱光潜：《美学拾穗集》，上海百花文艺出版社1980年版，第89页。
② 李泽厚：《美学论集》，上海文艺出版社1980年版，第176页。
③ 《美学论丛》第1辑，中国社会科学出版社1979年版，第16页。
④ 同上，第15页。
⑤ 《美学》第3期，上海文艺出版社1981年版，第89页。

美学研究的潜力。我就是受了他们的影响,也主张异化劳动能够创造美。不过,我是两点论,不是一点论。所谓两点论,即:第一,我承认异化劳动能够创造美;第二,异化劳动毕竟不同于人类的自由劳动,它创造美的工作受到了不同程度的破坏和阻碍。

现在,我想先从第二点谈起,也就是异化劳动对于美的创造工作的破坏和阻碍。

什么是异化劳动?异化一词,也有译成疏远化或外化的。它的意思是说,一件事物转化成它自身的对立面,成为异于自己的另外一种东西。最初系统地阐述异化理论的是黑格尔。他认为绝对精神从逻辑阶段发展到自然阶段,精神把自己异化到物质中去,成为与自己的本性相反的物质自然,这就是异化。黑格尔用异化一词,有时与对象化互用,没有任何贬斥的意义。

黑格尔所说的异化,指的是精神的异化。费尔巴哈批判了黑格尔这一唯心主义的观点,但却接受了异化的概念。他从人与自然的关系出发,把精神的异化转变成人自己的异化。基督教宣传上帝创造人,费尔巴哈说,不对!不是上帝创造人,而是人类把自己的本质异化为上帝,然后把上帝当成与人对立的超人力量来加以崇拜。要真正发挥人的本质力量,必须消除人的这种自我异化。

马克思在《1844年经济学—哲学手稿》中,继承了黑格尔和费尔巴哈关于"异化"的概念。不过,他是从批判国民经济学出发,认为国民经济学没有分清人的劳动与动物的活动的根本区别。人的劳动是自由的、自觉的,能够充分发挥人的本质力量,是按照美的规律来构造物体的。但是,由于私有制,由于剥削和压迫的存在,以至人的劳动被异化成动物式的活动。因此,马克思所谈的,是劳动的异化,是人的自由的劳动向着动物式的不自由的活动的异化。

在私有制社会中,这种异化的劳动能不能创造美呢?要说明这个问题，我们先得看看马克思是怎样看待异化劳动的。马克思认为，异化劳动有四个规定性，也就是有四个特点：

第一，从劳动生产的结果上来看，也就是从劳动者与他所生产的产品的关系上来看：劳动者拼命生产，他的产品却被别人夺去，为别人所占有："劳动者生产得越多，他能够消费的就越少；他越是创造价值，他自己越是贬低价值、失去价值；他的产品越是完美，他自己越是畸形……劳动为富人生产了珍品，却为劳动者生产了赤贫。劳动创造了宫殿，却为劳动者创造了贫民窟。劳动创造了美，却使劳动者成为畸形……劳动生产了智慧，却注定了劳动者的愚钝、痴呆。"①

第二，从生产行为与生产活动上来看，异化劳动使劳动者丧失了人的本质，他在劳动中不能实现自己的本质力量："劳动者在自己的劳动中并不肯定自己，而是否定自己，并不感到幸福，而是感到不幸，并不自由地发挥自己的肉体力量和精神力量，而是使自己的肉体受到损伤、精神遭到摧残。因此，劳动者只是在劳动之外才感到自由自在，而在劳动之内则感到爽然若失……他的劳动不是自愿的，而是一种被迫的强制劳动。"②

第三，从人自身和他的生活来看，人过的应当是一种自由的有意识的类的生活，但在异化劳动中，人不仅不能自由地生活，在劳动中实现自己的目的和愿望，反而他的劳动仅仅变成了一种手段，以维持他的肉体的生存，"人的异化劳动，从人那里（1）把自然界异化出去；（2）把他本身，把他自己的活动机能，把他的生命活动异化出去，从而也就把类从人那里异化出去，它把对人说来的类的生

---

① 马克思：《1844年经济学—哲学手稿》，第46、47页。
② 同上，第46、47页。

活变成维持个人生活的手段"①。

第四，从人与人的关系方面来看，异化劳动也把这一关系异化，"生产出不事生产的人对生产和产品的支配"②。那也就是说，异化劳动在劳动者之外，产生了占有劳动对象和劳动产品的主人，如雇主和资本家。这样，人与人的自由关系，就变成了剥削和被剥削的关系。社会的产品变成了私有的财产。马克思研究异化劳动的目的，就在于要揭露私有制和私有财产的罪行。

从以上四个方面来看，可见异化劳动不自由，失去了创造性，失去了鼓励劳动者从事劳动的兴趣和热情，它不符合美的规律，不符合劳动的本质。这样的异化劳动，当然不利于美和艺术的创造。马克思就曾直接指斥异化劳动，破坏人的审美能力和审美感觉。他说："忧心忡忡的穷人甚至对最美丽的景色都无动于衷，贩卖矿物的商人只看到矿物的商业价值，而看不到矿物的美和特性；他没有矿物学的感觉。"③恩格斯在《英国工人阶级状况》中，也说："如果说自愿的生产活动是我们所知道的最高的享受，那么强制劳动就是一种最残酷最带侮辱性的痛苦。……这种强制劳动剥夺了工人除吃饭和睡觉所最必需的时间以外的一切时间，使他没有一点空闲去呼吸些新鲜空气和欣赏一下大自然的美，更不用说什么精神活动了，这种工作怎么能不使人沦为牲口呢？"④

马克思所谈的资本主义不利于诗歌与艺术的发展，所指的也是异化劳动不利于美的创造。因此，如果我们忽视了异化劳动对于美的创造工作所带来的破坏和阻碍，认为异化劳动也可以像自

---

① 马克思：《1844年经济学—哲学手稿》，第49、54页。
② 同上，第49、54页。
③ 同①，第79～80页。
④ 《马克思恩格斯全集》第2卷，人民出版社1965年版，第404～405页。

由劳动一样地创造美，那不仅不符合马克思的原意，而且也无视了私有剥削制度给人类劳动所带来的灾难。事实上，异化劳动这种不利于美的创造的情况，早在马克思以前，许多思想家就已经指出来了。例如康德，他之所以把艺术看成是一种自由的游戏，而不是一种劳动，就因为他看到的是私有制下的异化劳动。这种劳动是强迫的，与美相敌对的。又例如黑格尔，他称赞希腊古代英雄时代的劳动，认为那种劳动充满了"占领事物的新鲜感觉和欣赏事物的胜利感觉"①，因而最适宜于艺术的繁荣；而"散文气味的现代情况"，即资本主义社会，人的劳动异化了，就再不利于美和艺术的繁荣了。然而，真正分析出私有制不利于美和艺术的创造的是马克思。他从劳动的异化上，看出人的本质力量受到歪曲和挫伤，因而再也不能正常地依照美的规律来进行生产。即使是在某种程度上，也能创造美，但那种美也是畸形的、不健康的。龚自珍所说的"病梅"，以及中国封建社会中种种病态的美，如小脚、细腰之类，不就是在异化劳动的畸形状况下，所产生出来的吗？巴尔扎克未成名以前，为了维持肉体的生存，他写了一些他自己都不肯承认的东西，个也是异化劳动对于美的摧残吗？至于资本主义社会中那种种低级庸俗、奇形怪状的所谓美，更是异化劳动所带来的结果。因此，从本质上来看，从异化劳动直接的效果来看，它不仅不能创造美，而且破坏美。

但是，天下的问题都是复杂的。我们看任何问题都要作具体的分析。如果说，异化劳动完全不能创造美，那么，从奴隶社会到资本主义社会，都是异化劳动占据支配的地位，却为什么会生产出那么丰富、那么辉煌的文学艺术的遗产？这是一个事实。面对这个

---

① 黑格尔：《美学》第1卷，商务印书馆1958年版，第324页。

事实，我们不能片面地形而上地看，而应当全面地辩证地看。马克思在《1844年经济学—哲学手稿》中，主要是通过分析异化劳动来揭露私有制的罪恶，希望共产主义社会的早日到来，至于异化劳动能不能创造美的问题，他并没有直接谈。但是，我们从马克思和恩格斯的其他著作中，从马克思主义的体系中，我们却看到他们是非常珍视人类文化艺术的全部遗产的。例如马克思和恩格斯都非常珍视希腊的文化艺术，而且说希腊的文化艺术是建立在奴隶制的基础之上的。奴隶制的劳动，当然是异化劳动。奴隶制能够创造美和艺术，为什么异化劳动就不能创造美和艺术呢？而且，马克思主义是唯物主义。唯物主义的一个根本特点，就是从事实出发。从历史上的事实来看，大量的美的作品和艺术作品，如春秋战国时的青铜器、长城、历代帝王的宫殿和陵墓、埃及的金字塔、罗马的凯旋门和竞技场、中世纪的教堂、巴黎的卢浮宫等等，这些光耀史册，人类文化灿烂的结晶，哪一件又不是异化劳动的产物呢？我们得承认这些事实。承认这些事实，就得承认异化劳动也能创造美。

那么，不利于美和艺术的异化劳动，为什么又能够创造美和艺术呢？这就是问题的症结所在，也是问题的困难所在。对于这个问题，我有几点看法：

（1）异化劳动虽然是异化了的劳动，但它仍然是劳动，而且是人类的劳动。因此，它虽然把人的劳动向动物的活动方向还原，但它毕竟不同于动物的活动。劳动者本身不能有劳动的目的，不能支配自己的劳动，但支配他的人却有目的，要他按照这一目的去进行劳动。结果劳动虽然是强迫的、不自由的，但却照样生产出成果来，生产出产品来。马克思说："劳动与劳动对象结合着。劳动是对象化了，对象是被加工了。"①那就是说，只要劳动与劳动对象相结合，结果必然是劳动的对象化。而对象化，是人类通过劳动与自然相联系的唯一手段。通过这一联系，必然要改造自然，创造出新的产品。因此，即使是异化劳动，但它作为人的劳动，也必然要对象化，要生产出产品来。马克思说："劳动创造了宫殿，却为劳动者创造了贫民窟。劳动创造了美，却使劳动者成为畸形。"所讲的正是这一情形。在这种情形下，劳动是以残酷的、强迫的方式进行的，在劳动中劳动者既没有自由，更谈不上美感，但他却不得不按照主人的意图和目的，去创造出宫殿，创造出美。万里长城、秦始皇的陵墓，就是以这种充满了血泪的异化劳动创造出来的。孟姜女哭长城的故事，至今仍然感人心肺。但是，孟姜女的丈夫被折磨死了，千万的奴隶被折磨死了，万里长城、秦始皇的陵墓，却仍然保留下来，供人观赏。而且随着时间的流逝，强制劳动的残酷事实愈来愈冲淡，我们所欣赏的，只是成果，只是历史的遗物。我们所关心的，也只是它们的形式，它们的美，我们再也不去计较这是异化劳动或者自由劳动所创造的了。当然，对于研究者们，那是例外。

（2）从社会发展的历史来看，异化劳动对于美的创造，也提供了一些积极的条件。这主要表现在分工上。异化劳动就是从分工开始的。恩格斯说："第一次社会大分工……必然地带来了奴隶制。"他又说："第二次大分工：手工业和农业分离了。"②随着分工的到来，出现了阶级，出现了剥削，但也出现了文明。恩格斯说："卑劣的贪欲是文明时代从它存在的第一日起直至今日的动力；……如果说在这个社会内部，科学曾经日益发展，艺术高度繁荣的时期一再出

---

① 马克思：《资本论》第1卷，人民出版社1954年版，第206页。
②《马克思恩格斯选集》第4卷，人民出版社1972年版，第157、159页。

现，那也不过是因为在积累财富方面的现代一切成就不这样就不可能获得罢了。"①马克思对于带来异化劳动的分工，也曾给予很高的评价："由于社会各个生产部门的划分，商品就制造得更为精良，人们的各种志趣和才能就有可能挑选适当的活动范围……因此，产品和它的生产者都是由于分工而益臻完善的。"②"只有借助于发达的工业，亦即借助于私有财产，人的情欲的本体论的本质才能充分完满地、合乎人的本性地得到实现。"③

这样，分工、私有财产、异化劳动，作为整体来看，它们都不利于人的本质的全面发展，都不利于美和艺术的创造。但从人类社会历史发展的各个阶段来看，它们又都在不同的历史阶段起了不同的历史进步作用。至少它们解放了一些人的繁重的体力劳动，使他们有时间和精力来从事美和艺术方面的活动。精神劳动与体力劳动的分工，就是一个明显的例子。如果没有这一分工，人类谈不上精神文明的创造，也谈不上文学艺术。古希腊罗马的文化，中世纪的文化，以及近代资本主义的文化，历史上大批的艺术家、文学家，不都是这样产生出来的吗？

（3）恩格斯说："文明每前进一步，不平等也同时前进一步。"④这说明了自由劳动与异化劳动也并不是绝对地分离的，而是相互交错在一起，共同促进人类文明和艺术的进步。

首先，在任何私有制社会中，都不可能有绝对的异化劳动。例如中世纪，这是一个黑暗的时代。但就在这个黑暗的时代中，人类的手工艺、民间文学、民间艺术等，得到了空前的高度的发展。马克思

---

① 《马克思恩格斯选集》第4卷，人民出版社1972年版，第173页。
② 《马克思恩格斯论艺术》第1卷，人民文学出版社1960年版，第252页。
③ 马克思：《1844年经济学—哲学手稿》，第103页。
④ 《马克思恩格斯选集》第3卷，人民出版社1972年版，第179页。

和恩格斯说："中世纪的手工业者对于自己的专门工作和它的巧妙完成，还抱有一定的兴趣，这个兴趣可以提高到原始的艺术趣味的程度。"[1]中国封建社会，也是同样的情形。一些手工业者对于他们的手艺是那么专心致志，灌注了全部的心血和本质力量。因此，他们虽然生活在阶级分化的社会中，但却是在进行真正是"属人"的劳动。

其次，即使是在完全的异化劳动中，我们也要进行具体分析。其中有各种情况。第一种情况，奴隶在为奴隶主工作时，也有不少是在认真地精心地工作的。他的劳动是强迫的，但他为了生存，为了活下去，不得不倾注进自己的本质力量，努力把工作做好。因为奴隶主强迫他劳动，是强迫他把工作做好，而不是强迫他把工作做坏。第二种情况，主人依靠奴隶的劳动，奴隶虽然没有人身的自由，但在规定的范围内，他却有劳动的自由。《伊索寓言》中，主人哲学家什么都不懂，什么都得依靠奴隶伊索。伊索虽然必须听主人的命令，但怎样做事情，却由他自己来决定。罗马时代，许多奴隶主愚蠢和懒惰到衣服都不会穿，澡也不会洗，读书、写字、画画等等高尚的精神活动，更是一窍不通，一切都得依靠奴隶。这样，有权有势的是奴隶主，但物质文明和精神文明的创造，却得由奴隶来干。无论中国或西方的古代，都把艺术家称为匠人或艺人，也就是低贱的人。《乐记·师乙篇》中的乐工师乙，就自称"贱工"。这些"贱工"，他们的身份是卑微的，地位是低下的，然而，就是他们的异化了的劳动，却创造了美。第三种情况，那就是在阶级社会中，统治阶级的内部和被统治阶级上层中的某一部分人，他们是懂得文学艺术，懂得美的。他们把被压迫阶级的异化劳动与自己的自由劳动结合起来，共同创造美。例如写字画画，他们自己来；但磨

---

[1]《马克思恩格斯论艺术》第1卷，人民文学出版社1960年版，第288～289页。

墨铺纸，却叫仆役去干。这一情形，在建筑与园林的建设上，表现得最为明显。设计者是主人，或者是主人请来的人，他们的劳动是自由的；搬砖添瓦的，却是雇来的人，他们的劳动是不自由的。就在自由劳动与异化劳动的结合中，创造了建筑与园林艺术的美。

（4）异化劳动从反面刺激了文学艺术与美的发展。这是什么意思呢？这就是说，异化劳动使劳动者处于极其悲惨和痛苦的地位，使他们从人变成了非人。这一情况，一方面会激起劳动者的反抗，另一方面则会引起某些非劳动者的同情。恩格斯说："愤怒出诗人。"[①]于是反异化的文学艺术，就大量地在异化劳动的情况下产生出来。无论古今中外，许多进步的作品，都是对于异化劳动的谴责、揭露和批判。因此，异化劳动虽然不利于美和艺术的生产，但却从反面刺激了、促进了美与艺术的发展。

总结以上所说，我们认为：从阶级的整体来看，从历史的全程来看，从异化劳动的根本性质来看，它是不利于美和艺术的创造的。但从个别的人来看，从历史的不同阶段来看，从某些具体的情况来看，异化劳动又是能够创造美和艺术的。对于异化劳动能不能创造美的问题，我认为应当这样全面地辩证地来看。

三、自然美与劳动

我国美学界自从50年代展开争论以来，自然美一直是一个关键的问题。许多同志，他们在社会美、艺术美等方面，都讲得头头是道，处处有理，但一碰到了自然美，就发生了这样或那样的困难。

首先主观派认为美是主观创造的，自然美也是主观创造的，"一

[①]《马克思恩格斯选集》第3卷，人民出版社1972年版，第189页。

片自然风景就是一片心境"。这一讲法,似乎颇有道理,因为自然美的确和心境有某些联系。但是,仔细一想,却经不起事实的检验。为什么有的自然风景能够产生这样的心境,而另外的自然风景却不能呢?为什么同样的自然风景会产生出不同的心境?没有你这个心境,难道自然风景就不美了吗?同样的心境,为什么晴光潋滟的西湖与山雨空蒙的西湖,会产生出不同的美呢?因此,单纯用主观的原因,是解释不了自然美的。

其次,客观派认为自然美就是自然本身的自然属性,不仅与主观无关,而且与人也无关。北极光美,就美在北极光本身。四川九寨沟的美,早在人们发现它以前就已经美了。这些,看起来,似乎都是颠扑不破的真理。但是,如果说自然美与人无关,它像野花一样自开自落,那么,为什么随着人类社会的发展,自然美也会跟着发展呢?而且,作为人类审美意识历史见证的文学艺术,为什么要到很晚时期才出现对于自然美的歌颂呢?再说,你说北极光的美就在于北极光的本身,可是你从北极光里面能够分析出美的属性吗?当你走近北极光的时候,北极光的美是不是还会存在呢?就好像你看到雾很美,可是一走进雾里面,雾的美却消失了。至于九寨沟,它的美的确是最近才发现的。经过电视的宣传,更为广大人民所知道。然而,九寨沟周围并不是没有人居住,却为什么要到现在才被人发现呢?这说明了自然美固然有它客观的自然原因,但如果离开了人,离开了能够发现自然美的人,它的美等于没有天亮的黑夜,只有存在的可能性,而没有存在的现实性。

第三,主客观统一派认为自然只提供美的条件,是人的主观情趣反映到自然的条件上去,然后成为形象,然后才有自然美。这一讲法,既照顾到了客观的自然条件,又照顾到了主观的情趣,好像比较通情达理。红颜色,仅仅就它的自然条件来说,只是一种颜色，只是光线的反映，无所谓美不美。可是一旦加上主观的情趣，例如说红彤彤的、红艳艳的、红烂漫的，以及李贺《将进酒》诗"况是青春日将暮，桃花乱落如红雨"中的"红雨"，李郢《为妻作生日寄意》诗"应恨客程归未得，绿窗红泪冷涓涓"中的"红泪"，这些红颜色，加上了主观的情趣，渗透了主观的感情，于是就美了。不错，孤立地看这些例子，的确是因为加上了主观的情趣，就美了。但是，还有两大困难，这一讲法却解决不了。首先，它过分地强调了主观的情趣，这与主观派的"心境"又有什么两样呢？不都有点唯心主义的嫌疑吗？其次，自然并不仅仅是一种条件，自然本身应当在自然美中具有决定性的意义。不是黄山，你就无从谈黄山的自然美。

第四，客观性与社会性的统一派。这一派与第三派的不同，是把主观的情趣改变成了社会生活。因此，自然美虽然是客观的，与人的主观情趣无关，但却离不开人，离不开社会。这一派的讲法，遭到了第二派也就是客观派的猛烈抨击。他们提出了两点质问。首先，自然美离不开人，还谈什么自然美？黄山的石头，与人何关？黄山石头的美，又与社会性何关？其次，自然美如果不在自然物的本身，不在自然物的自然属性，那么，它究竟在什么地方？它又还有什么客观性？

以上这些争论，过去没有解决，现在也并没有解决。不仅没有解决，而且环绕着近几年对于《1844年经济学——哲学手稿》的学习，问题更为复杂了。我们稍稍回顾了一下过去，是为了更好地理解当前的争论。当前的争论，是环绕着自然与美劳动的关系这一问题而展开的。大致说来，有两种意见：

第一种意见，认为"劳动创造了美"这一个命题，既适用于社会美、艺术美，也适用于自然美。自然美也是劳动创造的。上面所说的第三派和第四派,都是主张劳动实践的观点,都主张自然美是人类劳动实践创造的结果。

第二种意见,主要是第二派的意见,认为自然美不是人类的劳动创造的,与人类的劳动实践无关。日月星辰的美,金银的美,都在于它们本身的自然的光华,与人类的劳动无关。日月星辰、北极光、冰川瀑布、四川的九寨沟等等,是谁的劳动去创造的呢?人类的劳动不仅不能创造自然的美,而且破坏自然的美!云南滇池的填海造田,花了大量的劳动,田没有造起来,但滇池的美却的确是被破坏了。因此,这一派认为,人类的劳动不仅不能创造自然美,且能破坏自然美。现在西方有一种理论,认为现代化是与艺术化相矛盾的。日本近几年来,也在讨论"艺术与技术"的问题,有一派意见就直接认为劳动技术的进步,是艺术和美的退步。

以上两派意见:自然美是人类劳动实践的创造和自然美不是人类劳动实践的创造,我认为都有一定的道理,不必作最后的结论。但是,拿我个人的意见来说,我是倾向于第一派的,也就是说,我认为自然美也是人类劳动实践的创造。我的理由有下列几点:

(1)我们应当把自然和自然美区分开来。自然作为一种客观的物质存在,不仅早在人类以前就存在了,而且人类本身也是自然的产物。马克思说:"历史本身是自然史的一个现实的部分,是自然界生成为人这一过程的一个现实的部分。"[①]可是,自然美却不同了。自然的美是在人与自然的关系中产生出来的,是人类劳动实践的创造。在人还没有与自然发生审美的关系以前,自然到底美不美,顶多只能是个未知数。而就我们今天所知道的自然美来说,则无一不是通过人类的劳动实践,和人发生了关系,而后产生出来的。例如

---

① 马克思:《1844年经济学—哲学手稿》,第82页。

金银的美。蔡仪同志引了马克思《政治经济学批判》第二章中下面的一段话:"金银不只是消极意义上的剩余的,即没有也可以过得去的东西,而且它们的美学属性使它们成为满足奢侈、装饰、华丽、炫耀等需要的天然材料,总之,成为剩余和财富的积极形式。它们可以说表现为从地下世界发掘出来的天然的光芒,银反射出一切光线的自然的混合,金则专门反射出最强的色彩红色。而色彩的感觉是一般美感中最大众化的形式。"引了这段话以后,蔡仪同志振振有词地说:"按马克思原话的意思,所谓金银的审美属性,很明显地就是指的金银作为自然矿物的'天然的光芒'色彩。"

这里,蔡仪同志把金银的光芒的色彩,当成了自然美可以离开人、离开人类劳动实践的根据。我认为蔡仪同志之所以有这样的看法,就在于他混淆了自然与自然美,混淆了金银的光芒与金银的审美属性。首先,"审美属性"应当有一个主体,没有主体,何从去审?自然的光芒既然是自然光线的反映,它与审美主体就并不具有必然的联系。其次,即使说自然的光芒与审美主体具有必然的联系,但仅仅有自然的光芒能不能说就是美呢?我们从自然的光芒中可以分析出光线的色素,但我们能够从自然的光芒中分析出美的属性来吗?有光芒的东西,不限于金银,但能说有光芒的东西都是美的吗?第三,马克思说:"这些物,即金和银,一从地底下出来,就是一切人类劳动的直接化身。"①因此,金银就其为自然物来说,只是金银,再不是其他。它们成为货币,具有了使用价值和交换价值;它们成为装饰品,具有了审美形式。而这一审美形式,照马克思的看法,并不是天生的,而是在人类社会中发展起来的。因为马克思讲得很清楚:"随着贮藏的直接形式,发展着它的审美的形式,

---

① 马克思:《资本论》第1卷,人民出版社1954年版,第111页。

即对金银作为奢侈品的占有。"①这样，作为自然物的金银与作为审美形式的金银，就应当有区别了。前者是自然的产物，后者则是人类劳动的产物。

朱狄同志在他那篇文章中，从国外科普读物中，引用了下面一段话："宝石装饰品的闪光是由于光线被它的坚硬的镜状表面的外面和内面反射而产生。从地里采来的宝石石块一般看上去是发暗和粗糙的。经过切削和磨光之后，它才发闪光，像内部燃着火似的。一颗切削过的宝石的人造晶面，或名'刻面'……与天然的晶面不相同。"②这个例子说明了几个问题：（1）宝石的闪光并不是单纯由宝石的本身构成的，它本身的结构与外面的光线相结合，然后才闪光。（2）宝石要经过人的加工，然后才成为宝石。一方面，宝石当然有它成为宝石的自然属性和条件，但它之所以成为宝石，还和人的劳动分不开。（3）要我们和宝石发生审美关系之后，宝石才会美。珠宝商人只和宝石发生商业的关系，因此，他只看到宝石的商业价值，而看不到宝石的审美价值。

这一事实，还使我想起了中国的"和氏璧"。《韩非子·和氏篇》说："楚人和氏得玉璞楚山中，奉而献之厉王。厉王使玉人相之。玉人曰：石也。王以和为诳，而刖其左足。及厉王薨，武王即位，和又奉其璞而献之武王。武王使玉人相之，又曰石也。王又以和为诳，而刖其右足。武王薨，文王即位，和乃抱其璞，而哭于楚山之下，三日三夜，泣尽而继之以血。王闻之，使人问其故。曰：天下刖者多矣，子奚哭之悲也。和曰：吾非悲刖也，悲夫宝玉而题之以石，贞士而名之以诳，此吾所以悲也。王乃使玉人理其璞，而

---

① 《马克思恩格斯论艺术》第1卷，人民文学出版社1960年版，第247页。
② 《美学》第3期，上海文艺出版社1981年版，第84页。

得宝焉。遂命曰和氏之璧。"

这个大家都熟悉的故事，生动地说明了自然的美，虽然与客观的自然物质分不开，但如果没有人类的劳动，仍然不能成为美。美本身不是一种物质的属性，因此，自然美也不可能是自然物本身所具备的一种自然属性。正因为自然美不是自然物本身所具备的自然属性，所以并不是任何人都能欣赏自然的美。和氏璧当它还没有成为璧，还处于纯粹自然状态的时候，不仅一般人认识不到它的美，就是专门治玉的玉人也不能认识它的美。必须经过人的劳动，加以治理，这时它的美方才充分地表现出来，成为人人都公认的美。但是，或许有人会说，和氏璧还没有成为璧的时候，它的美虽然很少有人认识，但却是客观地存在在璞当中的。为了说明这个问题，我们再进一步谈第二个问题。

（2）我们应当探讨一下自然美发展的历史过程。那也就是说，自然美的发现不单纯是一个认识不认识的问题，而是一个历史发展过程的问题。自然作为人类的审美对象，是经过了漫长的历史发展过程的。马克思和恩格斯说："自然界起初是作为一种完全异己的、有无限威力的和不可制服的力量与人们对立的。人们同它的关系完全像动物同它的关系一样，人们就像牲畜一样服从它的权力，因而，这是对自然界的一种纯粹动物式的意识。"[1]

一些人类学家、考古学家以及文艺理论家，都用大量的事实，证明了马克思和恩格斯的这一论断。因此，没有经过人类劳动开发过的自然，还只是"生野的自然"[2]，还不是人类的审美对象，还谈不上美。只有通过人类劳动的实践，和自然发生了关系，这时，人

---

[1] 马克思，恩格斯：《德意志意识形态》，人民出版社1961年版，第25页。
[2] 布封：《布封文钞》，人民文学出版社1958年版，第89页。

改造自然,"实际创造一个对象世界,改造无机的自然界,这是人作为有意识的类的存在物的自我确证"①。这也就是说,只有通过劳动实践,和人发生了关系的自然,才是人的自然,因而也才是审美的对象:"通过这种生产,自然界才表现为他的创造物和他的现实性。因此,劳动的对象是人的类的生活的对象化。"②只有这种人的生活对象化的自然,人才能"在他所创造的世界中直观自身"。事实上,马克思和恩格斯从来没有离开人来谈自然。与人不发生关系的,那种纯粹的、抽象的、绝对的、亘古不变的自然,他们从来不谈。

"在人类历史中亦即在人类社会的诞生活动中变成的自然才是实在的人的自然,因此,通过工业变成的自然,尽管具有异化的形状,才是真正的人类学的自然。"③"只有在社会里,自然才作为人自己的人性的存在的基础而存在。只有在社会里,对人原是他的自然的存在才变成他的人性的存在,自然对于他就成了人。"④这样,自然本身是因为与人发生关系,才对人取得存在的现实意义;那么,自然的美,更必须和人发生关系,才能取得存在的现实意义。例如樱桃,马克思恩格斯说:"大家知道,樱桃树和几乎所有的果树一样,只是在数世纪以前依靠商业的结果才在我们这个地区出现。由此可见,樱桃树只是依靠一定的社会在一定时期的这种活动才为费尔巴哈的'可靠的感性'所感知。"⑤樱桃树离不开一定的社会历史时期,难道樱桃树的美能够离开一定的社会历史时期吗?

但是,我们有一些同志,他们就是不全面地研读马克思恩格

---

① 马克思:《1844年经济学—哲学手稿》,第50页。
② 同上,第51页。
③ 同①,第81页,但此地译文是根据朱光潜《美学拾穗集》第421页的译文。
④ 朱光潜:《美学拾穗集》,百花文艺出版社1980年版,第114~115页。
⑤ 马克思,恩格斯:《德意志意识形态》,人民出版社1961年版,第39页。

斯的著作，不看实在的事实，而把常识上认为真实的理论，坚持到底！从常识上来看，自然美的确就在自然事物的本身，就是自然事物的自然属性。但是，恩格斯早就指出过："常识在它自己的日常活动范围内虽然是极可尊敬的东西，但它一跨入广阔的研究领域，就会遇到最惊人的变故。"[①]对于自然美，正是这样一个情况。我们看到的日月星辰的美，樱桃的美，等等，稍微深入研究一下，首先就会发现，它们作为我们的审美对象，并不是上帝所创造的那么一个永恒的、对人没有回响和反应的东西。自然美以及产生自然美的自然，都是通过人类的劳动实践，和人发生关系以后，然后才成为人的审美对象，然后才作为美的自然物而存在的。其次，美虽然是客观的，但却不是物质的存在。樱桃我们看得见，摸得着，还可以吃到肚子里去。但樱桃的美呢？既摸不着，也吃不到，只能作为观赏的对象。因此，樱桃的美只能是一种现象，一种客观存在的社会现象。这种现象，具有审美价值的意义，却不具有任何物质的实际意义。你如要求这样的自然美离开人类社会而存在，那你不是要把具有审美价值意义的社会现象还原为死寂的自然物吗？那还有什么美呢？

（3）我们再从作为审美主体的人来看。人也并不是形而上学的、永恒不变的，一直是亚当、夏娃的样子。能够欣赏自然美的人，不仅是在劳动实践过程中产生和形成起来的，而且也是在劳动实践过程中发展和变化的。对于这一点，马克思曾经一再加以论证。讲得最全面的，是下面一段话："从主体方面来看：只有音乐才能激起人的音乐感；对于不辨音律的耳朵说来，最美的音乐也毫无意义，音乐对它说来不是对象，因为我的对象只能是我的本质力量之一的确证，从而，它只能像我的本质力量作为一种主体能力而

[①] 恩格斯：《反杜林论》，人民出版社1971年版，第19页。

自为地存在着那样对我说来存在着,因为对我说来任何一个对象的意义都以我的感觉所能感知的程度为限。所以社会的人的感觉不同于非社会的人的感觉。只是由于属人的本质的客观地展开的丰富性,主体的、属人的感性的丰富性,即感受音乐的耳朵、感受形式美的眼睛,简言之,那些能感受人的快乐和确证自己是属人的本质力量的感觉,才或者发展起来,或者产生出来。因为不仅是五官感觉,而且所谓的精神感觉、实践感觉(意志、爱等等)——总之,人的感觉、感觉的人类性——都只是由于相应的对象的存在,由于存在着人化了的自然界,才产生出来的。五官感觉的形成是以往全部世界史的产物。囿于粗陋的实际需要的感觉只具有有限的意义。对于一个饥肠辘辘的人说来并不存在着食物的属人的形式……忧心忡忡的穷人甚至对最美丽的景色都无动于衷;贩卖矿物的商人只看到矿物的商业价值,而看不到矿物的美和特性,他没有矿物学的感觉。因此,一方面为了使人之感觉变成人的感觉,而另一方面为了创造与人的本质和自然本质的全部丰富性相适应的人的感觉,无论从理论方面来说还是从实践方面来说,人的本质的对象化都是必要的。"①

　　上面一段话,同志们经常都在引用,但引用得不完全。由于它对于学习马克思主义的美学具有极其重要的指导意义,因此我不惮其烦,全文引了出来。它的基本意思,是在说明人、劳动、自然三者之间的关系。通过劳动,人与自然发生了关系,人从自然中生成出来,从自然的人变成社会的人。由于变成了社会的人,具有了"属人"的感觉,所以人才能欣赏美。例如音乐,当然,首先必须有音乐,然后才有音乐的美,才能产生人的音乐感。但是,如果没

---

① 马克思:《1844年经济学—哲学手稿》,第79~80页。

有欣赏音乐的人的耳朵,人的耳朵还缺乏音乐的感觉,那么,即使有音乐,也等于不存在。这种能够感受音乐的耳朵和感受形式美的眼睛等等,都不是凭空掉下来的,都是人类在劳动实践的过程当中,在与自然不断交往的过程中,不断地丰富自己的本质力量,然后产生和发展起来的。人的本质力量达到多大的程度,他的审美感受能力也达到多大的程度。饥饿的人,他只能像动物一样贪婪地吞咽食物,而不能像人一样地品味食物,欣赏食物的美。忧心忡忡的穷人,对于再美丽的自然风景,都没有感觉。柳州风景的客观自然条件,应该说早已存在了。但是,过去一直是个荒芜的地方,直到柳宗元到了那里,才发见和欣赏它的美。《永州八记》,成了传世的名作。为什么柳宗元能在柳州的一个小池里,一个小洲上,甚至一块小石头中,发见美和欣赏美,而其他许多人却不能呢?同样,为什么懂音乐的人,对贝多芬的交响曲如醉如狂,热情赞赏,而像我这样不懂音乐的人,却只能够抱怨自己的无能呢?没有旁的原因,这就因为各人的文化修养、艺术修养、性格和情趣,也就是说,各人的本质力量各不相同,因而他们面对同样的审美对象,感受也就完全不同了。不仅这样,即在同样能够感受美的人当中,由于各人的本质力量不同,他们的感受不仅有量的不同,而且还有质的不同。例如同一个西湖,马二先生到了那里,他虽然也知道西湖的美,可是除了乱吃一通、看看女人之外,就是用两句与西湖的美不相干的话,如什么"载华岳而不重,振河海而不泄,万物载焉",来乱赞一通。可是白居易就不同。他在《钱塘湖春行》一诗中写道:"孤山寺北贾亭西,水面初平云脚低。几处早莺争暖树,谁家新燕啄春泥。乱花渐欲迷人眼,浅草才能没马蹄。最爱湖东行不足,绿杨阴里白沙堤。"你看!他对西湖早春的美,体会得多么深刻、细致而又敏锐!他描写得是那样自然、逼真而又引人沉思!马二先生与白居易，两人的本质力量不同，西湖在他们的眼中也就成了两个西湖。

这样，欣赏自然的自然美，并不是单有自然就够了，它还需要有主体，有人。那么，像柳宗元和白居易那样高度的审美欣赏的能力，是不是因为他们是天才因而与众不同呢？我们说，从个别的人来说，可能有某种天生的因素，如气质、性情等；但从整个人类来说，却是劳动的结果，是劳动把人从不能欣赏自然美的人创造成为能够欣赏自然美的人。恩格斯在《劳动在从猿到人转变过程中的作用》一文中，就以非常确凿的事实，雄辩地论证了：人类是怎样通过劳动实践，创造了自己，创造了美，创造了最高级的艺术。他说："手不但是劳动的器官，它还是劳动的产物。只是由于劳动，由于经常和日新月异的动作相适应，由于这样所引起的筋肉、韧带以及在更长时间内引起的骨骼的特别发达遗传下来，而且由于这些遗传下来的灵巧在新的愈来愈复杂的动作上不断革新地使用，人的手才达到这样高度的完善，在这个基础上它才能仿佛凭着魔力似的产生拉斐尔的绘画、托尔瓦德森的雕刻以及帕格尼尼的音乐。"手如此，其他的人类感官，如眼、耳、脑髓等等，无不如此。整个人类的感觉能力和思维能力，整个作为审美主体的人，都如此。马克思恩格斯在讲"劳动创造了美"的同时，又讲"劳动创造了人类本身"。因此，人和美都是劳动创造的。那么，我们为什么要离开人类的劳动，在与人无关的自然界中去探讨自然的美呢？

（4）前面，我们谈了作为审美对象的自然，是"人化了的自然界"，是人类的劳动创造的；作为审美主体的人，也是人类的劳动创造的；因此，我们说，自然美像社会美和艺术美一样，也是人类通过劳动实践创造出来的。但是，问题并没有到此为止。还有两个十分重要的问题，那就是审美主体和审美客体究竟是怎样发生审美的关系，然后才产生出自然美？以及在这一关系中，自然界本身究竟占有什么地位？我认为必须解决了上面的问题，才能真正解决自然美的问题。

首先，劳动是一个过程，"是人和自然之间的过程，是人以自身的活动来引起、调整和控制人和自然之间的物质变换的过程"①。人之所以要和自然发生这样一种劳动的过程，并不是为了美，而是为了生活和生存。马克思说："人们为了能够'创造历史'，必须能够生活。但是为了生活，首先就需要衣、食、住以及其他东西。因此第一个历史活动就是生产满足这些需要的资料，即生产物质生活本身。"②正因为这样，所以人类的劳动，首先是实用的，满足生活需要的。人和自然的关系，首先也是实用的关系。但随着实用的关系，跟着也就产生了审美的关系。马克思说："人比动物愈具有普遍性，他靠来过活的无机自然界的范围也就愈普遍。在认识领域里，例如植物、动物、矿石、空气、光线之类组成人的意识的一部分，时而作为自然科学的对象，时而作为艺术的对象，它们就组成人的精神方面的无机自然界，即精神食粮。"③

人把自然作为艺术的对象，这已经是有意识地和自然发生了审美关系。这种审美关系，虽然不同于实用关系，但却像一棵树上同时开的两朵花，它们同时在人类劳动的过程中产生出来。原始人用的石斧，是实用的，同时也是美的。原始人的装饰，是美的，同时也是实用的。因此，美与善（用），在人类历史的最初阶段，几乎是分不开的。正因为这样，古代人常用善来解释美，也常用美来

---

① 《马克思恩格斯全集》第23卷，人民出版社1974年版，第201页。
② 马克思，恩格斯：《德意志意识形态》，人民出版社1961年版，第21页。
③ 朱光潜：《美学拾穗集》，百花文艺出版社1980年版，第109页。

解释善。自然的产物，因为它是有用的、善的，所以也是美的。正因为这样，所以原始人所认为美的东西，几乎都是对人类生活有用的东西。至于自然的风景，单纯作为欣赏的对象，单纯作为美，这在原始人类，几乎是不可思议的。如果原始人看到北极光，一定是当作神灵的显现来崇拜，而不会当作自然美来欣赏。这正如中国古代的人，看到彗星掠过天空，他们并不欣赏它所发出的天然的光芒的美，而是当作某种吉凶的征兆来判断。只有当人类的劳动向前发展，劳动有了剩余，人类从自然的束缚中解放出来以后，于是，人才愈来愈离开实用的观点，用审美的观点来看待自然，专门欣赏自然的美。最初具有这个条件的，不是那些忙于功名富贵的官僚政客，也不是被捆在泥土上喘不过气来的劳动人民，而是一些基本上解除了生活的压迫，可以从事精神劳动的诗人、画家、具有较高文化修养的知识分子。这些人，初步有了独立的自我意识，能够以自由的态度对待自然。就是他们，在自然中找到了回响，在自然中寄托了他们的个性和本质力量。就是他们，最初发现了自然的美。中外文学艺术的历史，都证明了这一点。那么，为什么不参加劳动的知识分子，能够发现和欣赏自然的美；而整天和自然打交道、整天劳动的劳动人民，却不能发现和欣赏自然的美呢？是不是因此就证明自然美与劳动无关呢？我们认为，不能这样说。知识分子本身就是人类劳动的产物，他们站在人类劳动成果的肩膀上，因此最先发现和欣赏了自然的美。现代工业发展，人类物质财富大量增加，广大劳动人民的文化程度愈来愈提高，愈来愈从沉重的体力劳动中解放出来，因而他们也愈来愈能够欣赏自然美。现代旅游事业的大量发展，不就证明了这一点吗？

其次，上面我们谈到，现代工业的发展，有些地方阻碍和破坏了自然美。是不是我们因此就可以说，劳动不仅不能创造自然美，反而破坏了自然美呢？对于这个问题，我们也应当从人与自然的关系上，全面地来加以理解。现代工业化，在某些地方破坏了原始的古朴的自然美，这是事实，不可否认。但是，另外一方面，现代工业化却也同时创造了新的自然美。我在《小溪与灯海》一文中，所写的日本神户的灯海；以及电视中向我们介绍的北极光、九寨沟等等，如果没有现代的文明，没有现代的交通工具，这些自然的美，我们是不可能发现的。冰川考察队所看到的冰川瀑布，海底考察队所看到的海底奇景，宇航员所摄回的那环绕着碧绿色光圈的地球……这些都美极了，是过去所看不到的奇妙的自然美。因此，现代工业并不仅仅在破坏自然美，更重要的，它是在日新月异地创造着新的自然美。不仅这样，随着人与自然的关系的不断变化、不断发展，自然美也在不断变化，不断发展。因此，我们不能因为现代化，就把自然美和劳动对立起来。从全局来看，从整个人类劳动发展的历史过程来看，人类的劳动，始终在不断地创造自然美。

最后，自然美既然是在人与自然的关系中，通过劳动创造出来的，是一种自然的美，那么，自然物本身的性质和特点，就应当起着十分重要的作用。我们不能离开自然物或自然对象本身的性质和特点，来空谈自然美。黄山的美，怎么能和庐山的美相提并论？西湖的美又怎么能和玄武湖的美等量齐观？大洋大海的美，更不能与小桥流水的美一样看待。它们各自的自然条件不同，它们的美也就迥然相异，各有各的特点，各有各的风格。克罗齐认为美就是直觉，或者抒情的直觉。有了直觉就有了美，与自然的物质材料无关。美国的桑塔耶纳，不同意这种说法。他说："如果巴特农神庙不是用大理石造成的，如果皇帝的金冠不是用金子造成的，如果星星不是一团团的火，那么，它们将是一些平淡而又无味的东西。"这就十足地说明了，自然美虽然不是自然的自然属性，不是自然的物质性的东西，但是，离开了自然的物质，离开了自然物的自然属性，自然美也就不存在了。自然美之所以成为自然美，就在于它和自然物质分不开，具有自然属性的某些方面。正因为这样，所以自然美虽然和人分不开，是人的劳动所创造的，但人却不能任意地创造自然美，不能任意地用主观的心境或者主观的情趣来解释自然美，也不能单纯地用社会性来解释自然美。自然美，应当是自然物的自然属性与人的社会属性的统一。在这个统一中，人类的劳动实践始终起着积极的主动的作用。人类正是通过劳动实践，创造美，创造自然美。人类的劳动实践是没有止境的，因此，人类所创造的美也是没有止境的。到了马克思所说的共产主义社会，人类的劳动全部从异化的劳动中解放出来，变成自由的劳动，因而人类的本质力量得到充分的实现，这时，每个人都变成艺术家，每个人都是美的创造者。当然，这还只是理想。但人类的劳动既然能够使荒山变成果木园，那又为什么不可以使理想变成现实呢？让我们充分发挥人的本质力量，通过劳动，去改造自然，改造世界，创造更多更美的美吧！

美的规律与文艺创作

关于"美的规律",我在前面一节中,已经谈了很多,不想再谈了,此地,只想根据自己学习的一点体会,来谈谈"美的规律"与文艺创作的关系。

文艺创作既是客观现实的反映,又是主观的自我创造。它不仅最符合美的规律,而且严格说来,美的规律是指文艺创作而言的。马克思正是把文艺创作的美的规律,用来说明人类劳动的特点,正因为这样,所以他加了一个"也"字。那么,为什么文艺创作的美的规律与劳动的规律那样一致呢?这就因为文艺创作本身就是一种劳动。劳动创造了人,劳动创造了美,劳动创造了艺术,这对马克思主义者来说,完全是一致的。那就是说,当人类通过劳动实践刚刚创造了自己,刚刚产生了自我的意识,刚刚从动物中划分出来,刚刚从自然中生成起来的时候,他就是在按照美的规律来创造的,因而他也创造了美,创造了艺术。根据考古学和人类学的研究,早在有语言以前,人类就有了音乐舞蹈;早在有文字以前,人类就有了绘画。因此,艺术的起源是非常早的。这是因为人类的劳动一旦按照美的规律来进行,人类的劳动就向着艺术的方向发展。艺术的范围是非常广阔的,古时把艺术称为人类劳动的技术。正因为这样,所以艺术与劳动在古时是不分的。古希腊人对于艺术的看法,正好说明了这一点。我国古代对于艺术与技术、艺人与匠人，也是不分的。例如庄子就说："能有所艺者，技也。"①他所举的梓庆、庖丁、工倕、轮扁等人，都是一些匠人。他们的技术都很高明，都已"进乎技"，都已达到"以天合天"②的"道"，因而都已进入了很高的艺术境界。正因为这样，所以艺术的本质与劳动的本质，从根本上来说，应当是相通的、一致的，它们都是"人的本质的对象化"③。也正因为这样，所以我们说，如果人的劳动"也按照美的规律来塑造物体"，那么，文艺工作者更应当按照"美的规律"来进行创作。不过，文艺工作者所塑造的不是"物体"，而是形象。这是因为"物体"是实际存在的，"形象"虽然也是具体的，但却不是实际存在的。由于形象不是实际存在的，所以它虽然具有客观的形式，但却不受物质的限制，而可以由文艺工作者自由地创造。自由的而又符合现实的规律的形式，是艺术形象的一个重要特点。同时，因为它不是实际的物质存在，所以它虽然反映了人类社会的功利目的，但却超脱于任何实用上的物质的功利目的。正因为这样，所以艺术的形象一旦出现，人类就和动物彻底地决裂开来。动物只是通过它的劳动来维持肉体的生存，而人类则通过劳动来创造一个他所希望的世界，也就是美的世界。当然，这个美的世界并不是一蹴而就的。人类生存的目的，人类从自然的人向着社会的人的发展，就是不断地创造美的世界的历史。马克思说："全部所谓世界史只不过是人通过劳动生成的历史，不过是自然向人生成的历史。"④所指的，正是这一点。

---

① 《庄子·天地》。
② 《庄子·达生》。
③ 马克思：《1844年经济学—哲学手稿》，第80页。
④ 同上，第85页。

那么，文学艺术怎样按照"美的规律"把马克思所说的两个"尺度"统一起来，从而创造出美的艺术形象来呢？我们说，这不仅是一个理论问题，更重要的是一个实践的问题。那就是说，文艺创作首先是实践，是创作。实践包括知与能、理性与感性、内容与形式等对立而又统一的方面，把这些方面归纳起来，主要的不外是中国古代画论中所说的：

外师造化，中得心源。①

所谓"外师造化"，就是要懂得"任何物种的尺度"；而"中得心源"，则是人类"内在固有的尺度"。为了"外师造化"，我们必须深入生活，以客观现实为师，深刻地掌握客观现实的规律，按照客观现实本身的规律来反映客观现实。我们要写任何一种生活、任何一种人物、任何一种事情，都必须深刻地懂得它们、熟悉它们，只有这样，才能按照它们的"尺度"来写。中国古代的花鸟画家，多长于写生。北宋的赵昌，就自称"我叫'写生赵昌'"。为了写生，他和其他一些著名的花鸟画家，花了多大的苦功，千方百计地去接近和熟悉花鸟，掌握花鸟的尺度和特征。《高山下的花环》的作者李存葆，谈到他写兵时说："写作时，我力求通过合乎兵的美学规范的形象，来反映兵的真实生活，来反映战争的真实生活。"②因此，按照"任何物种的尺度"来写，事实上就是我们常谈的要真实地反映生活。马克思和恩格斯，十分重视文艺的真实性，就是从这一点

---

① [唐]张璪语。其所著《绘境》一书已失传，此地引自张彦远《历代名画记》卷十。

② 李存葆：《〈高山下的花环〉篇外缀语》，载《十月》1982年第6期。

出发的。只有掌握了真实性，掌握了"任何物种的尺度"，我们才能把千变万化、层出不穷、恒变恒新的现实生活，既合乎规律又入情尽理地描绘出来，达到毫发毕现、形象逼真的地步。

可是，要掌握客观的尺度，惟妙惟肖地把现实生活反映出来，说来容易，做起来真难。我们有许多作家，他们的生活经验非常丰富，讲起故事来滔滔不绝，但一提起笔来，却写成了一般的空泛的歌德所说的"俗套"①。生活的生命与色彩，都从他们的笔下溜走了，剩下的不过是一些理所当然、意料之中的东西。这样的东西，既缺乏艺术创造的新鲜感，也缺乏艺术应有的魅力，缺乏美。这是为什么呢？

这就是因为掌握客观的规律，不能抽象地掌握，而应当具体地掌握。马克思用"尺度"二字，而不用"规律"二字，就因为规律容易流为抽象的理解，而尺度则是具体地存在于客观事物本身的当中。西方美学史，从古希腊以来，就是这样用"尺度"来解释美的。因此，我们要"按照任何物种的尺度"来创作，就必须渗透到客观事物当中去，与客观事物融合在一起，客观事物好像变成了我们自己。苏东坡说"其身与竹化，无穷出清新"②正是这个意思。只有到了"身与物化"的程度，我们才会"随心所欲不逾矩"③，我们才会"不疾不徐，得之于手而应于心"④。中国古代美学思想的最高境界是"自然"。文艺创作达到"自然"的阶段，那就将不是一件吃力的工作，而是一种轻松而愉快的乐趣。歌德说，"才能较低的人对艺术并不感到乐趣"，"一个真正有大才能的人却在工作

---

① 参见爱克曼辑录《歌德谈话录》，人民文学出版社1978年版，第36页。
② 苏东坡：《书晁补之所藏与可画竹三首》。
③ 《论语·为政》。
④ 《庄子·天道》。

过程中感到最高度的快乐"。①因此，检验我们才能的标准，是我们是不是能够在创作中感到乐趣。只有当我们由衷地感到乐趣，我们才会全心全意地沉浸到对象中去，把对象的尺度当成我们自己的尺度，从而自然而然地抓住对象的特征，自然而然地把它们描写出来，描写得好像对象是从我们自己的身上长出来的，从我们自己的内心中流出来的。

巴尔扎克的创作，一方面，他具有极其敏锐的观察力，善于掌握对象的尺度。他自己说，一个作家应该具有"蜗牛般眼观四方的目力，狗一般的嗅觉，田鼠般的耳朵，能看到、感到、听到周围的一切"②。另一方面，他又具有极其丰富的想象力。他的想象力之发达，常常传为文学史上的佳话。据说他经常在想象中生活在他的人物形象之中。那么，像巴尔扎克这样的观察力和想象力，是天生的呢，还是经过努力的锻炼可以达到的呢？这是美学史上争论的一个老问题。我认为，两方面都需要。不过，我们所说的天生，不是靠上天的恩赐而生，而是靠物质自然的天而生。我们每个人，都有天生的才能，问题在于能否发现和培养这种才能。发现才能的关键，在于自己的兴趣。一个人的兴趣往往是和自己的才能联系在一起的。你对某方面有兴趣，那是因为你在某方面能够显现你的本质力量，能够发挥你的才能。文艺创作也是一样。你写你自己熟悉的和感兴趣的题材，往往就特别容易掌握这一题材的尺度，因而得心应手，容易写得好。但是，兴趣只是一个起点，而且兴趣也是可以培养的、锻炼的。因此，我们不能满足于兴趣，我们要努力培养和锻炼我们的兴趣。同时，一个来自农村的作家，他有可能对他所熟悉

---

① 爱克曼辑录：《歌德谈话录》，人民文学出版社1978年版，第36页。
② 巴尔扎克：《幻灭》，人民文学出版社1978年版，第77页。

的农村题材并无兴趣，而热衷于工业的或其他的题材，从而在工业的或其他的题材方面感到极大的兴趣，显示出极大的才能。而且更重要的是，对于一个文艺工作者来说，问题的关键并不在于题材，而在于人和他的生活。文艺工作者最应当关心，最应当熟悉的，是人和他的生活。一个对人和他的生活缺乏兴趣和热情的人，不应当成为文艺工作者。因此，到生活中去，熟悉人的尺度，掌握生活的尺度，并以全心的热情爱人、爱生活，从而把它们变成自己的躯体，化成自己的血肉，这才是每一个文艺工作者"按照任何物种的尺度"来反映生活的根本要义。伟大的作家，他们都不止写某一种人，某一种生活，更不止写某一种题材。然而，任何题材、任何生活、任何人物，到了他们的手上，都发出火，发出光，都变得枝盛叶茂，有声有色，这又是为什么呢？这就因为他们除了能够掌握"任何物种的尺度"之外，他们还具有深厚的"内在固有的尺度"。

文艺创作是一种精神劳动，是文艺工作者的自我创造，当然离不开文艺工作者本人"内在固有的尺度"。庄子说："绠短者不可以汲深，"[①]内在的尺度卑微渺小，你又如何能够希望他反映出外在事物宏伟深邃的尺度呢？行百里者必须具百里之粮，行千里者必须具千里之粮，你只有一百里的粮食，又怎么能妄想走一千里的路呢？因此，文艺工作者加强自身主观的修养，锻炼和培养自己为人的品质，实在是十分重要的。吴敬梓、曹雪芹、莎士比亚、歌德这样一些文艺创作上的巨擘，难道不是和他们同时是人类文化修养和精神修养的巨人，联系在一起的吗？元稹给杜甫写的《墓系铭并序》，谈到杜甫的成功，在于他"尽得古今之体势，而兼人人之所独专矣"。那就是说，杜甫因为能够"转益多师"，汲取了前人各方面的长处和

[①]《庄子·至乐》。

成就，因而才达到"能所不能，无可无不可"的高度。这"能所不能，无可无不可"的高度，正是通过内在固有的尺度，去掌握外界任何物种的尺度，从而按照美的规律来进行创造的最好说明。

马克思说："如果你想感化别人，你本身就必须是一个能实际上鼓舞和推动别人前进的人。"①这就对文艺工作者，提出了明确的要求。你要掌握"任何物种的尺度"，你就得相应地有本身"内在固有的尺度"。《韩非子·和氏》中记载的和氏璧，它的美是客观存在的。然而，当它还是璞的时候，却很少有人能够发现和欣赏它的美，以致害得和氏两次刖足。没有和氏"内在固有的尺度"，就无从发现和欣赏和氏璧的尺度。一些普通平凡的生活，在普通作家的眼里和手里，只是普通而平凡的生活；可是到了果戈理、契诃夫、鲁迅这样一些作家的手上，却忽然闪现出思想的火花，放射出灿烂的生活的光辉。贺拉斯说："世界上只有某些事物犯了平庸的毛病还可以勉强容忍。……唯独诗人若只能达到平庸，无论天、人或柱石都不能容忍。"又说："一首诗歌的产生和创作原是要使人心旷神怡，但是它若是功亏一篑，不能臻于最上乘，那便等于一败涂地。"②这就是说，其他事情平庸一点，还可以令人容忍；唯独文艺创作，绝对不能平庸。一旦平庸，读者就容忍不了。文艺创作必须达到"最上乘"，才能使人心旷神怡，才能既给人带来教益，又给人带来快乐。然而，文艺创作怎样才会不至于平庸呢？这不在于客观的现实生活，而在于文艺工作者本身的平庸或不平庸。一个平庸的作家，总是缺乏自知之明，总是喜欢想方设法力求争取把他自己的平庸表

---

① 马克思：《1844年经济学—哲学手稿》，第109页。
② 贺拉斯：《诗艺》，《西方文论选》上卷，第115页。文中所说的"柱石"，是指当时诗人把所写的诗贴在"柱石"上，让人观赏。

现出来；这就因为他自己的平庸，使他错误地把平庸当成伟大，把腐朽当成神奇。反过来，一个内心纯洁而又高尚的人，他并不追求伟大，他遭到的可能都是诽谤和污蔑、白眼和打击，然而，他却像莲花一样，"出淤泥而不染，濯清涟而不妖"。在这里，我们感到"出淤泥而不染"，固然困难；"濯清涟而不妖"，尤其困难。王冕说："不要人夸好颜色，只留清气满乾坤。"不要人夸好颜色，这是非常不容易办到的。但只有"不要人夸好颜色"，才能办到"濯清涟而不妖"。"妖"，是一种故作风雅的平庸。如果一个人存心要或者争取要"人夸好颜色"，必然会装模作态，从而失去本身"内在固有的尺度"，终至弄得丑态百出。东施效颦，不就传为千古的笑柄吗？至于那些具有"内在固有的尺度"的文艺工作者，他们本色本香，不随波逐浪，不争名夺利，超然于世俗之外，然后才能以灵犀一点的心灵，静观默照的眼睛，烛照大千世界的幽深和隐秘，从而写下了传世的名作，留下了"清气满乾坤"。《红楼梦》这部作品，为什么能够对人物的一颦一笑，客观事物的一草一木，都写得那么玲珑剔透，深入骨髓，而又形象逼真，活灵活现？这难道不是和曹雪芹高尚的人品和深厚的内在的尺度，分不开的吗？

再者，文艺工作者所要掌握的"尺度"，不是抽象的，而是具体的。那就是说，他不是要喻人以理，而是要动人以情。怎样才能动人以情呢？这就必须要以情观情，以情写情。只有这样，才能生情，才能动情。那么，这情从何而来呢？我们说，来自作者的同情心。文艺工作者应当是最富有同情心的人。马克思揭露私有制的罪恶，强烈地谴责"异化劳动"，我们学习了这部著作，难道不会对私有制产生抑制不住的义愤，而对那些遭到非人的待遇的劳动者，产生由衷的同情吗？人世有欢乐和苦难，反映人世生活的文艺工作者，如果他的心像木石一样，对这欢乐和苦难没有半点的同情心，我们又如何能够希望他反映出这种欢乐和苦难？李贽讲"童心说"，王国维称赞李后主的"赤子之心"，不管他们是不是唯心主义的，但是，如果一个文艺工作者，连一点"赤子之心"都没有，他又怎么能够把自己的生气灌注到客观现实中去，使客观现实生命化，充满了生机和活力呢？小孩子游戏，把一根竹竿当成马，把一片树叶当成船，从而生气盎然，天趣横生。我们的文艺工作者，如果没有同情心，他又如何能够描绘出一个鸢飞鱼跃的大千世界？反映出我们社会主义祖国的伟大创造和建设？木石之人，固然不可与语人间的欢乐和苦难，他又何尝可以与语人间的创造和伟大呢？因此，高贵的同情心，我觉得应当是文艺工作者必须具备的一个内在的"尺度"。有了这个"尺度"，他就能够把无情化成有情，把普通而又平庸的生活写成具有是非爱憎的生活。他不仅使人明辨是非，而且爱憎分明；从而使是的受到欢迎和赞扬，使非的遭到反对和厌恶。文艺的教育作用，正是在这种以情移人的过程中表现出来的。那么，我们的文艺工作者，如果不具备无产阶级的解放全人类的高贵的同情心，他又如何能够点燃广大读者的心，达到教育读者的目的呢？

　　总结起来，外师造化，中得心源，既要深入生活，对周围现实有细致周密的观察和感受，又要有内心的修养和高尚的情操，对人生具有炽烈的同情心。这是对文艺工作者提出的两个最基本的要求。马克思在《1844年经济学—哲学手稿》中所提出来的两个"尺度"，正是这两方面的要求。但"外师造化，中得心源"的提法，是把造化与心源看成各自独立的两个方面；而马克思所提的两个"尺度"，则是在劳动实践的过程中统一起来，成为"美的规律"。这一"美的规律"，既是劳动的特点，又是文艺创作的特点，它们都是人的本质力量的对象化，都是人的自我实现和自我创造。因此，按照"美的规律"来进行文艺创作，首先要求文艺工作者作为一个人，应当是美的；然后他才能按照"美的规律"深入到生活中去，并按照"美的规律"来塑造形象，来反映生活。理由说："文学的任务不在于描写人生是怎样，而在于通过对人生的描写启发人们思索人生应该是怎样。"①试问：作者本人如果不美，内心里面没有一个"尺度"，他又怎么能够"启发人们思索人生应该是怎样"？只有燧石，才能敲打出火；只有内心充满了热爱社会主义的感情而又真正懂得人生的"尺度"的人，才能真实地反映社会主义社会的生活，读者才能从他所反映的生活中，看到生活是怎样，以及应该是怎样。

---

① 理由：在工业题材座谈会上的发言，《文艺报》，1982年第2期。

建国以来我国关于美学问题的讨论

一

我国古代具有丰富的美学思想和美学遗产，但是作为一门独立的学科，美学却是鸦片战争以后，从西方介绍过来的。最初，比较有系统地介绍西方资产阶级唯心主义美学的，是王国维。他在《红楼梦评论》《古雅之在美学上之位置》以及《论教育之宗旨》等文中，曾经谈到柏克、康德、席勒、叔本华等人的美学观点，并曾用康德和叔本华的观点研究过我国古代文学中的一些现象。五四时期，蔡元培提倡美育；鲁迅写了《拟播布美术意见书》等文章，并先后翻译了上野阳一的《艺术玩赏之教育》、厨川白村的《苦闷的象征》等书，以革命民主主义者的立场，介绍了西方资产阶级的美学。随着我国革命的发展，鲁迅很快从革命民主主义者发展成为马克思主义者，从1929年开始，他花了很大力气来从事马克思主义美学著作的介绍，并亲自翻译了普列汉诺夫的《艺术论》和卢那察尔斯基的《艺术论》等书。他把这一工作，比作普罗米修斯的"窃火给人"[①]。因此，在新文化与旧文化的斗争中，鲁迅不仅是我国新文

---

① 鲁迅：《"硬译"与"文学的阶级性"》，《二心集》。

化的旗手，而且也是我国新美学的开路先锋。

但是，新中国成立前，虽然有以鲁迅为代表的马克思主义的美学思想，资产阶级唯心主义美学思想却仍然相当泛滥。朱光潜就是当时唯心主义美学思想的代表人物。他多年留学国外，毕生专攻美学，先后写了《文艺心理学》《谈美》《谈文学》《诗论》等书。柏拉图、康德、尼采、里普斯、克罗齐等一系列唯心主义美学思想的代表人物，主要是通过他被源源地介绍到我国来的。他又结合我国古代的一些文艺思想和文学现象，"补苴罅漏"，"把中国过去封建的文艺思想，与欧美许多反动的哲学、美学、心理学和文艺批评各方面的思想"杂凑成一个虽然"纷乱芜杂"，但却有某些"基本的一致的东西"。在当时的读者当中，确实有比较广泛的影响，正如他本人所说，"造成了很大的危害"[1]。

建国以后，美学与其他学科一样，处在一个崭新的历史阶段。应当怎样批判过去的旧美学，建立马克思主义的新美学，成了刻不容缓的课题。然而，由于解放初期百废待兴，需要做的工作很多，像美学这样与经济基础距离比较遥远的学科，一时还照顾不过来。虽然这样，朱光潜过去散布的大量唯心主义美学思想流毒，仍然引起不少同志的注意，《文艺报》《人民日报》《哲学研究》等报刊，先后发表了蔡仪、黄药眠、贺麟、敏泽、曹景元、王子野等人的批判文章。朱光潜本人也在1956年6月号的《文艺报》上，发表了《我的文艺思想的反动性》一文，初步检查了自己的错误，表示了愿意重新学习马克思主义美学的愿望。

正像杉思说的："批判朱光潜过去的唯心主义美学思想成为这次

---

[1]《美学问题讨论集》第1集，作家出版社1957年版，第34页。

美学讨论的前奏。"[1]因为就在批判朱光潜的过程中,出现了意见的分歧。例如,黄药眠在《文艺报》14、15号上,发表了《论食利者的美学》,批判朱光潜唯心主义的美学观点。可是蔡仪在1956年12月1日的《人民日报》上,发表了《评〈论食利者的美学〉》,指出黄药眠是在以唯心主义批判唯心主义。同时,蔡仪又重申了他自己过去在《新美学》中所主张的观点。接着,12月25日的《人民日报》又发表了朱光潜的文章:《美学怎样才能既是唯物的又是辩证的》,批判了蔡仪的美学观点不是辩证的,提出了他自认为既是唯物又是辩证的美学观点。然后,李泽厚在1957年1月9日的《人民日报》上,又发表了《美的客观性和社会性》一文,既批评了蔡仪的美学观点,又批评了朱光潜的新的美学观点。由于《人民日报》在一个月左右时间里连续发表了三篇旗帜鲜明、观点各异的文章,美学问题乃引起了全国文艺界、学术界和美学界的重视,纷纷写文章参加讨论。据不完全统计,从1956年以来,参加讨论的将近百人,发表的论文共约三百篇以上。除了一些参加讨论的同志出了专集之外,《文艺报》和《新建设》杂志还陆续编辑了《美学问题讨论集》共六集。这在我国美学史上,可说是空前繁荣的一次,也是建国以来我国学术界认真贯彻百家争鸣方针的一次十分突出的现象。它有力地说明了:只有坚持社会主义的学术民主,社会主义的学术才能够得到繁荣和昌盛。

二

美的本质问题是美学上的哲学基础问题。我们都知道,哲学

---

[1]《美学问题讨论集》第6集,作家出版社1964年版,第393页。

上最基本的问题,是存在与思维的关系问题。与此相应,在美学上凡主张美是属于客观存在的范畴的,是唯物主义;主张美是属于主观思维的范畴的,则是唯心主义。然而,由于美的现象的复杂性,它究竟是客观的还是主观的,并不那么容易决定,因此,关于美的本质的问题,一开始就引起了热烈的争论。真是各抒己见,互不相让。我们很难说有哪两个人的意见是完全相同的。但从基本的倾向来看,可以归纳为四个主要的派别。

第一派主张美是主观的,以吕荧和高尔泰为代表。吕荧开始说"美是人的观念"[1],后来又说"美是人的社会意识"[2]。他认为无论观念或社会意识,都是由社会存在决定的,因此美是客观的,"这就是美的观念的客观性"[3]。这里,他把观念来源的客观性,当成了观念的客观性,显然是错误的。事实上,他是把美看成是主观的。他一则说:"同一个东西,有的人会认为美,有的人却认为不美……所以美是物在人的主观中的反映,是一种观念。"再则说:"这些形色声味是美还是不美,以及美到什么程度,这种美的意义如何,就要通过意识的判断。"这不是公开声言美是主观的又是什么?对于吕荧的观点,蔡仪批评说,把美看成是"适合于我们的美的观念而我们认为它是美的",这"既不符合于现实生活的实际,也不符合于马克思列宁主义反映论的原则"。[4]朱光潜也说:"依吕荧的逻辑,只要有'美的观念'就有'美',我们大可以睡在床上把眼睛闭起,让'美的观念'在脑里打转,于是艺术美、社会美、自然美等等'万美皆

---

[1] 吕荧:《美学书怀》,作家出版社1959年版,第117页。
[2]《美学问题讨论集》第4集,作家出版社1959年版,第3页。
[3] 同上,第5页。
[4]《美学问题讨论集》第2集,作家出版社1957年版,第194页。

备于我'了。这倒是一个了不起的发明。"①我们认为蔡、朱两人的批评,是符合吕荧的实际的。

比起吕荧来,高尔泰更是直接宣传美是主观的。他说,"客观的美并不存在","美,只要人感到它,它就存在,不被人感受到,它就不存在"。②因此,美是人的主观感受。"大自然给予虾蟆的,比之给予黄莺和蝴蝶的,并不缺少什么,但是虾蟆没有黄莺和蝴蝶所具有的那种所谓'美'。原因只有一个:人觉得它是不美的。在这个例证中,美的主观性就充分显现出来了。"③对于高尔泰的观点,宗白华批评说:"我们说:'这朵花是美的',这句话的含义是肯定了这朵花具有美的特性和价值,和它具有红的颜色一样。这是对于一个客观事物的判断,并不是对我的主观感觉或主观感情的判断。这判断表白了一个客观存在的事实。"敏泽也批评说:"不管哪一种现象,如果没有那一种现象本身的原因,人的审美感受都将无由产生……虾蟆、黄莺和蝴蝶,难道没有它们本身的客观原因,人们是无端地'觉得'它们是美的或丑的吗?"④由于吕荧和高尔泰的观点,错误比较明显,所以同意他们的人极少。在讨论中,他们的影响也不大,很快就消失了。

第二派主张美是客观的,以蔡仪为代表。蔡仪在新中国成立前夕曾经出版过一本《新美学》,他的观点基本上是对《新美学》的发挥和辩护,因此我们应当联系《新美学》来探讨他对于美的看法。他坚持美的客观性,认为"物的形象是不依赖于鉴赏者的人而存在的,物的形象的美也是不依赖于鉴赏者的人而存在的","客观事物

---

① 《美学问题讨论集》第4集,作家出版社1959年版,第27页。
② 《美学问题讨论集》第2集,作家出版社1957年版,第134页。
③ 同上,第137页。
④ 同上,第159页。

的美的形象关系于客观事物本身的实质……而不决定于观赏者的看法"。①这种客观的美存在于什么地方呢？蔡仪说："美的东西就是典型的东西……美的本质就是事物的典型性。"②那么，什么是典型性呢？他说，任何事物都是个别性与种类一般性的统一，在个别性中充分地显现了种类一般性，充分地表现了这类事物的本质，这就是典型。凡是典型的东西都是美的。因为美是事物的典型性，所以它不是社会基础的反映，不"随着它所反映的基础的消灭而消灭"。"许多客观事物古代人认为美的，而我们现在也认为它美。"③因此，真正美的东西，永远都是美的。祖国山河，云冈石窟，不管你承认不承认，它都永远是美的。美感只能反映美，而不能影响美。

对于蔡仪的讲法，许多人都认为他坚持了唯物主义的反映论的观点。例如李泽厚就说："应该肯定，蔡仪同志是坚持了美在客观、美感是美的反映、艺术美是生活美的反映这一唯物主义的反映论的基本原则的。"④然而，肯定也只到此为止。对于蔡仪认为美可以不依赖于鉴赏的人而存在这一点，许多人就不同意。朱光潜说："这鉴赏的'人'据马克思说，就是'社会关系的总和'，所以蔡仪这句话的意思就等于说，美不依赖于社会关系而存在，美是可以超时代、民族、社会形态、阶级、文化修养等等而存在的。"⑤洪毅然也说："蔡仪唯物主义观点的形而上学性质……把美理解为脱离人类生活实践关系的事物自己具有的属性。"⑥对于这些批评，蔡仪反驳说：

---

① 蔡仪：《唯心主义美学批判集》，人民文学出版社1958年版，第56页。
② 蔡仪：《新美学》，群益出版社1948年版，第68页。
③《美学问题讨论集》第2集，作家出版社1957年版，第185页。
④《美学问题讨论集》第3集，作家出版社1959年版，第138页。
⑤《美学问题讨论集》第1集，作家出版社1957年版，第56页。
⑥ 洪毅然：《美是什么和美在哪里》，《新建设》1957年5月号。

"所谓'美是不依赖于鉴赏的人而存在的',说的既是'鉴赏的人',当然不是一般的人。而且所谓'不依赖于鉴赏的人而存在',不过是说,不依赖鉴赏者的主观而存在。简单地说就是:美是客观的。"①这里,蔡仪的观点有了发展,把"鉴赏的人"和"人"分开来。但他是不是因此就承认美是依赖于人而存在的呢?他没有进一步论证,只是说,"社会事物的美","未必是不依赖于社会关系而存在的,也未必是超时代、民族、阶级的"。那么,自然美呢?照他过去的看法,是在未有人类以前已存在,可是现在他却没有谈,这至少说明他还没有修正他过去的观点。对于这一点,许多同志都是不同意的,因为历史的事实证明,自然美也是离不开人的。

对于蔡仪把美看成是事物的典型性,同志们至少有两点不同的意见:(1)不同意他对于典型的说法。李泽厚即说,蔡仪"这种美的'显现种属一般性'的理论,难道不是已相当接近于柏拉图、黑格尔等认为美是'显现了'某个客观存在的抽象理念或共相(一般性)的客观唯心主义的美学观了吗"②?而且把典型看成是显现种类的一般性,"实质上是一种僵死、机械的庸俗社会学和教条主义的典型论——必导致艺术脱离复杂的生活真实走向表现抽象的'一般性''本质真理'之类的公式化概念化的道路"③。(2)从事实上来看,美的典型的说法也讲不通。因为典型的事物可以是美的,也可以是丑的,例如典型的帝国主义分子、典型的反面人物、典型的青蛙之类,难道能够说是美的吗?对于这一点,蔡仪有所辩解。第一,他说"不是一切种类的事物都一定有典型,相反,……许多

---

① 《美学问题讨论集》第3集,作家出版社1959年版,第233页。
② 《美学问题讨论集》第4集,作家出版社1959年版,第202页。
③ 同上,第204页。

事物虽有种类却不能有典型"①,例如虮虫、跳蚤等。第二,他说"有高级的典型事物和低级的典型事物,也就是有高级的美的东西和低级的美的东西"。例如薛宝钗,"在封建贵族阶级的范围之内,那是典型的性格,美的性格";可是"从广大的社会生活来说,从历史的发展来说,她这种性格不是典型的,也就是不美的"②。那就是说,从低级的范围来说,薛宝钗是典型的、美的;从高级的范围来说,她却不是典型的、美的。对于蔡仪的这些辩解,同志们更是不能同意。有的有典型,有的没有典型,这当中的界限怎样划,岂不成了主观的任意臆测吗?反面的典型既是典型又不是典型,既是美的又不是美的,那么,说美是典型又有什么客观的根据呢?至于把典型和美分成高级和低级,更是不符合客观的事实了。照蔡仪的"种属"来说,植物应当比动物低,可是许多植物都比动物美,这应当怎样解释呢?许多照蔡仪看来是低级的动物,却比高级的动物更美,这又应当怎样解释呢?因此,形而上学可以轻易地编造一些公式,但在事实的面前却必然会碰得粉碎。

蔡仪说,只有"美感及美的观念受社会生活的约制,美则不一定受社会生活的约制"③,许多同志也提出了不同的看法。首先,历史证明,人类社会中的美,是随着社会的变化而变化的,原始人以文身、穿鼻为美,今天谁还会以为美呢?其次,如果美果真像蔡仪所说的那样永恒不变,美感只能加以正确的或错误的反映,那么,美的确成了朱光潜所批评的"神话中夸父所追的太阳"④,永远不可企及了。

---

① 《美学问题讨论集》第3集,作家出版社1959年版,第127页。
② 同上,第129~130页。
③ 蔡仪:《唯心主义美学批判集》,人民文学出版社1958年版,第78页。
④ 《美学问题讨论集》第2集,作家出版社1957年版,第29页。

三

以朱光潜为代表的第三派认为美是客观与主观的统一。首先,他批判了自己过去美是心灵主观创造的讲法,提出了美是主客观统一的说法。所谓客观,是说美必须以客观的自然事物作为条件;所谓主观,是说单纯的客观事物还不能成为美,要等客观事物加上主观意识形态的作用,然后使"物"成为"物的形象",这时才有美。由于"物的形象是'物'在人的既定的主观条件(如意识形态、情趣等)的影响下反映于人的意识的结果……所以已经不纯是自然物,而是夹杂着人的主观成分的物,换句话说,已经是社会的物了。美感的对象不是自然物,而是作为物的形象的社会的物"[1]。因此,他认为"美的客观方面某些事物、性质和形状适合主观方面意识形态,可以交融在一起而成为一个完整形象的那种特质"[2]。其次,他认为这种"既有客观性,也有主观性;既有自然性,也有社会性"的"物的形象",就是艺术形象。因此,只有艺术有美,美就是艺术的特性。他反复强调说:"所谓'特性',就是某种事物所特有的属性,即必不可少的属性。一座山或一个人如果不美,仍不失其为山为人;一件艺术作品如果不美,就失其为艺术作品。所以美只是艺术的特性,不是一般自然事物的特性。"[3]"既然美是文艺的一种特性……就得承认研究美,就不能脱离艺术来研究。"[4]连自然美他也认为"是一种雏形的起始阶段的艺术美","自然美的观念是受

---

[1]《美学问题讨论集》第2集,作家出版社1957年版,第21页。
[2]《美学问题讨论集》第3集,作家出版社1959年版,第36页。
[3]《美学问题讨论集》第4集,作家出版社1959年版,第166页。
[4] 同上,第98页。

着'艺术美'的观念影响的"。①因为他把美看成只是艺术的特性，所以他就用艺术来解释美。艺术是一种意识形态，所以作为艺术的特性的美就只能是意识形态的。"所谓意识形态性的，就是说，美作为一种性质，是意识形态的性质，不是客观存在的性质……美不是第一性的，而是第二性的。"②既然美是意识形态性的，所以我们研究美，就不能限于列宁的反映论，还要用马克思主义的意识形态的理论。反映论只是一般感觉或科学的反映，仅只是艺术或美感的反映客观世界的第一个阶级。"艺术或美感的反映要经过两个阶段：第一个是感觉阶段，就是感觉对于客观现实世界的反映；第二个是正式美感阶段，就是意识形态对于客观现实世界的反映。"③最后，朱光潜为了说明他主客观统一的观点，还引了苏东坡的《琴诗》："若言琴上有琴声，放在匣中何不鸣？若言声在指头上，何不于君指上听？"他认为："说琴声就在指头上的就是主观唯心主义……说琴声就在琴上的就是机械唯物主义……说要有琴声，就既要有琴（客观条件），又要有弹琴的手指（主观条件），总而言之，要主观与客观的统一。"④他认为这就是马克思主义的看法。

经过同志们的批评，朱光潜承认把列宁的反映论只限于感觉阶段，到了正式的美感阶段要用马克思主义关于社会意识形态的原则，"这个看法是极端错误的"⑤，因此放弃了。另外，他愈来愈重视生产劳动实践，并愈来愈多地用生产劳动实践的观点来解释美学问题。他认为艺术不仅是实践，而且就是一种生产实践。用实践的观

---

① 《美学问题讨论集》第3集，作家出版社1959年版，第40～41页。
② 《美学问题讨论集》第4集，作家出版社1959年版，第99页。
③ 《美学问题讨论集》第3集，作家出版社1959年版，第20页。
④ 同②，第178页。
⑤ 《美学问题讨论集》第6集，作家出版社1964年版，第253页。

点来看，他对于"主观"的理解就有了新的发展。开始，他认为主观就是"意识形态、情趣等"主观的心理条件，后来他却把主观理解为实践中的主体，理解为主观能动的方面："马克思主义理解现实，却既要从客观方面去看，又要从主观方面去看。客观世界和主观能动性统一于实践。""像实践观点那样就主客观的统一来看在实践中人与物互相因依，互相改变的全面发展过程。"①这样，主客观的关系变成了人与物的关系，因而"发现事物美是人对世界的一种关系，即审美的关系"②。在这里，主观与人差不多是同义语了。

朱光潜这种主客观统一的理论，虽然有些同志口头上反对而实际上却不谋而合，但大多数同志是持反对态度的。首先，蔡仪就反对朱光潜把"物"与"物的形象"割裂开来。认为割裂开来之后，"物"成了康德的"物本身"，虽然存在，却不是认识和审美的对象；认识和审美的对象，是"夹杂着人的主观成分的物的形象"。"物的形象"既然是"物反映于主观意识的结果，是一种知识形式，它很显然就是主观意识的东西，绝不是什么'物'了。"③因此，蔡仪认为朱光潜所说的主客观统一，实际上还是他过去那种"由物我交流而物我同一"的"主观唯心主义的老调"。洪毅然也批评朱光潜说："事实上，'物的形象'，是物自己的形象……既然承认'物'是客观存在的，那么，就不应当不承认'物的形象'，也同样是客观存在的。"④朱光潜在主客观的关系上去找美，"仍然得出物中无美的结论"⑤，不能不说是错误的。

---

① 《美学问题讨论集》第6集，作家出版社1964年版，第176～177页。
② 同上，第178页。
③ 《美学问题讨论集》第3集，作家出版社1959年版，第226页。
④ 同上，第60页。
⑤ 同③，第61页。

其次，朱光潜把美看成是艺术的特性，从而用艺术的性质来解释美的性质，也遭到了很多同志的反对。蔡仪就说："马克思认为艺术是意识形态，却没有说过美也是意识形态，而艺术并不等于美，美的不就是艺术……然而朱光潜先生在这里却以艺术是意识形态为根据，来反对美是客观的。"①李泽厚也说："美当然也是艺术的属性，而且还是艺术的主要特性，而艺术也当然是意识形态，那么，艺术美是不是因为这样而就是一种'主客观的统一'，而不是客观存在的东西呢？朱先生是把两个不同的问题混为一谈了。而实际上，艺术作为意识形态（现实生活的反映）与艺术美作为客观存在是并不矛盾的。因为艺术美（亦即艺术品）一经形成，就是一个不依存于人们意识的客观存在，它的美是不以欣赏的人的意志为转移或变更的。"②"把美仅看作艺术的属性，这一方面会把艺术性、文艺特性与美等同起来，另一方面会把艺术（艺术美）归结为主观意识的产物，从而就会否认深入生活的根本意义。"③

最后，朱光潜从生产实践的观点来谈艺术，并根据实践的观点对主客观统一说加以新的补充，应当说是一个进步。但是，同志们仍然认为他的根本立场并没有转变。例如魏正在《关于美学的哲学基础》一文中，就批评说："朱先生强调提出美学中的实践观点是完全应该的"，然而，"因为看到'艺术和审美活动与劳动实践之间的血肉联系，以及主观能动性和创造性在其中所起的作用'，而把生产劳动与艺术活动等同起来，而认为'艺术就是现实'，显然是不对的。"④"朱先生的错误在于看到了社会里有人的主观在起作用这

---

① 《美学问题讨论集》第3集，作家出版社1959年版，第224页。
② 《美学问题讨论集》第4集，作家出版社1959年版，第187页。
③ 同上，第189页。
④ 《美学问题讨论集》第6集，作家出版社1964年版，第293页。

一面，而否认社会存在的客观性。"①李泽厚在《美学三题议》中，对此更是作了较为深入的分析和批评。他说，朱光潜"把人的意识（认识）与人的实践、把社会意识与社会存在混淆起来了"。因为有这种混淆，所以"在朱先生的论证中，便出现许多奇异的现象，其中常常是上一句话还并没讲错，下一句话却完全错了，上一段话还很有道理，下一段话却很没道理。所以如此，就正因为在上一句、上一段中，朱先生的'主观'是指人类的社会实践、物质活动，在这里'美是主客观的统一'，是指美必须依存于主体的实践，是社会实践作用于自然客体的结果，这当然是正确的，我们也这样主张。但是，紧接着在下一句、下一段里，朱先生讲的'主观'，却又变为指人类的社会意识、心理活动等等，于是'美是主客观的统一'，又变为是指美必须依存于主观的意识，是主观的意识、情趣作用于自然客体的结果，这当然就是错误的，为我们所一直反对"②。

朱光潜说："这几年我虽努力在学习马克思列宁主义，来铲除自己思想里的唯心主义，唯心主义却不是那么轻易就铲除干净的。"③这是他的自我鉴定，也是颇有体会之言，比起那些动辄以"唯我独革"自居的"革命者"来说，似乎要更为诚实些。

四

第四派是以李泽厚为代表的一派，主张美是客观性与社会性的统一。他一方面认为美是客观的，另一方面又认为美离不开人类社

---

① 《美学问题讨论集》第6集，作家出版社1964年版，第289页。
② 同上，第308~309页。
③ 同①，第254页。

会，美就是客观的社会生活的属性。因此，他所说的客观性，不是指物的自然性或者典型性，而是指物的社会性。他所说的社会性，又不是朱光潜那样的主观的社会意识或者社会情趣等，而是客观存在在社会生活之中的属性。由于社会生活本身是客观的，所以作为社会生活属性的美，既是社会的，又是客观的。客观性与社会性，是美的二而为一、一而为二的两个不可分割的方面。正是在这个意义上，他强调了车尔尼雪夫斯基"美是生活"的定义，认为美离不开人，离不开人类社会的生活。他说："美与善一样，都只能是人类社会的产物，它们都只对于人，对于人类社会才有意义。在人类以前，宇宙太空无所谓美丑，就正如当时无所谓善恶一样。"①既然美离不开人类社会，尤其艺术美是人类意识形态起了作用后的产物，那么，怎么能说美，特别是艺术美能离开人的主观呢？对于这一点，李泽厚引了周谷城的一段话来加以辩驳："若一件艺术品，在创作之时，花了作者的主观成分，作成之后，就要称之为夹杂着人的主观成分的物，那么桌椅板凳之制成，柴米油盐之制成当初何尝没有花去制造者的主观成分；然而我们却从不说桌椅板凳、柴米盐油是夹杂着人的主观成分的东西。"②因此，美尽管是人类社会才有的产物，但它却不是主观的，而是客观的。

社会生活无比丰富，是不是所有的社会生活都是美的呢？李泽厚说，不是！"生活"在车尔尼雪夫斯基那里还是一个"抽象、空洞"的概念，马克思主义给生活规定了"具体的社会历史存在的客观内容"，根据这一客观内容，他给美下了一个定义，说："美就是包含着社会发展的本质、规律和理想而有着具体可感形态的现实

---

① 《美学问题讨论集》第2集，作家出版社1957年版，第239页。
② 周谷城：《美的存在与进化》，《光明日报》1957年5月8日。

生活现象，简言之，美是蕴藏着真正的社会深度和人生真理的生活形象（包括社会形象和自然形象）。美是真理的形象。"①同时，他又特别说明："我们所说的生活的本质、规律和理想，却只是生活本身，是不能超脱生活而独立存在的。"正因为这样，所以他认为美有两个特点：从本质、规律和理想等方面来说，美具有客观社会性的特点；从可感形态方面来说，美又具有具体形象性的特点。在《美学三题议》中，他又强调指出："美是社会实践的产物"，说："就内容言，美是现实以自由形式对实践的肯定；就形式言，美是现实肯定实践的自由形式。"比较起来，社会美以内容胜，而自然美则以形式胜。

但是，自然美又怎样体现社会性，体现"社会发展的本质、规律和理想"呢？李泽厚说："自然美既不在自然本身，又不是人类主观意识加上去的，而是与社会现象的美一样，也是一种客观社会性的存在。"例如国旗，"一块红布、黄星本身并没有什么美，它的美在于它代表了中国、代表了这个独立、自由、幸福、伟大的国家、人民和社会，而这种代表是客观的现实。这也就是说，国旗——这块红布五星，本身已成了人化的对象，它本身已具有了客观的社会性质、社会意义，它是中国人民'本质力量的现实'，正因为这样，它才美"②。后来，他又反复论证了自然美的社会性问题，说："人能够欣赏自然美，人熊够把自己的感情'移'到对象里去，实际上，这就是说，人能够在自然对象里直觉地认识自己本质力量的异化，认识美的社会性。"③而自然之所以产生美，是由于"自然的人化"。

---

① 李泽厚：《论美感、美和艺术》，《哲学研究》1956年第5期。
② 《美学问题讨论集》第2集，作家出版社1957年版，第239页。
③ 同①。

所谓"自然的人化是指经由社会实践自然从与人无干的、敌对的或自在的变为与人相关的、有益的、为人的对象。"经过人直接改造的自然,如被开垦的荒地,固然是"人化"了的;就是没有经过人直接改造的自然,如太阳和花鸟等,也是"人化"了的。那就因为"人类经过几十万年的生产斗争,到今天就整个社会生活来说,自然已不再是危害我们的仇敌,而日益成为我们的朋友。自然由'自在的'日益成为'为我的'了"①。就是在这样的"人化"的过程中,自然和人类社会发生了关系,具有了社会意义。因此,"自然物的社会性是人类社会生活所客观地赋予它的",自然美的社会性也是人类的社会生活所客观地赋予它的。

在讨论中,同意李泽厚意见的,比较占多数。例如洪毅然就是"基本同意李泽厚所说"的,但他认为李泽厚"对美的自然性因素,似乎尚未予以足够的重视"②,为了补救这个缺点,所以他比较多地探讨了自然性因素。

对于李泽厚的观点,同意的虽较多,但也提出了许多批评性的意见。首先,蔡仪和朱光潜,就坚决不同意李的观点。蔡仪认为李泽厚的观点和朱光潜的,并没有什么本质的差别,都是用社会性来掩盖他们唯心主义的实质。他说:"李泽厚……不仅抹煞了自然物和社会事物的区别,而且正是把自然物归入于社会事物,以至于根本否定了自然界的独立存在,否定了自然界。这种理论难道还有什么唯物主义的气息吗?"又说,李泽厚关于自然是人的本质的"异化"的讲法,无疑是说"自然物本身是人的认识的'异化',是人的意识的化身,是人的感觉、观念或感情、意志的表现。这是一种什

---

① 《美学问题讨论集》第3集,作家出版社1959年版,第165~166页。
② 同上,第114页。

么样的理论呢？难道不正是唯心主义的滥调吗"①？至于李泽厚讲的货币、机器、国旗等等，蔡仪认为这些本来是社会物，因此，"不但不能证明他所谓自然物的社会性的理论，倒是他的理论的否定"②。

朱光潜则把李泽厚和蔡仪相提并论，认为他们都是机械唯物主义者。朱认为李"说美不在自然事物的自然性而在自然事物的社会性"上，虽然"比蔡仪派高明"，但李"把'社会性'也看成单属客观事物，'不依人的意志为转移'，就很难说得通了。因为事物的社会性只能指事物对社会人的意义和价值，把人（主观方面）抛开而谈事物（客观方面）的社会性，那岂不是演'哈姆雷特悲剧'而把哈姆雷特抛开？那究竟是什么社会性？"③同时，朱又指出，李既然承认美的社会性，就不能再在自然物本身中去找美："许多批评蔡仪的人反对把美看作梅花的属性，但是仍然肯定美客观存在于梅花本身。这种批评是自相矛盾的……所以凡是主张美客观存在于物本身的人，无论怎样批评蔡仪，基本上仍是站在蔡仪的机械唯物主义的立场上，因此，也就逃不了蔡仪的理论上的破绽。"④

其他参加讨论的同志，对于李泽厚关于自然美的解释，也大多不同意，或感到不满足。例如何其芳就说："李泽厚同志在《人民日报》上发表过一篇文章。我读它的前半，好像在理论上还能言之成理。但是，读到后面，读到他对我们的国旗的美的解释，我就觉得他的理论并不能解释具体的事实了……我们觉得五星红旗很美，固然和它代表我们的祖国有很大的关系，但在它还没有确定为国旗以前，也就有一个美不美的问题存在。"对于这一批评，李泽厚作过

---

① 《美学问题讨论集》第4集，作家出版社1959年版，第240～241页。
② 同上，第234页。
③ 《美学问题讨论集》第6集，作家出版社1964年版，第231页。
④ 《美学问题讨论集》第3集，作家出版社1959年版，第30～31页。

简单的说明:"那例子举得不太合适,容易使人把两个问题混起来,即五星红旗作为国旗的美与五星红旗所以会选定为国旗。后者就有所谓'形式美'的问题在内,而上次我都是就前者的主要内容说的。"[1]继先基本上是同意李的观点的,但也补充说:"一个美丽的山头被敌人占领来作为进攻我们的基地了,它的自然美还在,可是社会美就变了,变得很不美了。"因此,"把一切硬拉在'社会性'三个字上去解释,到底还是不够的"[2]。

五

美的本质问题,是建国以来我国美学讨论的一个中心问题。其他美感、自然美等问题,都是从属于这个问题。随着讨论的深入,许多同志都感到只是在概念中兜圈子不解决问题,于是要求联系实际来讨论。但是,美的范围那么广阔,究竟应当联系什么实际呢?这样,美学研究的对象问题,自然而然地引起了大家的注意。有的同志认为美学应当联系生活的实际,来研究生活中的各种美学问题,美学就是关于美的科学。有的同志则反对这一意见,认为美的本质最集中地反映在艺术当中,因此,美学应当联系艺术的实际来进行研究,美学应当是关于艺术的一门科学。

洪毅然是主张美学是关于美的科学的。他说:"美学既要研究自然界与艺术中一切客观现实事物本身的美——即美的存在诸规律,又要研究作为那种美的存在反映于人类头脑中的一切审美意识——即美感经验和美的观念的形成及发展诸规律。具体说来,就是美的

---

[1]《美学问题讨论集》第5集,作家出版社1962年版,第9页。
[2]《美学问题讨论集》第3集,作家出版社1959年版,第276页。

性质；美感的性质；美的社会内容与自然条件，美感的心理及生理基础；美与美感的类别；美的功用；审美标准；形象思维的特殊规律……"①这就很清楚了，他所说的美学就是研究美，美的规律，以及美的各个方面。他主要有下列几点理由。

（1）"美学本身的历史发展表明：美学最初就是作为以研究人类的感性认识为其特殊的专门任务而出现的一门科学……它一直保持着是一种'关于美的科学'。"②

（2）"为了杜绝以艺术学代替美学，或者相反地以美学代替艺术学的事情发生，彻底辨明美学与艺术学之间的区别，强调美学应当是美学，美学应当不同于艺术学，乃是完全必要的。"③

（3）"为着扩大美学的应有领域，使之无愧于一门全面完整的关于美的科学，并且加强这门科学得与人民群众的生活广泛地、更加密切地联系起来，从而更多更好地由各方面在人民生活中，起到为社会主义共产主义教育服务的作用……"④

（4）从方法论上看，"一切艺术的源泉是生活，了解艺术本来就有必要先了解生活。那么，研究艺术美又怎能不先了解现实美呢？"⑤

与洪毅然相反，马奇、朱光潜等则主张美学是关于艺术的科学。例如马奇说："我认为美学就是艺术观，是关于艺术的一般理论……它不只研究艺术中的部分问题，而是全面地研究艺术各方面的理论，它不只研究部门艺术的理论，而是概括各个部门艺术的一

---

① 《美学问题讨论集》第3集，作家出版社1959年版，第325~326页。
② 同上，第329页。
③ 同①，第316~317页。
④ 《美学问题讨论集》第6集，作家出版社1964年版，第45页。
⑤ 同上，第45页。

般的理论。它的基本问题是艺术与现实的关系问题，它的目的就是解决艺术与现实这一特殊矛盾。"①朱光潜因为不承认自然有美，只有艺术才有美，所以很自然地认为美学主要地应当研究艺术。

主张美学是关于艺术的科学的同志，他们的理由主要的也有下列四点。

（1）从美学史上看，马奇说："绝大多数的美学家，都把关于艺术的一般理论作为美学的对象和内容，只有少数美学家，特别是鲍姆加登以后的德国的一些美学家才以美为美学的总的对象。"②朱光潜也说："历来美学家都特别着重艺术美，所以他们的美学著作往往叫做'艺术哲学'或'艺术科学'。"③

（2）从实际出发来看，马奇说："从实际出发的目的在于对事物的本质的了解和掌握，我们在确定研究的出发点时，就必须区别主流的和支流的现象、假象和真实的反映本质的现象。"④比较起来，无论从质上或量上来看，艺术都是主流，都是本质的现象，因此美学应当从艺术的实际出发来进行研究。朱光潜也说："艺术既然是美的高度集中的表现，所以从艺术下手研究美，比较容易抓住美的本质。"⑤

（3）从美学的作用上来看，马奇说："事实证明，在实际生活中'美的功用'远不及艺术的功用，艺术的功用不只起了美的功用，而且远远超过了美的功用。"⑥朱光潜也说："艺术家是人类灵魂的工

---

① 《美学问题讨论集》第6集，作家出版社1964年版，第22~23页。

② 同上，第11页。

③ 《美学问题讨论集》第4集，作家出版社1959年版，第166页。

④ 同①，第16页。

⑤ 同③，第166页。

⑥ 同①，第18~19页。

程师，艺术有它巨大而深刻的教育作用。"①

（4）从方法论上来看，马奇说："马克思和恩格斯曾经反对过用对经济关系的道德批判来代替对经济关系的客观分析的方法，我们现在却有人用对社会生产方式的美丑评价代替社会科学的分析，美学在表面上真正成了美的'哲学'，实际上取消了美学之为美学。"②朱光潜也说："马克思说过，人的解剖使我们有可能去理解猴子的解剖……艺术是人类艺术掌握的最集中最高度发展的形式，只有先把艺术认识清楚，然后才能认识一般现实生活中的审美的性质。"③

可见关于美学研究的对象问题，两派的意见针锋相对，各自言之成理。我们很难说哪一派绝对正确，或者哪一派绝对错误。那么，在这两派之外，是否还有第三派呢？我们认为李泽厚的观点，比较具有自己的特色。李说："美学基本上应该研究客观现实的美、人类的审美感和艺术美的一般规律。其中，艺术美更应该是研究的主要对象和目的，因为人类主要是通过艺术来反映和把握美而使之服务于改造世界的伟大事业的。"④这里，他把艺术美学看成是美学研究的主要对象，但又不排斥现实美和美感的研究。而且他特别指出，他所说的"研究客观现实的美"，"主要是指从哲学上来研究美的唯物主义的现实本质，亦即研究美的社会性和客观性这个哲学本质问题，而不是指去直接研究红领巾清早上学，托儿所的阿姨迎接孩子等具体的现实生活现象或日常经验"。⑤

---

① 《美学问题讨论集》第4集，作家出版社1959年版，第166～167页。
② 《美学问题讨论集》第6集，作家出版社1964年版，第22页。
③ 朱光潜：《美学研究些什么？怎样研究美学？》，《新建设》1960年3月号。
④ 李泽厚：《论美感、美和艺术》，《哲学研究》1956年第5期。
⑤ 同②，第344页。

六

正当美学讨论百家争鸣、万马奔腾的时候,林彪、"四人帮"为了篡党夺权,大搞现代迷信。他们疯狂地推行文化专制主义,摧残整个社会主义的文化。热气腾腾的美学讨论也被他们半途窒息了。十多年来,我们再看不到美学文章!直等"四人帮"粉碎以后,党中央重新强调双百方针,强调学术民主,美学问题才重新引起人们的重视。我们相信,一个新的美学繁荣的局面,一定会在党的十一届三中全会精神的指导下,很快就会到来!

但是,要为美学的繁荣开辟新的道路,必须首先清除"四人帮",特别是姚文元在美学讨论中所制造的混乱和流毒。姚文元不学无术,根本不懂美学,却恬不知耻地以"马克思主义美学权威"自居,以打击旁人来标榜他自己的"革命"。当时很多同志,如王子野、李泽厚、朱光潜等,都已严肃地指出了姚文元理论上的荒谬和不通,可是对于他这块"革命"招牌,却不仅没有人碰,而且在批评之前,都要客气地肯定一下他的"革命热情"。理论上违反马克思主义,但却又具有"革命热情",岂不是一个笑话?当时为什么会出现这样的笑话呢?它说明了在没有学术民主的情况下,一些坏人总是先声夺人,用"革命"的招牌来吓唬人。"四人帮"垮台了,姚文元的伪装被剥开了,《人民日报》《光明日报》《文汇报》《文艺论丛》等报刊都发表了批判姚文元的文章。但怎样进一步深入地展开批判,肃清他的流毒,尚有待于我们进一步的努力。

另外,在过去"四人帮"封建法西斯的统治下,不仅人有特权,学术问题也有特权,有的问题天然地凌驾在其他问题之上,有的问题则被列为"禁区",不准人碰。在美学中,"共同美"就是一个"禁区"。现在，美学研究的领域开阔起来了，"共同美"问题在《复旦学报》《社会科学战线》等刊物上也展开了讨论。这是一个好现象！它说明在党的双百方针的指引下，美学界的思想正在进一步解放。

然而，我们必须承认一个事实：那就是由于我们的美学是近代方才开始从西方逐步介绍过来的，我们的底子还很薄。"文化大革命"前讨论中的一些缺点，就充分说明了这个问题。因此，怎样认真地深入而又扎实地学习马列主义的经典著作，彻底地把一些基本的理论问题搞清楚；有系统地整理中国古代的美学思想和有系统地介绍西方的美学名著，写出几本像样的《中国美学史》和《西方美学史》，把美学研究的基本建设搞好；对中外的艺术史和当前的艺术实践以及生活中的审美实践，作出一些比较有深度有广度的研究；等等，都是我们进一步开展美学研究工作的前提。当前形势这样好，东风正在劲吹，预祝美学工作者们在我国社会主义的学术园地内，不久就将再次开出更鲜艳的花，结出更丰硕的果！

附录一

蒋孔阳著述年表

1940年
夏,在《合川日报》上发表有关鲁迅的一篇短文。这是第一次发表文章。

1942年
春假撰写《力的呼唤——读〈弥盖朗基罗传〉》,发表在《中国青年》上。这是第一次在杂志上发表文章。

1951年
7月7日,《学习苏联小说描写英雄人物的经验》一文完稿,发表于《人民文学》9月号。这是第一次在大刊物上发表文章。

1953年
5月20日,论文《要善于通过日常生活来表现英雄人物》完稿,发表于《文艺月报》9月号。

1954年
10月，开始写《文学的基本知识》一书。

1956年
以季摩菲耶夫的文艺理论体系为主干，结合教学和中国文学的实际，写成了《文学的基本知识》一书。

1957年
10月，著作《论文学艺术的特征》由上海新文艺出版社出版。

1959年
8月中旬撰《论美是一种社会现象》，发表于《学术月刊》9月号。

1961年
参与伍蠡甫先生主持的《西方文论选》编译工作。

1963年
论文《歌德论自然与艺术的关系》发表于《学术月刊》4月号。

1964年
结合教学撰写《德国古典美学》一书，完成初稿。受教育部委托着手翻译李斯托威尔《近代美学史评述》一书。

1965年
《德国古典美学》完稿，交付商务印书馆，准备出版。《近代美学史评述》译竣。

1976年

完成《先秦音乐美学思想论稿》一书的初稿。

1977年

上半年复旦大学中文系成立了《文学概论》编写组，担任"形象与典型"部分的撰写工作。本年至1978年之际，对书稿《德国古典美学》作了一次认真的大修改。

1978年

应承人民文学出版社的组稿，开始构想《美学新论》一书的写作。

1979年

发表《灵感小议》《什么是美学——美学研究的对象和范围》《建国以来我国关于美学问题的讨论》等很有影响的论文。

1980年

《美和美的创造》一文载《学术月刊》3月号。6月，《德国古典美学》由商务印书馆出版。译著《近代美学史评述》由上海译文出版社出版。著作《形象与典型》由百花文艺出版社出版。

1981年

5月，论文集《美和美的创造》由江苏人民出版社出版。

1982年

发表《中国古代美学思想与西方美学思想的一些比较研究》《美的规律与劳动的关系》等论文。

1983年

正式开始撰写《美学新论》这一总结性著作。在纪念马克思逝世一百周年之际，先后发表了多篇学习《1844年经济学—哲学手稿》的文章。

1984年

著作《德国古典美学》获上海高教文科科研成果二等奖。论文《评〈礼记·乐记〉的音乐美学思想》发表于《中国社会科学》第3期。8月，撰《谈谈审美教育》，发表于《红旗》第22期。

1985年

发表《唐诗的审美特征》等论文。

1986年

论文《美在创造中》发表于《文艺研究》第2期。3月，论文集《美学与文艺评论集》由上海文艺出版社出版。5月，著作《美和美的创造》获上海市社联（1979—1985年度）优秀学术成果特等奖。8月，著作《先秦音乐美学思想论稿》由人民文学出版社出版。9月，著作《德国古典美学》获上海哲学社会科学奖优秀著作奖。发表《论人是"世界的美"》于《学术月刊》12月号。

1987年

发表《朱光潜、宗白华给我们的启迪》《加强作家主观的人格力量》《中国艺术与中国古代美学思想》《美感的诞生》和《美是人的本质力量的对象化》等论文。11月，主编的《20世纪西方美学名著选》（上册）由复旦大学出版社出版。

1988年

主编的《20世纪西方美学名著选》(下册)由复旦大学出版社出版。7月,选集《蒋孔阳美学艺术论集》由江西人民出版社出版。

1989年

主持的《哲学大辞典·美学卷》的编纂工作进入尾声。发表《美感的心理功能》《西方文化冲击下的中国现代美学》《主体意识和社会责任感》《且说说我自己》《在人生选择的道路上》等文章。

1990年

主编的《19世纪西方美学名著选》(英法美卷)由复旦大学出版社出版,获华东区大学出版社首届优秀图书二等奖。发表《说丑》等论文。主持申报的《西方美学通史》作为国家社科基金"八五"重点规划课题正式立项。

1991年

春,应承首都师范大学出版社之约,开始考虑编选《文艺与人生》一书。3月,应约撰写《只要有路,我还将走下去》一文。主编的《哲学大辞典·美学卷》由上海辞书出版社出版。

1992年

发表《通俗文学与高标准》《论崇高》《憧憬和希望》《我与美学》等文章。《美学新论》完稿,7月12日,撰毕"后记"。

1993年

4月,主编的《社会科学争鸣大系(1949—1989)·文学·艺术·语言卷》由上海人民出版社出版。9月,著作《美学新论》由人民文学出版社出版。

1994年

2月，散论文集《文艺与人生》由首都师范大学出版社出版。7月，《美学新论》获上海市哲学社会科学优秀成果著作一等奖。

1995年

4月，《美学新论》校订本由人民文学出版社重印。4月4日，《读书人的追求是觉醒》一文完稿。发表《建立具有中国特色的文艺理论》等文章。12月15日，著作《美学新论》获全国高等学校首届人文社会科学研究优秀成果著作一等奖。

1996年

《杂谈审美文化》一文发表于《文艺研究》第1期。

1997年

11月，自选集《美在创造中》由广西师范大学出版社出版，在"自序"中申明自己的治学态度是"为学不争一家胜，著述但求百家鸣"。《德国古典美学》由商务印书馆再版。年底，4卷本左右的《蒋孔阳文集》正式纳入安徽教育出版社的重点出版计划。

1998年

至4月初，4卷本的《蒋孔阳文集》的编选工作完成并交付出版。10月，《美的规律——蒋孔阳自选集》（"世纪学人文丛"之一）由山东教育出版社出版。

1999年

12月，《蒋孔阳全集》第1~4卷由安徽教育出版社出版。

2005年

8月,《蒋孔阳全集》第5卷由安徽教育出版社出版。

2014年

12月,《蒋孔阳全集》6卷本由上海人民出版社出版。

中国现代美学大家文库

《美在境界——王国维美学文选》
《美育与人生——蔡元培美学文选》
《美是情趣与意象的契合——朱光潜美学文选》
《美从何处寻——宗白华美学文选》
《美即典型——蔡仪美学文选》
《从美感两重性到情本体——李泽厚美学文录》
《从美的理念到美的实践——汝信美学文选》
《美在创造中——蒋孔阳美学文选》
《实践本体论美学思想——刘纲纪美学文选》
《体验人生价值美——胡经之美学文选》
《美是和谐——周来祥美学文选》
《美的哲学——叶秀山美学文选》
《审美是自由的生存方式——杨春时美学文选》
《实践存在论美学——朱立元美学文选》
《生态美学——曾繁仁美学文选》

图书在版编目（CIP）数据

美在创造中：蒋孔阳美学文选 / 蒋孔阳著 . —济南：山东文艺出版社，2020.1
 ISBN 978-7-5329-5963-1

Ⅰ. ①美… Ⅱ. ①蒋… Ⅲ. ①美学—文集 Ⅳ. ①B83-53

中国版本图书馆CIP数据核字（2019）第247021号

美在创造中
——蒋孔阳美学文选

蒋孔阳　著

主管单位	山东出版传媒股份有限公司
出版发行	山东文艺出版社
社　　址	山东省济南市英雄山路189号
邮　　编	250002
网　　址	www.sdwypress.com
读者服务	0531-82098776（总编室）
	0531-82098775（市场营销部）
电子邮箱	sdwy@sdpress.com.cn
印　　刷	山东临沂新华印刷物流集团有限责任公司
开　　本	890毫米×1240毫米　1/32
印　　张	12
字　　数	288千
版　　次	2020年1月第1版
印　　次	2020年1月第1次印刷
书　　号	ISBN 978‐7‐5329‐5963‐1
定　　价	78.00元

版权专有，侵权必究。如有图书质量问题，请与出版社联系调换。